自然灾害
应对理念与应对机制演变研究

Research on
the Development of

Natural Disaster Management

刘 川 孙 莹 ◎著

辽宁人民出版社

©刘 川 孙 莹 2022

图书在版编目（CIP）数据

自然灾害应对理念与应对机制演变研究 / 刘川，孙莹著 . —沈阳：辽宁人民出版社，2022.12
ISBN 978-7-205-10690-4

Ⅰ.①自… Ⅱ.①刘… ②孙… Ⅲ.①自然灾害—救灾—历史—研究—中国—古代 Ⅳ.① X432-092

中国版本图书馆 CIP 数据核字（2022）第 241705 号

出版发行：辽宁人民出版社
　　　　　地址：沈阳市和平区十一纬路 25 号　邮编：110003
　　　　　电话：024-23284321（邮　购）　024-23284324（发行部）
　　　　　传真：024-23284191（发行部）　024-23284304（办公室）
　　　　　http://www.lnpph.com.cn
印　　刷：辽宁新华印务有限公司
幅面尺寸：170mm×240mm
印　　张：14.25
字　　数：285 千字
出版时间：2022 年 12 月第 1 版
印刷时间：2022 年 12 月第 1 次印刷
责任编辑：顾　宸
封面设计：鼎籍文化
责任校对：刘再升
书　　号：ISBN 978-7-205-10690-4

定　　价：68.00 元

序言

▶▶ ▶ ──────────────

　　自然灾害的概念最早源于地理学，其定义为：自然环境中对人类生命安全和财产构成危害的自然变异与极端事件。从自然属性来看，自然灾害发生原因是自然环境的变异；从社会属性来看，自然灾害具有对人类社会造成负面影响的特点。生态学对自然灾害的定义是：对自然生态环境、人居环境和人类及其生命财产造成破坏与危害的自然现象。这在地理学概念之上更强调了其为生态环境和带来的危害性。本书从应急管理的角度探讨自然灾害，其地理学概念和生态学的概念并不冲突。而在其基础上更强调，自然灾害作为突发事件的属性。根据我国《突发事件应对法》，自然灾害与事故灾难、公共卫生事件、社会安全事件是突发事件的四种主要类型。自然灾害作为一种突发事件其特征为，"突然发生，造成或者可能造成严重社会危害，需要采取应急处置措施予以应对"。自然灾害根据其社会危害程度和影响范围等因素，分为特别重大、重大、较大和一般四级。根据我国现行的《自然灾害分类与代码》（GB/T 28921—2012）分为五大类：气象水文灾害、地质地震灾害、海洋灾害、生物灾害、生态环境灾害。

习近平总书记指出："我国是世界上自然灾害最为严重的国家之一，灾害种类多，分布地域广，发生频率高，造成损失重，这是一个基本国情。"什么是"基本国情"？"我国仍处于并将长期处于社会主义初级阶段"，这是基本国情。"人口多，底子薄，耕地少，人均资源相对不足，经济社会发展不平衡"，这也是基本国情。基本国情就是各项政策的制定都要以此作为参照，在各项建设中把基本国情考虑在内。习近平总书记将我国自然灾害的严重性首次作为基本国情提出，对于指导做好防灾减灾救灾工作具有十分重要的意义。面对这一基本国情，各级政府必须把防灾减灾救灾工作摆在更加突出的位置，在各项建设中统筹考虑自然灾害和灾害风险的潜在影响，把防灾减灾救灾工作融入发展全局。

过去几十年中，全球自然灾害风险的不确定性持续增加。同时，风险社会的表征越来越明显，这客观上提升了社会风险的危害性。全球的应急管理实践证明，传统的突发事件与危机的管理工具难以适应风险因素的变化。以科层制为特点的传统应急管理理念已被扁平化的紧急管理理念所取代。我国处于经济高质量发展和社会转型的关键时期，风险因素也更为复杂。党的十九届五中全会针对自然灾害提出明确要求防范化解重大风险体制机制不断健全，自然灾害防御水平明显提升。国家"十四五"规划的第十五篇《统筹发展和安全 建设更高水平的平安中国》的第四节《完善国家应急管理体系》中强调构建统一指挥、专常兼备、反应灵敏、上下联动的应急管理体制，优化国家应急管理能力体系建设，提高防灾减灾抗灾救灾能力。

我国是一个自然灾害频繁的国家。中华民族的历史是与自然灾害抗争的历史。根据邓云特《中国救荒史》统计，公元前1766—公元1937年，共计3703年间，历史中记载的灾害共达5258次。中国古代如何看待灾害，将在本书第一章详述。《左传》中说："天反时为灾，地反物为妖，民反德为乱，乱则妖灾生。"可见当时的人们就将自然灾害和人的活动联系在一起。西汉董仲舒强调了天人感应理论，将自然灾害与封建统治者的个人道德联系在一起，认为天灾频发是统治者"失德"造成的。这在客观上让皇帝更加重视自然灾害。《资治通鉴》记载："（682年）关中先水后旱、蝗，继以疾疫，米斗四百，两京间死者相枕于路，人相食。""人相食"三个字仅在《资治通鉴》中就出现了33次。这简单的三个字，背后凄惨的情况，正是历史上自然灾害严重性的体现。

纵观我国灾害应对史，对后世影响最大的有三个理念。一是赈济蠲免理念。《礼记·月令》中说："天子布德行惠，命有司，发仓廪，赐贫穷，振乏绝。"政府对受灾的百姓进行物质上和政策上的救助，从先秦时代就开始了。蠲免就是减免灾害地区的赋税、徭役，等等。二是储备防灾理念。恃陋而不备，罪之大者也；备豫不虞，善之大者也。就是要居安思危。三是经济调节理念。在全球古代社会来看，这是一种比较先进的理念。《汉书》有云："虽遇饥馑水旱，籴不贵而民不散，取有余以补不足。"在实际中，我国将经济调节理念与储备防灾理念结合，形成了常平仓制度（Ever-normal Granary System）。此项制度在中国历史上不断变通运用。丰年时，政府以高价收购过剩粮食，以免谷贱伤农。荒年季节，政府便以低价大量抛售积谷，有赈济贫农之意。此项制度，随后在社会上用自治方式推行，美国总统罗斯福执政时，国内发生了经济恐慌，美国经济学家亨利·华莱士就借鉴了这一套调节物价的方法，他是从王安石变法一种重新恢复常平仓制度中学习到的。抗战时期，已经成为美国副总统的华莱士来华访问，一下飞机，就向接待官员提起王安石来，深表钦佩之情。直到现在，国际上对于中国常平仓的研究一直在发展。中国对世界灾害应对的另一个贡献是社仓（Commodity Loan Program），其中英国对此的研究和借鉴最多，形成了"社仓—农会—农业合作社（1852）"的研究脉络。这也可以证明，我国的防御灾害历史有很多优秀的经验值得进一步研究。

本书的写作和出版过程得到本人所在单位中共辽宁省委党校（辽宁行政学院、辽宁省社会主义学院）的支持。本人在校讲授"防灾减灾救灾体制机制转变与能力提升"培训课程，这本书作为课程的扩展研究内容，得到了校内多位专家的帮助指导，特别是应急管理教研部主任伊文嘉教授，为我的写作和出版提供了坚实的支持。本书的合著者孙莹老师提供了丰富的文献资料，并完成了第三章"祈禳理念与机制"、第四章"理念影响下的制度形成"、第五章"仓储备灾"、第六章"工程技术防灾"和第七章"灾害预测"的内容写作，总计10余万字。感谢应急管理教研部全体同事的帮助和鼓励。

"或多难以固邦国，或殷忧以启圣明。"灾害不会让国家进步，对灾害的反思才会。正如苦难不会让人成长，对苦难的反思才会。本书作为对灾害和苦难的反思，希望能对自然灾害研究尽一份微薄之力。

是为序。

刘 川

2022年8月12日

目录

第五章　仓储备灾

第六章　工程技术防灾

第七章　灾害预测

第八章　救灾赈灾

第九章　当代中国灾害理念与体制机制转变

参考文献

第一章
灾害认识理念

　　远古时代人类对自然界的各种现象难以作出科学的解释，但人脑的自然思维习惯又要求对事物要有一个完整的解释闭环，即使是不充分的解释也好过没有解释。对于风、雨、雷、雹等自然现象，简单的解释更倾向于自然灾害是由可以操纵自然力量的神祇发动的。不同地区的聚居人类群体，为了解释自然灾害进行了想象，其中更具故事性的解释得以更好地传播下去，形成了远古神话。自然灾害给人类造成重大损失和精神震撼，灾害的发生原因更是需要一个符合逻辑的因果关系进行解释。随着文明的发展，人类想要探寻不同灾害发生的深层原因，不再简单满足于"雨神发怒了就发生了暴雨，风神发怒了就产生了风灾"的简单解释。对于关乎生命和财产的重要问题，群体需要一个更为系统化的解释体系。纵观我国历史上的灾害形成理论，产生影响最为深远的主要包括：时令失序论、天人感应论和自然规律论。从现代科学的角度看，自然灾害无可辩驳的是一种自然现象。但基于中国古代的生产力发展水平，当时主流的灾害认识更容易接受时令失序论和天人感应论。不同的灾害认识直接影响了灾害的应对思想以及灾害应对体制机制的形成。

第一节　时令失序论

一、月令失序导致灾害

　　时令失序论是将自然灾害的发生归因于政令和生产活动与时令相悖。这一思想来源于《周书》中《月令》，《周书》已经亡逸，其中《月令》的相关内容可以从《吕氏春秋·十二纪》中看到，此后的《淮南子·时则训》和汉代编撰的《礼记·月令》中也有相关内容。对于月令的源流，至今史学界仍然存在争议①，可以确定的是，最晚在战国时代我国就存在了一种对自然灾害的系统化的解释理论。

---

①薛梦潇：《先秦、秦汉月令研究综述》，《中国史研究动态》2016年第3期。

月令将一年分成春夏秋冬四季，每个季节分为孟、仲、季三个月，第一个月就是孟春之月，第二个月就是仲春之月……以此类推，最后一个月是季冬之月。每个月都有对应的星宿、神明、动物、乐声、数字、气味、味道、祭祀方式等。

孟春之月，日在营室，昏参中，旦尾中。其日甲乙。其帝大皞，其神句芒，其虫鳞，其音角，律中太蔟，其数八，其味酸，其臭膻，其祀户，祭先脾。[1]

每个月，天子应该有特定的行为，如孟春之月，天子应该亲自率领三公、九卿、诸侯、大夫到东郊去迎接春的降临。迎春礼毕归来，就在朝中赏赐公卿、诸侯、大夫，并命令相国宣布教化，发布禁令，实行褒奖，赈济不足，恩惠施及所有百姓。行政方面，也要发布与这个月相对应的政令。

是月也，天气下降，地气上腾，天地和同，草木繁动。王命布农事，命田舍东郊，皆修封疆，审端径术，善相丘陵、阪险、原隰。土地所宜，五谷所殖，以教道民，必躬亲之。田事既饬，先定准直，农乃不惑。[2]

意思是：这个月，上天之气下降，地中之气上升，天地之气混同一体，草木开始萌发。国君宣布农功之事，命令农官住在东郊，监督农民整治耕地的疆界，审视并修缮田间的小路。认真地考察丘陵、山地、平原、洼地等各种地形，什么土地适宜种什么谷物，什么谷物应用什么方法种植，要用这些教诲引导农民，而且务必亲自去做。农功之事布置完毕，先确定农产品的价格，农民才没有疑惑。这是强调政令要和时节相对应进行，如果政令和月份的特质不符，就会发生灾害。

孟春行夏令，则雨水不时，草木蚤落，国时有恐。行秋令，则其民大疫，猋风暴雨总至，藜莠蓬蒿并兴。行冬令，则水潦为败，雪霜大挚，首种不入。[3]

若在正月里发布夏天的命令，将有风雨不按时到来，草木早落，国时有惊恐之祸事出现。若发布了秋天的命令，则有大瘟疫、旋风暴雨、藜莠丛生等祸事出现。如果发布了冬天的命令，就有洪水泛滥、霜雪大至、第一番的种子无法播下的祸事出现。

根据时令失序的理论，将自然灾害的原因进行归纳，见表1。

---

[1] 胡平生、张萌译注：《礼记》第六《月令》，中华书局，2017。
[2] 同上。
[3] 同上。

表1　时令失序与灾害关联表

灾害类型	发生原因			
	春	夏	秋	冬
旱灾	孟春行夏令		孟秋行春令	仲冬行春令
	季春行夏令		仲秋行春令	仲冬行夏令
	仲春行夏令		仲秋行夏令	
暴雨	孟春行秋令	孟夏行秋令		仲冬行秋令
	季春行秋令			
洪灾	孟春行冬令	孟夏行冬令	季秋行夏令	季冬行夏令
	仲春行秋令	季夏行秋令		
风灾	孟春行秋令	孟夏行春令	仲秋行冬令	孟冬行夏令
寒潮	孟春行冬令	季夏行冬令		孟冬行秋令
	季春行冬令	仲夏行冬令		
虫灾	仲春行夏令	孟夏行春令	孟秋行冬令	孟冬行夏令
		仲夏行春令	仲秋行夏令	仲冬行春令
瘟疫	孟春行秋令	仲夏行秋令	孟秋行夏令	仲冬行春令
	季春行夏令	季夏行春令	季秋行夏令	季冬行春令
				季冬行秋令
歉收	仲春行冬令	孟夏行冬令	孟秋行春令	仲冬行秋令
			仲秋行冬令	
火灾	孟秋行夏令		仲秋行春令	
内乱	孟春行夏令			
	仲春行冬令			
	季春行冬令			
战争	仲春行秋令	孟夏行秋令	孟秋行冬令	孟冬行秋令
	季春行秋令	季夏行冬令	季秋行冬令	仲冬行秋令
			季秋行春令	季冬行秋令
盗贼		仲夏行冬令	季秋行冬令	
生育减少		季夏行秋令		季冬行春令
人口流亡				孟冬行春令

这种以系统化的规律去理解自然灾害产生的解释方法，更符合广大从事劳动生产的民众的心理预期。月令的编排又表现出一定的规律性，比如暴雨都是在不恰当的时节行秋令产生的，寒潮大多是在不恰当的时节行冬令产生的。瘟疫和战争对应的时令失序情况也多，每个季节都有发生的可能。月令的编制也是基于对自然的观察，一些灾害的发生季节就没有对应关系，比如秋季不易发生暴雨。尽管如此，现实中还是容易出现与这种解释方法相悖的情况。尤其是盗贼猖獗、人口流亡等社会安全事件并不具备季节性。

二、 时令失序理念的补充与哲学阐释

在秦汉时期，大一统帝国各地区的信息较先秦时期传播性更强，而广阔的帝国土地上，同一时节在不同地区的气候差别很大，以单一的规律去进行不同地区的生产实践必然会导致这一理论的更多反例出现。此外，自然气候的不确定性也使得时令失序思想出现特殊状况。即，完全按照时令进行生产生活时，仍然发生了自然灾害。《淮南子》继承了时令失序导致自然灾害的思想，并针对现实中可能出现的反例，对时令失序思想的灾害解释方法进行了补充。《淮南子·时则训》中提出六合的说法，即："孟春与孟秋为合，仲春与仲秋为合，季春与季秋为合，孟夏与孟冬为合，仲夏与仲冬为合，季夏与季冬为合。"就是每个月都与其时间间隔最远的月份相合，如果某个月没有按照月令进行活动，其对应的月份会发生灾害。

正月失政，七月凉风不至。二月失政，八月雷不藏。三月失政，九月不下霜。四月失政，十月不冻。五月失政，十一月蛰虫冬出其乡。六月失政，十二月草木不脱。七月失政，正月大寒不解。八月失政，二月雷不发。九月失政，三月春风不济。十月失政，四月草木不实。十一月失政，五月下雹霜。十二月失政，六月五谷疾狂。[1]

这就使时令失序理论对灾害的解释更容易了，灾害和原因的对应关系扩大了一倍。眼前的灾害如果在当月找不到对应关系，可以追溯到半年之前。另外，受制于当时的信息情况，百姓说不清是否有政令失当行为。《淮南子·时则训》又对各种时令失序做了一个简要的总结：

春行夏令，泄；行秋令，水；行冬令，肃。夏行春令，风；行秋令，芜；行冬令，格。秋行夏令，华；行春令，荣；行冬令，耗。冬行春令，泄；行夏令，

---

[1]《淮南子》卷五《时则》，中华书局，2009。

旱；行秋令，雾。①

《淮南子》对时令思想的另一大贡献在于将时令失序论的哲学高度进行提升。它构建了一个以天、地和四季为衡量尺度的世界观，强调物质和时间的永恒性。

制度阴阳，大制有六度，天为绳，地为准，春为规，夏为衡，秋为矩，冬为权。绳者，所以绳万物也；准者，所以准万物也；规者，所以员万物也；衡者，所以平万物也；矩者，所以方万物也；权者，所以权万物也。②

这是把四季和天、地都作为一种衡量器物，都具备固定的规则，因此顺应四季的内在规则特点做事，也就可以避免灾害发生。天的特质就像是"绳"，正直而不弯曲，修长而没有尽头，经久而不弊败，久远而不遗忘，代表了道德，是万物的根本。地的特质是"准"，平整而不起伏，平均而不偏袒；广大兼容，宽裕平和，代表了公平，是事物的标准。春季的特质像"规"，转运而不重复，圆滚而不乱转；有这种"规"度存在，事物就能通畅顺达。夏季的特质像"衡"，缓顺而不居后，公平而不怨悔；它清阳蓬勃、施行善德；养育生长，使万物繁荣昌盛；让五谷丰收，使国家强盛。秋季的特质像"矩"，肃重而不乖悖，刚正而不昏愦，它拿取而不生怨恨，收纳而不会有害；威严而不可怕，令行而不废弛，使诸多受惩罚者得以信服认罪。冬季的特质像"权"，急迫而不浮躁，伐杀而不剥夺；诚实守信决不含糊，坚定谨慎决不动摇；清除奸邪暴虐而不容歪曲。所以冬季的政令一旦实施推行，柔弱事物必定变得刚强，万物得以收纳隐藏。

《淮南子》这种哲学解释富有文学性，将自然物质和时间与一些道德特征类比，得出一个实施政令内容也应遵循季节内在特质的结论：静则以"准"为法则制度，动则以"绳"为法则制度；春天则用"规"来治理，秋天就用"矩"来治理，冬天则用"权"来治理，夏天就用"衡"来治理。这样，干燥、潮湿、寒冷、暑热都会按季节适时出现，以避免自然灾害发生。《淮南子》不仅弥补了部分时令失序理论可能出现的问题，更是将时令失序理论的外延扩大到道德层面，这使其更容易被汉代之后的知识分子接受。

三、 时令失序论的儒学化

秦汉时期产生的新的灾害原因解释多以时令失序论的思想为基础，无论是阴阳学说还是五行八卦的推演，其核心都是承认一种先天就存在于自然中的灾

①《淮南子》卷五《时则》，中华书局，2009。
②《淮南子》卷五《时则》，中华书局，2009。

害运行规律。时令失序思想把这种规律归结于阴阳的平衡和变化，这与秦汉时期的一些其他思想的基础是一致的，顺时是一种手段，其目的在于调和阴阳。在此基础上，时令失序论与天人感应论并不矛盾，甚至在一定程度上可以互为佐证。《淮南子》扩展后的时令失序论所表达的道德观念与汉代儒家思想较为契合。《孟子·梁惠王上》云：

> 不违农时，谷不可胜食也。数罟不入洿池，鱼鳖不可胜食也。斧斤以时入山林，材木不可胜用也。谷与鱼鳖不可胜食，材木不可胜用，是使民养生丧死无憾也。养生丧死无憾，王道之始也。①

顺应时令的思想与儒家的顺"天时"的思想一致，统治者顺应时令，不违农时是仁政的体现。马融等人把本于《吕氏春秋·十二纪》首章的《月令》编入《礼记》，将时令失序论纳入儒学经典之中，形成了时令失序论的儒家化解释。汉代儒家思想的地位上升，成为国家主流思想，时令失序论也成为指导政治的理论根据之一，但并没有成为一种行政上的思想共识。

阳朔二年春，天气异常寒冷。汉成帝下诏：

> 昔在帝尧立羲、和之官，命以四时之事，令不失其序。故《书》云"黎民于蕃时雍"，明以阴阳为本也。今公卿大夫或不信阴阳，薄而小之，所奏请多违时政。传以不知，周行天下，而欲望阴阳和调，岂不谬哉！其务顺四时月令。②

汉成帝在位期间公卿对于阴阳、时令等学说并不认同，但汉成帝对时令失序论比较认可，他将寒潮归结于阴阳失调，并期待以理顺四时政令来避免灾害。

汉哀帝时，灾异出现。李寻也上书称：

> 故古之王者，尊天地，重阴阳，敬四时，严月令。顺之以善政，则和气可立致，犹枹鼓之相应也。今朝廷忽于时月之令，诸侍中、尚书近臣宜皆令通知月令之意，设群下请事；若陛下出令有谬于时者，当知争之，以顺时气。③

时令失序论从民间和地方经验中逐渐积累起来，并逐渐被理论化，最终被上升为国家政治规范、被纳入儒家经典的这套思想知识，后又因为其较为僵化的规则受到政治精英所怀疑，汉代既是《月令》逐渐获得思想权威性的时期，亦是它向基层和地方社会推广的起始阶段④。其后的儒学化更多地体现在儒家在礼的实践活动中形成了一种制度化的行动习惯。《后汉书·礼仪志》记载了两汉时期按月令行事的制度：

---

① 《孟子》卷一《梁惠王上》，中华书局，2006。
② 《汉书》卷十《成帝纪》，中华书局，2007。
③ 《汉书》卷七十五《李寻传》，中华书局，2007。
④ 王利华：《月令中的自然节律与社会节奏》，《中国社会科学》2014年第2期。

正月始耕，昼漏上水初纳，执事告祠先农，已享。耕时，有司请行事，就耕位，天子、三公、九卿、诸侯、百官以次耕。力田种各耰讫，有司告事毕。是月令曰："郡国守相皆劝民始耕，如仪。诸行出入皆鸣钟，皆作乐。其有灾眚，有他故，若请雨、止雨，皆不鸣钟，不作乐。"①

正月天子率先垂范进行耕田，顺应天时。至于服饰、音乐方面，根据月令对应的五行理论进行相应的调整。五行理论在每个月各有相应的祭祀规定的礼制。

仲夏之月，万物方盛。日夏至，阴气萌作，恐物不楙。其礼：以朱索连荤菜，弥牟朴蛊钟。以桃印长六寸，方三寸，五色书文如法，以施门户。代以所尚为饰。夏后氏金行，作苇茭，言气交也。殷人水德，以螺首，慎其闭塞，使如螺也。周人木德，以桃为更，言气相更也。汉兼用之，故以五月五日，朱索五色印为门户饰，以难止恶气。日夏至，禁举大火，止炭鼓铸，消石冶皆绝止。至立秋，如故事。是日浚井改水，日冬至，钻燧改火云。②

五行与四季进行对应时，春属木，对应青色，夏属火，对应红色，秋属金，对应白色，冬属水，对应黑色，夏秋之交因为处于一年四季的正中，独立算一个时节，属土，对应黄色。

先立秋十八日，郊黄帝。是日夜漏未尽五刻，京都百官皆衣黄。至立秋，迎气于黄郊，乐奏黄钟之宫，歌《帝临》，冕而执干戚，舞《云翘》《育命》，所以养时训也。③

这一习惯也影响着此后朝代的政令实行，《旧唐书·礼仪志》中规定，"孟春吉亥，祭帝社于藉田，天子亲耕"。这继承了汉代的礼制习惯，并在新的政令上进行发扬，如唐代官吏的选拔设定为季春之月。

凡大选，终于季春之月，所以约资叙之浅深，审才略之优劣，军国之用在焉④。

对于违背时令施政将会导致灾害的思想依然得到认同。圣历二年（699 年）正月，孟春进行了讲武活动，但按照月令理论，这类活动应该放在季冬，在月令失序理论中属于孟春行冬令。王方庆按照《礼记·月令》的说法，上疏认为不按时令进行讲武会产生水、霜、雪等灾害，他的建议得到了武则天的赞同。

唐代在出现灾害时，也会依据时令失序论反推施政行为上的失误。大和六

①《后汉书》志第四《礼仪上》，中华书局，2007。
②《后汉书》志第五《礼仪中》，中华书局，2007。
③同上。
④《旧唐书》卷四十三《职官二》中华书局，1975。

年（832 年）春正月，关中地区出现寒潮降雨，且持续时间较长。唐文宗认为这与自己未能顺应四时政令有关，下诏自责：

> 朕之菲德，涉道未明，不能调序四时，导迎和气。自去冬已来，逾月雨雪，寒风尤甚，颇伤于和。念兹庶氓，或罹冻馁，无所假贷，莫能自存。中宵载怀，盱食兴叹，怵惕若厉，时予之辜。思弘惠泽，以顺时令。①

时令理论作为一种时政观念和国家礼制，对整个社会产生的实际影响取决于统治者是否真的遵循"圣王之制"：在盛世更容易被推崇，相反在乱世容易被忽视。这一理论逐渐被普通民众所接受和奉行，成为认识和适应自然季节变化的一种普遍模式，对社会的运行节奏、生活方式和环境行为都造成广泛而深刻的影响。

四、对时令失序思想的辩证思考

时令失序思想在兴起之初就受到一定的质疑，西汉初年，司马谈曾给出了具有辩证思考的分析：

> 夫阴阳四时、八位、十二度、二十四节，各有教令，顺之者昌，逆之者不死则亡，未必然也，故曰"使人拘而多畏"。夫春生夏长，秋收冬藏，此天道之大经也，弗顺则尤以为天一下纲纪，故曰"四时之大顺，不可失也"。②

司马谈认为四时及其扩大化的各种禁忌是不足采信的，只是使人更多了畏惧不敢行动。而对于四季变化对应的农业活动规律，他认为这是有价值的认识，应该尊重自然规律。

时令失序思想来源于实践观察，也容易形成民俗化的社会规范。秦汉之前就形成的月令传统在汉代民间则演化成民间的禁忌习俗。而这种习俗的扩大化解释又形成了对社会生活的负面影响。不仅下葬、祭祀要问吉凶，连洗头、写字都有了独特的禁忌。东汉王充对这类习俗提出了批评：

> 世俗既信岁时，而又信日。举事若病、死、灾、患，大则谓之犯触岁、月，小则谓之不避日禁。岁、月之传既用，日禁之书亦行。世俗之人，委心信之；辩论之士，亦不能定。是以世人举事，不考于心而合于日；不参于义而致于时。③

王充强调了做事应当以情理和道义为根据，而不应以各种记载禁忌的书为依据。这是对时令失序思想扩大化的批评和反思。

---

① 《旧唐书》卷十七下《文宗下》，中华书局，1975。
② 《史记》卷一百三十《太史公自序》，中华书局，2006。
③ 《论衡》卷二十四《讥日》，上海人民出版社，1974。

后世对时令理论进行系统分析的是柳宗元，他在《时令论》中首先承认了时令失序说中有正确指导生产生活的部分：

孟春修封疆，端径术，相土宜，无聚大众。季春利堤防，达沟渎，止田猎，备蚕器，合牛马，百工无悖于时。孟夏无起土功，无发大众，劝农勉人。仲夏班马政，聚百药。季夏行水杀草，粪田畴，美土疆，土功、兵事不作。孟秋纳材苇。仲秋劝功种麦。季秋休百工，人皆入室，具衣裘；举五谷之要，合秩刍，养牺牲；趋人牧敛，务蓄菜，伐薪为炭。孟冬筑城郭，穿窦窖，修囷仓，谨盖藏，劳农以休息之，收水泽之赋。仲冬伐木，取竹箭。季冬讲武，习射御；出五谷种，计耦耕，具田器；合诸侯，制百县轻重之法，贡职之数。斯固俟时而行之，所谓敬授人时者也。其余郊庙百祀，亦古之遗典，不可以废。[①]

按照季节安排农业活动是顺应自然规律和劳动人民生活习惯的正确做法，这些做法也是避免和减轻农业灾害的经验体现。祭祀活动也是文化传统的传承，都是合理的。这是从正面肯定了时令失序思想对生产劳动和工程防灾方面的积极作用。柳宗元强调其他的一些仁政做法，如救济穷苦、抚恤孤寡、明正典刑、选拔人才等不必非得按照月令进行。尤其是一些冤案和腐败行为不是特定月份才会出现，所以纠正问题也不能限定于固定的时节。

柳宗元对月令理论的批判也体现在他对灾害与时令失序两者的因果性提出质疑。他认为这种理论是"特瞽史之语，非出于圣人者也"。他分析这种理论并不是为睿智的当权者准备的，而是古代君子为了避免后代有昏聩者当权，把之前国家好的制度废除了，导致国家出现混乱，所以编了时令理论，用五行等玄虚之辞来震慑他们。柳宗元以南陈和隋朝为例，说明在实际操作中，残暴昏聩的统治者也很难听进去这种理论。

若陈、隋之季，暴庚淫放，则无不为矣。求之二史，岂复有行《月令》之事者乎？然而其臣有劲悍者，争而与之言先王之道，犹十百而一遂焉。然则《月令》之无益于陈、隋亦固矣。[②]

时令失序论作为一种对灾害原因的解释，在一定的历史阶段对我国的农业生产和社会生活产生了积极作用，但其教条化的形式和禁忌的扩大化也造成了一定负面影响。这种理论起源于民间实践，一度成为国家意识，最终留存于民俗之中。

---

① 《柳宗元集》卷三《时令论》，中华书局，1979。
② 同上。

第二节 天人感应论

一、神性崇拜理念

原始社会阶段，人类多将自然的不确定性归结于一种凌驾于人类之上的神性。在我国，这种神性通常以"天帝"的意象出现。在殷墟出土的文物中，时常会看到一些关于天帝的文字，将威胁较大的自然灾害现象解释为天帝的有意而为。人们恭敬虔诚的祭祀会得到天神的眷顾，相反则会引起天神的愤怒，发动灾害进行惩罚。具有现代科学常识的人当然知道祭祀与灾害是否发生并没有必然联系，而那个时代的人会为灾害的发生寻求看上去更合理的解释：天帝对人间是否满意不全在于祭祀规模和诚意，应该还受其他因素影响。天帝是秩序的代表，那么破坏秩序的行为就很容易被推测为惹怒天帝的原因。《左传》认为："天反时为灾，地反物为妖，民反德为乱，乱则妖灾生。"①因为民先反德成了"乱"，才让天反时，造成了灾。这样自然灾害产生的根本原因就从源于天神的不可知的活动转变为公众道德的缺失。以道德缺失论来解释自然灾害的产生，对社会价值有一定的正面引导作用。这既鼓励了当时人们对自身道德的反省，又能更好地解释自然灾害的突发性，而其带来的弊端是加大了民众对自然灾害的恐惧。一旦出现自然灾害，就会在秩序破坏或道德破坏中寻求解释，进而推断出更为严重的后果。

秦汉的灾害应对思想中最突出的变化就是由董仲舒所提出的天人感应系统理论。天人感应理论认为，灾害的发生与天子的道德具有直接的因果关系。这是将商代以来就有的鬼神论与儒家的政治主张相结合，还吸收了部分道家、阴阳家关于阴阳五行的学说，建立了较为完整的理论体系，对此后多个朝代都有巨大的影响。在天人感应理论成型以前，汉朝皇帝面对自然灾害，难以找到合理的解释。如后元元年（公元前163年），由于多种灾害叠加难以应对，汉文帝下诏令自责：

间者数年比不登，又有水旱疾疫之灾，朕甚忧之。愚而不明，未达其咎。意者朕之政有所失而行有过与？乃天道有不顺、地利或不得、人事多失和、鬼神废不享与？何以致此？将百官之奉养或费、无用之事或多与？何其民食之寡乏也？夫度田非益寡，而计民未加益，以口量地，其于古犹有余，而食之甚不足者，其咎安在？无乃百姓之从事于末以害农者蕃，为酒醪以靡谷者多，六畜

---

① 《左传》卷十一《宣公下》，宣公十五年，上海古籍出版社，2016。

之食焉者众与？细大之义，吾未能得其中。其与丞相、列侯、吏二千石、博士议之，有可以佐百姓者，率意远思，无有所隐。[①]

汉文帝在自责的同时，更多的是表达了对于灾害发生原因的困惑。他主动探寻政策执行中的过失，也考虑粮食缺乏是否是官员俸禄消耗过大造成的，或由于酒业制造造成的等问题，并提倡广开言路，寻求对灾害的更合理解释。其后的汉景帝在位期间也一直没有一种权威的官方解释，直到汉武帝在位期间的董仲舒用灾异现象作为论据来阐明灾害与德政之间联系。

天地之物有不常之变者谓之异，小者谓之灾，灾常先至，而异乃随之。灾者，天之谴也；异者，天之威也。谴之而不知，乃畏之以威。《诗》云"畏天之威"，殆此谓也。凡灾异之本，尽生于国家之失。国家之失，乃始萌芽，而天出灾害以谴告之。谴告之而不知变乃见怪异以惊骇之，惊骇之尚不知畏恐，其殃咎乃至。以此见天意之仁，而不欲陷人也。[②]

按照天人感应理论，小的自然反常情况叫做"灾"，"灾"是上天给统治者进行预警的信号，如果统治者不能改正自身的问题，那么世上将会发生更加反常的"异"，这种"异"就是上天的惩罚手段了。按照这种说法，上天本身就具有了重大灾害（或社会动乱）的预警职能，如果能够发现灾害发生的根源并正确相对，就可以避免更大的国家损失。这种说法将上天人格化，认为上天是一种有思想的存在，而且天意是仁的。那么为什么上天示警的过程中要选用不同的灾害？这些灾害又是怎样产生的呢？这就需要更为完备的解释系统。

二、五行与五事理论

董仲舒在天人感应理论中引入了五行理论，认为金、木、水、火、土五种元素对应的是上天特定的星宿，也代表了君主的各种行为。君主的政令应当按照五行流转的顺序进行切换。顺应五行规律，也就是顺应君主应有的道德规范。具体的灾害形成原因在《春秋繁露》中有列举：

火干木，蛰虫蚤出，蚿雷蚤行。土干木，胎夭卵毈，鸟虫多伤。金干木，有兵。水干木，春下霜。土干火，则多雷。金干火，草木夷。水干火，夏雹。木干火，则地动。金干土，则五谷伤，有殃。水干土，夏寒雨霜。木干土，倮虫不为。火干土，则大旱。水干金，则鱼不为。木干金，则草木再生。火干金，则草木秋荣。土干金，五谷不成。木干水，冬蛰不藏。土干水，则蛰虫冬

[①]《汉书》卷四《文帝纪》，中华书局，2007。

[②]《春秋繁露》卷三十《必仁且智》，中华书局，2012。

出。火干水，则星坠。金干水，则冬大寒。[①]

这也解释了存在多种不同灾害的原因——上天想要传达的信息不一样。面对五行异常而造成的危害，统治者就应当采用修德的方式进行矫正。

五行变至，当救之以德，施之天下则咎除。不救以德，不出三年天当雨石。

木有变，春凋秋荣木冰，春多雨。此繇役众，赋敛重，百姓贫穷叛去，道多饥人。救者，省徭役，薄赋敛，出仓谷，振困穷矣。

火有变，冬温夏寒。此王者不明，善者不赏，恶者不绌，不肖在位，贤者伏匿，则寒暑失序而民疾疫。救之者，举贤良，赏有功，封有德。

土有变，大风至，五谷伤。此不信仁贤，不敬父兄，淫泆无度，宫室荣。救之者，省宫室，去雕文，举孝悌，恤黎元。

金有变，毕昴为回，三覆有武，多兵，多盗寇。此弃义贪财，轻民命，重货赂，百姓趣利，多奸轨。救之者，举廉洁，立正直，隐武行文，束甲械。

水有变，冬湿多雾，春夏雨雹。此法令缓，刑罚不行。救之者，忧图圄，案奸宄，诛有罪，萌五日。[②]

按照这种说法，有利于灾害恢复的国家行政政策不再只是灾后恢复重建的弥补措施，而是避免更大天威惩罚的灾害预防措施。董仲舒将有利于恢复的行政命令与不同的灾害进行了配对，这本并不符合科学逻辑的对应关系，通过五行与道德的联系，形成了让统治者更容易接受的方式。

用五行直接对应灾害的说服力并不充分，由此就产生了将五行的解释扩大的倾向。在此基础上，五行理论成为一种万能公式，被套用到其他领域，比如金、木、水、火、土分别对应着五方：西、东、北、南、中；对应着五常：义、仁、智、礼、信；对应着五事：言、貌、听、视、思。甚至在四季中强行分离出季夏，来与五行对应。春对应木，夏对应火，秋对应金，冬对应水，季夏对应土。

《汉书·五行志》采用了刘向《洪范五行传》中将五行与灾害相对应的方式：

水，北方，终臧万物者也。其于人道，命终而形臧，精神放越，圣人为之宗庙以收魂气，春秋祭祀，以终孝道。王者即位，必郊祀天地，祷祈神祇，望秩山川，怀柔百神，亡不宗事。慎其齐（斋）戒。致其严敬，鬼神歆飨，多获福助。此圣王所以顺事阴气，和神人也。至发号施令，亦奉天时。十二月咸得

---

① 《春秋繁露》卷六十二《治乱五行》，中华书局，2012。
② 《春秋繁露》卷六十三《五行变救》，中华书局，2012。

其气，则阴阳调而终始成。如此则水得其性矣。若乃不敬鬼神，政令逆时，则水失其性。雾水暴出，百川逆溢，坏乡邑，溺人民，及淫雨伤稼穑，是为水不润下。京房《易传》曰："颛事有知，诛罚绝理，厥灾水，其水也，雨杀人以陨霜，大风天黄。饥而不损兹谓泰，厥灾水，水杀人。辟遏有德兹谓狂，厥灾水，水流杀人，已水则地生虫。归狱不解，兹谓追非，厥水寒，杀人。追诛不解，兹谓不理，厥水五谷不收。大败不解，兹谓皆阴。解，舍也，王者于大败，诛首恶，赦其众，不则皆函阴气，厥水流入国邑，陨霜杀叔草。"①

董仲舒、刘向等人分析了春秋时期历史上发生的水灾，并为这些水灾寻找出统治者失德的证据：

桓公元年"秋烝大水"。董仲舒、刘向以为桓弑兄隐公，民臣痛隐而贼桓。后宋督弑其君，诸侯会，将讨之，桓受宋赂而归，又背宋。诸侯由是伐鲁，仍交兵结仇，伏尸流血，百姓愈怨，故十三年夏复大水。一曰，夫人骄淫，将弑君，隐气盛，桓不寤，卒弑死。刘歆以为桓易许田，不祀周公，废祭祀之罚也。

严公七年"秋，大水，亡麦苗"。董仲舒、刘向以为，严母文姜与兄齐襄公淫，共杀桓公，严释父仇，复取齐女，未入，先与之淫，一年再出，会于道逆乱，臣下贼之之应也。

十一年"秋，宋大水"。董仲舒以为时鲁、宋比年为乘丘、鄑之战，百姓愁怨，阴气盛，故二国俱水。刘向以为时宋愍公骄慢，睹灾不改，明年与其臣宋万博戏，妇人在侧，矜而骂万，万杀公之应。

二十四年"大水"。董仲舒以为夫人哀姜淫乱不妇，阴气盛也。刘向以为哀姜初入，公使大夫宗妇见，用币，又淫于二叔，公弗能禁。臣下贼之，故是岁、明年仍大水。刘歆以为先是严饰宗庙，刻桷丹楹，以夸夫人，简宗庙之罚也。②

在已经发生的灾害中，寻找当年统治阶层的问题总是可以找到失德行为的，因此难免有附会之嫌，这种说法即使在秦汉时代也遭受了一定质疑。其中还有另一个问题是春秋时期记载的水灾和火灾比较多，而木、土对应的灾害很少，所以用历史数据来证明失德致灾并不充分，因此将五行对应关系扩展至"五事"概念时，就显得更加合理一些。

"五事"概念将灾害分为"貌灾"（水灾）、"言灾"（旱灾）、"视灾"（温度反常）、"听灾"（雪霜雹和蝗灾）、"思灾"（暴风雨地震山崩）五种：

①《汉书》卷二十七上《五行志上》，中华书局，2007。
②同上。

貌之不恭，是谓不肃。肃，敬也。内曰恭，外曰敬。人君行己，体貌不恭，怠慢骄蹇，则不能敬万事，失在狂易，故其咎狂也。上嫚下暴，则阴气胜，故其罚常雨也。[①]

按照五事理论，"貌灾"产生的原因是人君傲慢，对万物不恭敬，这样就会阴气盛，所以常下雨，于是发水灾。这样的解释，既包含了天人感应的思想，又有五行对应"五事"的观念，还有阴阳失调的分析，因此使得理论显得更加有据可依了。

三、天人感应思想的延伸

天人感应理论，凭借其理论体系上的传播优势，最终获得了汉代统治者的认可。两汉期间的皇帝，以发布自责诏书应对灾害已经成为一种惯例。天人感应理论确定之后，《汉书》《后汉书》中记载罪己诏多达 27 次，其中包括对日食这种"灾异"现象的自责，以修德的方式应对自然灾害已经成为朝堂上的共识。修德在政治上表现为行政命令中排除祭祀活动，甚至反对以禳灾的方式进行灾害应对，认为求雨等方式并不能起到应对灾害的效果，而只有通过仁政才可以解决灾害威胁，这种理论得到了原本以禳灾为业的方士的支持。

汉顺帝时，方士郎颛言：

自冬涉春，讫无嘉泽，数有西风，反逆时节。朝廷劳心，广为祷祈，荐祭山川，暴龙移市。臣闻皇天感物，不为伪动，灾变应人，要在责己。若令雨可请降，水可攘止，则岁无隔并，太平可待。然而灾害不息者，患不在此也。立春以来，未见朝廷赏录有功，表显有德，存问孤寡，赈恤贫弱，而但见洛阳都官奔车东西，收系纤介，牢狱充盈。

天人感应理论将灾异与政治紧密相连，让汉代儒生群体获得了自然灾害的解释权，也因此获得了更大的政治话语权。此后，统治阶级内部对于政治话语权的争夺一直存在，东汉外戚集团、宦官集团、士大夫集团借灾异出现进行政治攻击，打击政治对手的事件屡有发生。天人感应思想造成的另一个负面影响表现为忽视现实灾害应对问题。

汉成帝鸿嘉四年（公元前 17 年）发生水灾：

勃海、清河、信都河水盗溢，灌县、邑三十一，败官亭、民舍四万余所。[②]

当时朝廷大臣认为水灾是上天对国家政策的警告，改变政策就可以从源头

---

① 《汉书》卷二十七中之上《五行志中之上》，中华书局，2007。
② 《汉书》卷二十九《沟洫志》，中华书局，2007。

上解决水灾，因此并没有进行堤坝的补救，任由决口扩大。

河，中国之经渎，圣王兴则出图书，王道废则竭绝。今溃溢横流，漂没陵阜，异之大者也。修政以应之，灾变自除。①

东汉时期也出现过对天人感应理论的质疑。东汉应劭从逻辑上提出质疑，老虎等猛兽对于当时的人们来说是一种灾害的存在，而尧舜时代被认为是德政的典范，那么那个时期就不应有老虎存在，如果让品质高尚的位列三公高位，则老虎也应该逃到国外去。

东汉的王充作为当时质疑天人感应理论基础的代表，认为灾害应该根据不同情况进行区分。

夫灾变大抵有二：有政治之灾，有无妄之变。

问："政治之灾，无妄之变，何以别之？"曰：德酆政得，灾犹至者，无妄也；德衰政失，变应来者，政治也。夫政治则外雩而内改，以复其亏；无妄则内守旧政，外修雩礼，以慰民心。故夫无妄之气，历世时至，当固自一，不宜改政。②

如果君主德行纯厚、政令得当，灾害仍然出现，就是意料不到的自然灾害；如果君主德行衰微、政令失误，灾害随之出现，这就是由政治引起的。他阐述了一定程度的唯物主义思想，但主要还是以道家看待灾害的方式进行解释和应对。

唐代时，韩愈对天人感应思想作出了新的阐释。

韩愈承认"天"具有意识，对人的活动会作出回应。但"天"不是以神的形象出现，而是以一种元气阴阳的聚合体存在，当人类过度开发自然资源时，会破坏元气阴阳的平衡状态，天对于人类的破坏行为会进行刑罚性的回应。韩愈在《天说》中将天和人的关系与一些事物及虫的关系进行类比。

瓜果、饭菜坏了，虫子就会生出来；人的血气瘀塞不畅，就会长毒疮、肉瘤、痔瘘，并从中生出虫子；树木朽烂了，内部就产生蠹虫；野草腐烂了，就有萤火虫飞出。事物先有自身腐败，才有虫的出现，这是符合科学认识的，他类比到人的时候，认为灾害的产生是由于元气阴阳出现了问题。

虫子生出来后，物就更加坏了，因其在物上采食、打洞，加重了对物的损害。人对于元气阴阳的破坏也是如此：人们开垦田地，砍伐山林，凿井取水，挖穴埋人，甚至挖坑做厕所，修建内城外郭、亭台水榭、观楼别馆，疏通河

---

① 《汉书》卷二十九《沟洫志》，中华书局，2007。

② 《论衡》卷十五《明雩》，上海人民出版社，1974。

道、沟渠，挖池塘，钻木取火烧烤东西，熔化金属制造器物，制造陶器，琢磨玉石，使得天地万物衰败残破，不能顺从其本性发展。人类对元气阴阳造成的祸害，比虫子对物的损害更严重。

如果有人能除掉虫子，那他就有功于物；若是帮助虫子繁殖生长，那他就是物的仇敌。如果有谁能使破坏自然的人和祸害元气阴阳的人越来越少，那他就有功于天地；相反，让这些人不断繁殖增加，那他就是天地的仇敌。

韩愈的类比并不科学，但却包含了早期生态保护的思想。这相对于此前的天人感应思想而言，具有一定进步意义。

他对天人感应的灵活解释，也可以作为实现自己政治建议的原因。

今缘旱而停举选，是使人失职而召灾也。臣又闻君者阳也，臣者阴也，独阳为旱，独阴为水。今者陛下圣明在上，虽尧舜无以加之。而群臣之贤，不及于古，又不能尽心于国，与陛下同心，助陛下为理。有君无臣，是以久旱。以臣之愚，以为宜求纯信之士，骨鲠之臣，忧国如家、忘身奉上者，超其爵位，置在左右。如殷高宗之用傅说，周文王之举太公，齐桓公之拔宁戚，汉武帝之取公孙宏。清闲之余，时赐召问，必能辅宣王化，销珍旱灾。①

他想劝谏皇帝招纳贤士，就借用了阴阳理论，吹捧皇帝圣明超过尧舜，同时又说群臣不够贤能，所以出现阳气过于强势而造成的旱灾。天人感应理论成为表达政治诉求的理论基础。

宋代王安石推行新法期间，熙宁五年九月，少华山出现地震灾害，保守派借机利用天人感应来攻击以王安石为首的革新派，他们认为这是上天对变法的不满造成的。两宋期间，灾害发生频率较高，几乎每一年都有灾害。如果按照天人感应理论来看，这证明是宋代历代皇帝都长期存在失德问题。和五代十国期间的统治者们相比，宋朝天子的仁德程度高出很多，而灾害不断，这在现实上对天人感应理论提出了反面论据。宋代理学家开始重新思考和阐释天人之间的关系。

张载认为："天人异用，不足以言诚，天人异知，不足以尽明。所谓诚明者，性与天道不见乎小大之别也。"②他认为天道和人是统一的，天道并不高于人的意识，这是儒家的中庸思想和道家的天道认识的结合，他提升了人的品质特征的地位，将其提升到与天道相同的高度，这样就重新阐释了"天人感应"和"天人合一"的内涵。

---

① 《韩愈全集》卷三十七《论今年权停举选状》，上海古籍出版社，1997。
② 《张载集》卷六《诚明篇》，中华书局，2012。

朱熹在张载的理论基础上，提出"天人一物，内外一理，流通贯彻，初无间隔"[1]。这是将天人感应理论在伦理学方向进行了新的阐释，认为人的品质可以超脱现实世界，而最终的表现形式就是天道本身。

元代的儒家对于灾害仍然坚持天人感应理论，将元朝的皇帝与历代华夏皇帝同样看待，希望元朝皇帝能够顺应天时，爱护人民，以宽仁的政策来应对自然灾害。但元朝初年，蒙古统治阶级对儒家文化怀有敌对心态，废除了科举考试。元世祖为加强政权在中原的正统性，建国号为"大元"，取《周易》"大哉乾元"之义，1264 年改年号为"至元"。元仁宗时，恢复科举，程朱理学成为官学，儒家思想地位回升，天人感应理论也再次被用来解释灾害原因。许衡认为灾害的发生不是为了毁灭人民，而是一种警示，所以灾害永远不会达到摧毁一个国家的程度，而是用以规劝天子，使其在政策上更为宽仁。

三代而下称盛治者，无如汉之文、景，然考之当时，天象数变，山崩地震未易遽数，是将小则有水旱之灾，大则有乱亡之应。而文、景克承天心，一以养民为务，今年劝农桑，明年减田租，恳恳如此，是以民心洽而和气应。[2]

他还认为立国的根本政治思想关系到灾害的应对，暗指元代的财政支出方式不利于治理灾害。上天的精神指示是让人们过一种适可而止的生活，而不是无限的享乐，如果统治者不爱民，一味追求无限的享乐，那么上天就要降下灾害，以示警告。许衡在利用天人感应理论解释灾害时，具有驳斥佛教、道教以及蒙古族传统生活方式的意图。元代的天人感应理论更多是采取汉代儒家的说法，更简单的解释也更有利于说服元代皇帝。

元成宗大德七年（1303 年）太原出现大地震，皇帝问地震的原因，大臣齐履谦根据儒家经典《春秋》回答：

地为阴而主静，妻道、臣道、子道也。三者失其道，则地为之弗宁。弭之之道，大臣当反躬责己，去专制之威，以答天变，不可徒为禳祷也。[3]

明代时，从明太祖开始就大力推崇朱熹的儒学正统性，天人感应理论也重新成为灾害的最权威解释。朱元璋在西吴政权时期将自己与天灾联系在一起，以表现自己是"天命所归"。

上以久不雨，日减膳，素食。谓近臣吴去疾曰："予以天旱，故率诸宫中皆令素食，使知民力艰难，往时宫中所需蔬茹醢酱，皆出大官供给，今皆以内官

---

① 《朱子语类》卷第九十八《张子之书》，中华书局，1986。

② 《元史》卷一百五十八《许衡传》，中华书局，1976。

③ 《元史》卷一百七十二《齐履谦传》，中华书局，1976。

为之，惧其烦扰于民也。"去疾顿首曰："主上一心爱民如此，今虽遇旱，上天眷爱，必有甘澍之应。"①

吴元年五月，发生旱灾，朱元璋以发生天灾是天子的责任为由，降低自己内廷饮食规格，以爱民如子态度，展现自己作为皇权正统继承人的特殊性。当旱灾缓解之后，他又强调了自己品行与天道的密切关系。

人事迩，天道远，得乎民心，则得乎天心。今欲弭灾，但当谨于修己，诚以爱民，庶可答天之眷。乃诏免民今年田租。②

天人感应理论在中国历史上很长一段时间里都作为最主流的灾害解释存在，在其成为一种融合多种思想意识的行政道德理论后，经过后世几次哲学的重新阐释，其内涵和外延都得到了一定程度的更新，使其更适应时代变化，进而能够长期存在于灾害认识的主流价值观中。在这一理论成为国家共识之后，历代都有政治人物将其作为政治理论工具来实现其政治目的。

第三节　自然规律论

一、从《天论》开始的天人分离理念

以自然规律的角度看待自然灾害成因更符合客观事实，以荀子为典型代表。

天行有常，不为尧存，不为桀亡。应之以治则吉，应之以乱则凶。强本而节用，则天不能贫；养备而动时，则天不能病；修道而不贰，则天不能祸。故水旱不能使之饥渴，寒暑不能使之疾，妖怪不能使之凶。③

荀子开创性地将自然灾害与人的行为相分离。强调自然规律的一致性，客观看待自然灾害，去掉了天的人格化，这对于当时的民众而言并不容易接受。他强调顺应自然规律做事，即使遭遇洪水干旱，也不会造成生存影响，在当时来看，这是非常进步的灾害治理方向，但这一道理却很难得到民众的理解。

星队木鸣，国人皆恐。曰：是何也？曰：无何也。是天地之变，阴阳之化，物之罕至者也。怪之可也，而畏之非也。夫日月之有蚀，风雨之不时，怪星之党见，是无世而不常有之。④

荀子考虑到人们长久以来对自然灾害的恐惧，因此力求消除这种恐惧来

---

① 《明实录》辑《大明太祖高皇帝实录》卷之二十三，广陵书社，2017。
② 《明实录》辑《大明太祖高皇帝实录》卷之二十四，广陵书社，2017。
③ 《荀子》卷第十一《天论》，上海古籍出版社，2010。
④ 同上。

源。对于流星坠落、树木爆裂作响这种奇异的自然现象，荀子否定了上天示警的可能，建议民众不必恐慌，指出这只是少见的自然现象，日蚀月蚀历朝历代都发生过，并不能预示什么。

> 雩而雨，何也？曰：无何也，犹不雩而雨也。日月食而救之，天旱而雩，卜筮然后决大事，非以为得求也，以文之也。故君子以为文，而百姓以为神。以为文则吉，以为神则凶也。①

荀子否定了求雨和占卜的作用，认为举行求雨祭祀后下雨，并不代表灵验，即使当时不举行求雨的祭祀，也一样会下雨。他认为占卜是一种统治手段，并不具有预测功能。在荀子所处的时代，能对超自然力量进行否定，十分难得。祈雨的成功率和占卜的现实准确率有限，士人也早就心有怀疑，但在荀子之前，并没有公开对此表示反对的系统言论。即使荀子对灾害的判断更为客观，但受他所处的时代局限性影响，他的观点的接受范围十分有限。

西汉初年，陆贾继承了荀子的部分观点：

> 尧、舜不易日月而兴，桀、纣不易星辰而亡，天道不改而人道易也。②

这是一种将天道和人道分离的看法，但他又认为恶政对灾害有影响，这也成了后来的天人感应理论的思想源流之一。

> 故世衰道失，非天之所为也，乃君国者有以取之也。恶政生恶气，恶气生灾异。螟虫之类，随气而生；虹蜺之属，因政而见。治道失于下，则天文变于上；恶政流于民，则螟虫生于野。③

天人感应理论成为正统的灾害解释理论之后，从自然规律角度进行灾害原因解释的思想逐渐减少。直到东汉时期的王充从批判天谴论的角度进行了灾害原因的系统阐释。

王充的论述是针对天人感应理论的体系展开的。首先，他在对天的解释上，强调了其自然性，认为天并不具有神性，不具有主观意志，不能代表道德的崇高性。

> 天地合气，万物自生，犹夫妇合气，子自生矣。万物之生，含血之类，知饥知寒。见五谷可食，取而食之，见丝麻可衣，取而衣之。或说以为天生五谷以食人，生丝麻以衣人，此谓天为人作农夫桑女之徒也，不合自然，故其义疑，未可从也。④

---

① 《荀子》卷十一《天论》，上海古籍出版社，2010。
② 《新语》卷十一《明诚》，中华书局，1986。
③ 同上。
④ 《论衡》卷十八《自然》，上海人民出版社，1974。

他认为万物是天施放的阳气与地施放的阴气相互交合的产物，人是万物中的一种，人类发现五谷可以食用，就取五谷作为食物，发现丝麻可以做衣服，就取丝麻做成衣服穿。五谷和丝麻不是上天特意给予人类的，只是自然的产物，是人类的劳动使其具有使用价值。

王充用他的理论来证明天地是一种自然存在，而非具有感知能力的神性个体。构成地就是土，构成天就是气，不具备口和目之类的感知器官。这是王充从道家的角度对天地进行的分析，论证上天造物理论是不可行的。

草木之生，华叶青葱，皆有曲折，象类文章，谓天为文字，复为华叶乎？宋人或刻木为楮叶者，三年乃成。（列）子曰："使（天）地三年乃成一叶，则万物之有叶者寡矣。"如（列）子之言，万物之叶自为生也。自为生也，故能并成。如天为之，其迟当若宋人刻楮叶矣。观鸟兽之毛羽，毛羽之采色，通可为乎？鸟兽未能尽实。春观万物之生，秋观其成，天地为之乎？物自然也。如谓天地为之，为之宜用手，天地安得万万千千手，并为万万千千物乎？诸物在天地之间也，犹子在母腹中也。母怀子气，十月而生，鼻、口、耳、目、发肤、毛理、血脉、脂腴、骨节、爪齿，自然成腹中乎？母为之也？偶人千万，不名为人者，何也？鼻口耳目非性自然也。①

他用万物的庞大数量级和复杂性来说明天地只可能是一种自然存在，并不具备塑造万物的能力。

对于上天示警的观点，王充也进行了反驳。

或曰："桓公知管仲贤，故委任之；如非管仲，亦将谴告之矣。使天遭尧、舜，必无谴告之变。"曰：天能谴告人君，则亦能故命圣君。择才若尧、舜，受以王命，委以王事，勿复与知。今则不然，生庸庸之君，失道废德，随谴告之，何天不惮劳也！②

如果天能够谴责告诫君王，那么也应该能够有意识地任命圣明的君王，如尧、舜这样的人物，而不应该出现昏庸无道的君王。天选择一个品德才能不足的人作为君王，出现问题再警告他，这显然不合逻辑。既然天不具备喜恶，那么人的行为的道德性也就没有对天产生影响的可能。

天人感应理论认为旱灾是上天对君主骄横的谴告，涝灾是上天对君主迷恋酒色的谴告。王充对此进行批判，并认为灾害之所以产生是自然之气的变化：

①《论衡》卷十八《自然》，上海人民出版社，1974。
②同上。

夫一岁之中，十日者一雨，五日者一风。雨颇留，湛之兆也。旸颇久，旱之渐也。湛之时，人君未必沉溺也；旱之时，未必亢阳也。人君为政，前后若一。然而一湛一旱，时气也。①

一年之中，或十天下一次雨，或五天刮一次风。雨稍微下久一点儿，就是涝灾的预兆；天晴久一点儿，就是旱灾的苗头。发生涝灾的时候，君主未必就迷恋于酒色；发生旱灾的时候，君主未必就骄横。君主施政，前后一致，然而无论涝灾旱灾，都是因为碰上了当时的灾害之气。

至于祭祀活动的作用，王充也进行了批判。他说董仲舒向天求雨，名义上是为了发挥《春秋》的大义，所以设立土坛进行祭祀。但就像死去的父亲不享用庶子所供的祭品，上天也不会享用各诸侯国的祭品，只有天子的祭品天神才肯享用。天神不享用他们的祭供，他们怎么能得到天神的恩惠呢？所以说祭祀天神是不合理的。如果说祭祀不是给天神的，是祭祀云雨之气的话，那云雨之气用什么来享用祭品呢？云雨之气是沿着石缝蒸发出来，继而紧密地接合在一起的，那么山越大，产生的雨应该越大，泰山的云雨之气形成的雨，能够遍及天下；小山形成的雨，只局限于一个地区。按这样来看，大雩礼所祭祀的，岂不是祭泰山吗？假使真的如此，也还是得不到雨的，因为没有使水气驱动的动力。水聚集在不同的河道里，高低相差在分寸之间，不挖开堤岸，水不会流出来，不开通河道，两条河的水就不会汇合在一起。如果让君主在河水旁边祷告祭祀，能使相差分寸的水流汇合吗？呈现在眼前的河水，高低相差不多，君主祈求它，终究不能流出。何况雨在降落之前无形无踪，深藏在高山上，君主举行雩祭，怎么能够求得它呢？

王充从理性逻辑的角度对自然现象进行了分析，这在当时的历史条件下，是很勇敢的，具有重要的开创意义。他的理论在天人感应论主导的东汉时期没有能够产生多大影响，甚至险遭佚失的厄运，但其用道教的自然观点反思灾害形成的理念在玄学兴起后有所发扬。

二、魏晋玄学的灾害观

东汉末年，党锢之祸使当时的知识分子倾向于明哲保身，减少了国家政治行为的探讨，开始出现对老庄道学的研究风尚。随后，大一统的帝国秩序瓦解，军阀互相攻伐，横征暴敛。仁政无从谈起，残酷的社会现实和比两汉时期更高的人口死亡率加速了知识分子对上天意志的怀疑。在强权政治面前，知识

---

① 《论衡》卷十五《明雩》，上海人民出版社，1974。

分子更渴望获得肉体上的安全和心灵上的自由，思想潮流也从汉代儒家文化向魏晋玄学进行转变。

魏晋玄学的主要开创者是魏国人王弼，他明确反对上天存在意志的说法，强调老子"天地不仁，以万物为刍狗"的合理性，认为天是一种自然的存在：

> 天地任自然，无为无造。万物自相治理，故不仁也。仁者必造立施化，有恩有为。造立施化，则物失其真；有恩有为，则物不具存。物不具存，则不足以备载矣。地不为兽生刍，而兽食刍，不为人生狗，而人食狗。无为于万物而万物各适其所用，则莫不赡矣。①

如果上天有"仁"的意志，就必然要通过创造事物给"不仁"万物提供帮助，那么总有作出来被牺牲的事物，对于这种事物来说，上天就是不仁的。由此可以反证，上天并没有意志，世界上植物出现并不是以给动物吃作为存在的目的，世上的狗也不是作为人的食物被创造的，万物的存在是自然产生的结果。王弼认为万物都有自然的本性，可以进行理解和利用，但是不能进行改变。如果试图强行改变物质的本性，必然会失败。他强调人和万物应当顺应自然，自然灾害也是自然的一部分，无法通过人为方式避免灾害的发生。

西晋时期的郤诜也认为水旱灾害是一种自然规律，明君在位的时候也会发生，只是明君能够提前做好对抗灾害的准备。历代都会遭遇自然灾害，应对的效果取决于人，而不是上天。

> 水旱之灾，自然理也。故古者三十年耕必有十年之储，尧、汤遭之而人不困，有备故也。自顷风雨虽颇不时，考之万国，或境土相接，而丰约不同；或顷亩相连，而成败异流，固非天之必害于人，人实不能均其劳苦。失之于人，而求之于天，则有司惰职而不劝，百姓殆业而咎时，非所以定人志，致丰年也。宜勤人事而已。②

葛洪通过通俗的类比解释了人与自然的关系。

> 天地虽含囊万物，而万物非天地之所为也。……俗人见天地之大也，以万物之小也，因曰天地为万物之母，万物为天地之子孙。夫虱生于我，岂我之所作。故虱非我不生，而我非虱之父母，虱非我之子孙，蠛蠓之育于醯醋，芝橚之产于木石，蛞蜗之滋于污渟，翠萝之秀于松枝，非彼四物所创匠也。万物盈乎天地之间，岂有异乎斯哉。③

---

①楼宇烈：《王弼集校释》，中华书局，1999。

②《晋书》卷五十二《郤诜传》中华书局，1974。

③《抱朴子内篇》卷七《塞难》，中华书局，2019。

葛洪用人和身上虱子的关系，类比天地与人的关系。人身上有虱子，虱子并非人创造的，人体只是虱子的生存环境。天地也是人的生存环境，并非创造者，人作为个体，其道德行为与天地没有必然联系。

在魏晋玄学的思想认识中，各种自然灾害都是自然界固有的存在，其发生规律是遵循自然法则的，这是一种具有明显唯物主义色彩的观点。这种思想通过士大夫逐渐影响统治者对灾害的认识，它弱化了统治者道德行为和仁政而强调行政单位的责任，更容易被魏晋时期的统治者接受。尤其是在国家分裂状态下，统治者主动承担灾害责任，会削弱本就不稳固的统治基础，也给内部抱有政治野心的势力和外部敌国以口实。

三、唯物主义灾害观的发展

在隋、唐、宋等大一统国家时期，儒家思想再次成为国家意志的代表，玄学的灾害解释长期让位于天人感应论，但不乏有识之士进行新的思考。

唐代柳宗元认为灾害是一种自然现象，如闪电击中巨石或树木，不可能是因为石头和树木犯了罪行。秋冬季节寒冷的天气让草木凋零，这也不可能说是草木有什么罪过。柳宗元对自然灾害的认识较为独特，他认为正是恶劣的自然环境促使了文明的进步。

孰称古初，朴蒙空侗而无争，厥流以讹，越乃奋夺，斗怒振动，专肆为淫威？曰：是不知道。惟人之初，总总而生，林林而群。雪霜风雨雷電暴其外，于是乃知架巢空穴，挽草木，取皮革；饥渴牝牡之欲驱其内，于是乃噬禽兽，咀果谷。[1]

柳宗元并不认可原始人类质朴单纯的说法，认为应该会大量存在为争夺有限资源而争斗的情况。雪、霜、风、雨、雷、電等灾害给人造成的生活压力是巨大的。人们为了自身生存需要，开始建立房屋，取得食物，此后才有建立国家等一系列适应自然的生存方式。柳宗元主张以"天人相分"的方式看待自然和人类。自然灾害是自然运行的结果，与人事的治乱不相关。

生植与灾荒，皆天也；法制与悖乱，皆人也，二之而已。其事各行不相预，而凶丰理乱出焉，究之矣。[2]

刘禹锡与柳宗元在对自然的认识上是一致的，认为自然没有意识，无法对人事进行干预，但他将人作为自然的一部分进行理解，指出人必然受到自然的

①《新唐书》卷一百八十一《柳宗元传》，中华书局，1975。
②《柳宗元集》卷三十一《答刘禹锡天论书》，中华书局，1979。

影响，天和人在某种程度上是有交集的。刘禹锡强调了人的主观能动性，认为人是一种独特的存在。天可以造成人力无法企及的情况，人也可以做出天做不到的事。所以，他认为自然产生了万物，而人能够影响和改造万物。但是对于一些自然规律，人也是无法改变的，就像没法改变季节和寒暑一样。

王安石可以被看作唯物主义灾害观的代表。他认为，"天"是自然的、物质的，是沿着它自己的轨道即"天道"运行和变化的，既没有什么意志，也没有什么目的。

天之为物也，可谓无作好、无作恶、无偏无党、无反无侧。①

（神宗熙宁）七年春，天下久旱，饥民流离，帝忧形于色，对朝嗟叹，欲尽罢法度之不善者。安石曰："水旱常数，尧、汤所不免，此不足招圣虑，但当修人事以应之。"②

天人感应论在朝堂上的盛行也源于该理论可以作为政治斗争的依据。在王安石推进变法过程中，一旦出现自然灾害，反对派通常以天人感应论来批评王安石，而王安石则强调自然灾害的无序性，反对灾异与政令之间存在关联。

（神宗熙宁八年）十月，彗出东方，诏求直言，及询政事之未协于民者。安石率同列疏言："晋武帝五年，彗出轸；十年，又有孛。而其在位二十八年，与《乙巳占》所期不合。盖天道远，先王虽有官占，而所信者人事而已。天文之变无穷，上下傅会，岂无偶合。周公、召公，岂欺成王哉。其言中宗享国日久，则曰'严恭寅畏，天命自度，治民不敢荒宁'。其言夏、商多历年所，亦曰'德'而已。禅灶言火而验，欲禳之，国侨不听，则曰'不用吾言，郑又将火'。侨终不听，郑亦不火。有如禅灶，未免妄诞，况今星工哉？所传占书，又世所禁，誊写伪误，尤不可知。陛下盛德至善，非特贤于中宗，周、召所言，则既阅而尽之矣，岂须愚瞽复有所陈。窃闻两宫以此为忧，望以臣等所言，力行开慰。"③

王安石认为天象与人事之间无法联系，因为天文现象和人间的情况都非常繁多复杂，无法做到对应关系。他列举史料论证占卜类理论的错误，多次强调"天变不足畏"，充分发挥人的思维力量并完善制度，就可以战胜自然，这既是他的灾害观的反映，也是其推进政治改革的必然选择。

元代的宗教发展使灾害观多元化，这让有唯物主义思想特色的一些观点有

---

① 《临川文集》卷六十五《范洪传》，中华书局，1959。
② 《宋史》卷三百零六《王安石传》，中华书局，1985。
③ 同上。

了更大的发展空间。其主要发展包括两个方面：一方面是一些元代儒家学者根据历史进行分析推理，在质疑天人感应理论的同时寻求一种能够更为完善的对自然灾害的解释体系；另一方面是一些农业相关学者从实践出发，根据农业发展现实反思自然灾害的内在原理。

儒家理论对自然灾害的唯物主义理解从荀子开始，通过后世的史料作为证据进行推断。在解释灾害时，他们常会提出客观的观点，或者是在天人感应理论框架基础上附带唯物主义认识。元代马端临认为，所谓的灾异是阴阳之气导致的，阴阳之气无所谓灾、无所谓祥，只是反常的事物。他反对儒家的天人感应论，认为一切反常的自然现象都是"异"，其中人造成损失的称为灾害。马端临指出秦始皇时期发生过四月雨雪的灾异，如果说这是由于诛杀过多而引发的长期严寒灾害，那汉文帝时期也有过六月发生雨雪灾害的情况，而汉文帝并非刑杀过多的君主。这是以汉文帝政策宽人却同样会遭遇雪灾来反证天人感应理论的谬误。

后代也有儒家学者认为天人感应理论与唯物主义思想并不完全对立。元代王挥推崇五代人窦俨的灾害观点，他认为对于灾的理解可以包括两个层面：一层是天人感应理论的"政"，政令的制定和实行影响着阴阳之气，而水火灾害等是阴阳的体现，所以政令会影响灾害的发生。另一层是源于唯物主义的"数"，自然运行规律中的"数"是不断变化的，以某个常数为基础，根据阴阳的变化而变化，当"数"很大时就会导致水灾。当自然规律使这种阴阳的"数"变大时，即使君主是尧、舜，辅政的都是贤臣，也不能改变。

元代后期的刘基对灾害的认识更为客观。他认为天不会有善恶之分，也不会根据自己的好恶而降祸降福，但他也认为"气"是有阴阳之分的，不能通过人的行为来影响，只是一种客观的存在，

气有阴阳，邪正分焉。阴阳交错，邪正互胜，其行无方，其至无常，物之遭之，祸福形焉，非气有心于为之也。

天以气为质，气失其平则变。是故风雨、雷电、晦明、寒暑者，天之喘汗、呼嘘、动息、启闭、收发也。气行而通，则阴阳和，律吕正，万物并育，五位时若，天之得其常也。气行则壅，壅则激，激则变，变而后病生焉。故吼而为暴风，郁而为虹霓，不平之气见也。抑拗愤结，回薄切错，暴怒溢发，冬雷夏霜，骤雨疾风，折木漂山，三光荡摩，五精乱行，昼昏夜明，瘴疫流行，水旱愈殃，天之病也。……尧之水九载，汤之旱七载，天下之民不知其灾。①

---

① 《刘基集》辑《天说》，浙江古籍出版社，1999。

刘基认为灾害是人类没有很好治理社会导致的异常现象，如果治理良好且生产力发达，纵使有各种异常的现象，也不能造成严重的灾祸。这是以社会生产力为基础进行的灾害认识。有人被雷击死，在当时的社会中，这会认为是遭到了天谴，被雷击中是因为他的道德缺失。刘基认为天不会因一个的人的道德或行为就击杀他，雷只是一种自然现象。

雷者，天气之郁而激而发也。阳气困于阴，必迫，迫极而迸，迸而声为雷，光为电，犹火之出炮也，而物之当之者，柔必穿，刚必碎，非天之主以此物击人，而人之死者适逢之也。不然，雷所震者大率多于木石，岂木适亦有罪而震以威之耶？①

明代是我国古代哲学发展到新阶段的时期，唯物主义思想得到了进一步的发展。作为唯物主义观点的代表人物，高拱对天人感应的灾异观进行了激烈的批判。高拱认为阴阳二气交错运行，有时平和，有时冲突，阴阳之气不顺就会造成破坏性的灾害，这是一种自然规律。而人应该做的是要对灾害有所预防，发生之后要进行补救，计划周密，做到有备无患，至于天人感应的说法，是对天和人的诬蔑。高拱认为，自然灾害的发生与天地之间气的运行有关。天地之间只有气的存在，气的运行有其自身规律，时顺时不顺，时速时迟，自然之气是否平顺与人的行为并无关系。皇帝的行为并不是影响灾害发生的关键因素，气运行得不顺的时候，即使是尧、商汤那样的明君也没办法。

高拱在"天人相分"的基础上形成了以唯实论为特征的无神论思想。高拱认为，天人感应体系中的五事理论只是一种牵强附会。"五事"与征兆之间没有必然的关联，"貌"可以与"雨"相关，也同样可以与"风"相关，不同关联组合可能之间没有排他性。虽然灾害无法控制，但是通过观测自然并进行一定程度的察觉，面对不确定的自然，应该做到有备无患，并且在充分认识到自然灾害严重性的基础上，做好灾害预防工作。是否发生天灾是人控制不了的，就像季节的变化、寒暑的交替，人能做的是为冬天准备裘皮之类可以御寒的衣服，为夏天准备葛制的清凉衣服。人不因为寒暑而生病，那是因为准备好了应对不同温度的衣服，而不是因为有了应对各种温度的衣服，天气就不变化了。这就像是自然的寒暑交替是人类无法控制的一样，但是人可以准备好御寒和避暑的衣服，风雨也是自然现象，人类无法控制，但可以建筑房屋遮蔽风雨。在他看来，面对天灾，关键在于是否做好了准备，只要准备充分，灾害也就不足为惧了。

---

① 《刘基集》辑《雷说》，浙江古籍出版社，1999。

高拱认为善于治理国家的统治者，不应该过分算计出现灾害的可能性，应该更加重视是否做好了充分应对灾害的准备。只要准备稳妥，即使发生灾害也不会害怕，这才是好的治理。统治者必须保证国家纲纪良好，法律清晰，任用贤臣，清退谗臣，少征赋税，保证粮食储备充足，维持好社会治安，做到有备无患。

中国古代以朴素唯物的观念看待自然灾害是对灾害本质认识的一种进步。

第二章
灾害应对理念

第一节　民本理念

政府在自然灾害发生后进行救灾，这对中国历代统治者和百姓来说，都是一种理所应当的行为。从统治者角度来看，百姓是国家的根本，《尚书》中说：

民可近，不可下。民惟邦本，本固邦宁。①

这是将百姓作为国家根本来看待的论述。天意和民意往往是相通的，经常一同出现。

天视自我民视，天听自我民听。民之所欲，天必从之。②

这里是强调政权合法性既来源于天命，也在于民心。反民心的政权当然也就是反天命的。

天聪明自我民聪明，天明威自我民明威。③

《左传》也存在类似观点的记载：

天之爱民甚矣！岂其使一人肆于民上，以从其淫，而弃天地之性，必不然矣！④

邾文公卜迁于绎。史曰："利于民而不利于君。"邾子曰："苟利于民，孤之利也。天生民而树之君，以利之也。民既利矣，孤必与焉。"⑤

《周易》中有：

天地革而四时成。汤武革命，顺乎天而应乎人。⑥

在周公看来，天命靡常，天与人归，天命之改易取决于政治合法性，政治

---

① 《尚书译注》夏书卷《五子之歌》，上海古籍出版社，2004。

② 《尚书译注》周书卷《泰誓》，上海古籍出版社，2004。

③ 《尚书译注》虞书卷《皋陶谟》，上海古籍出版社，2004。

④ 《左传》卷十五《襄公十四年》，上海古籍出版社，2016。

⑤ 《左传》卷九《文公十三年》，上海古籍出版社，2016。

⑥ 黄寿祺、张善文校注：《周易译注》，上海古籍出版社，2018。

合法性又取决于人民的福祉。①

孔子以"仁"为核心思想，更多强调了统治者的道德，君主应该善待人民，并没有将民置于君主之上。孟子在孔子"仁政"的思想基础上进行了扩展，强调"民贵君轻"的理念，这成为后世儒家灾害应对思想的重要思想基础。孟子提出"民为贵，社稷次之，君为轻"也是基于民意和天意一致的思想，统治者顺应天意也就是顺应民意，应该与人民的感受保持一致。

不得而非其上者，非也；为民上而不与民同乐者，亦非也。乐民之乐者，民亦乐其乐；忧民之忧者，民亦忧其忧。乐以天下，忧以天下，然而不王者，未之有也。②

灾害发生后，百姓忧虑、恐惧，作为统治者应该对百姓进行救助。齐宣王问孟子，德政实行到什么程度可以称王，孟子说："保民而王，莫之能御也。"保护人民就会得到人民的拥戴，自然灾害对人民的危害最大，因此保民的重要任务之一就是应对自然灾害的威胁。孟子以尧、舜、禹为例，强调君主应该在应对自然灾害中，为民忧虑，积极应对灾害，获得民心成为历史上的贤君。

当尧之时，天下犹未平，洪水横流，泛滥于天下。草木畅茂，禽兽繁殖，五谷不登，禽兽逼人。兽蹄鸟迹之道，交于中国。尧独忧之，举舜而敷治焉。舜使益掌火，益烈山泽而焚之，禽兽逃匿。禹疏九河，瀹济漯，而注诸海；决汝汉，排淮泗，而注之江，然后中国可得而食也。当是时也，禹八年于外，三过其门而不入，虽欲耕，得乎？③

孟子还以反面例子说明，如果君主对于深陷灾害的百姓没有救助，百姓也就会背离君主。邹穆公问孟子，为何邹国的百姓在战争中不保护长官，孟子回答：

凶年饥岁，君之民，老弱转乎沟壑，壮者散而之四方者，几千人矣；而君之仓廪实，府库充，有司莫以告：是上慢而残下也。④

饥荒的时候，统治者对灾民不闻不问，官吏欺上瞒下，百姓受到残害，自然会愤恨君主和官吏。孟子认为君主仅在灾害发生时救助灾民是不够的。梁惠王能够"河内凶，则移其民于河东，移其粟于河内。河东凶亦然"，这是因为没有从根本上做到以民为本，正确应对灾害还应从平时就养恤百姓，让百姓有足以应对灾害的产业。

---

① 夏勇：《民本与民权———中国权利话语的历史基础》，《中国社会科学》2004年5期。
② 万丽华、蓝旭译注：《孟子》卷二《梁惠王下》，中华书局，2006。
③ 万丽华、蓝旭译注：《孟子》卷五《滕文公上》，中华书局，2006。
④ 万丽华、蓝旭译注：《孟子》卷二《梁惠王下》，中华书局，2006。

是故明君制民之产，必使仰足以事父母，俯足以畜妻子，乐岁终身饱，凶年免于死亡。然后驱而之善，故民之从之也轻。[1]

具体地实行民本主义的政策，需要在民生的各个领域里进行。

不违农时，谷不可胜食也。数罟不入污池，鱼鳖不可胜食也。斧斤以时入山林，材木不可胜用也。谷与鱼鳖不可胜食，材木不可胜用，是使民养生丧死无憾也。养生丧死无憾，王道之始也。五亩之宅，树之以桑，五十者可以衣帛矣。鸡豚狗彘之畜，无失其时，七十者可以食肉矣。百亩之田，勿夺其时，数口之家，可以无饥矣。谨庠序之教，申之以孝悌之义，颁白者不负戴于道路矣。七十者衣帛食肉，黎民不饥不寒，然而不王者，未之有也。[2]

在维持生态环境，保护农业、畜牧业生产，教育等方面进行完善，才能真正让人民避免自然灾害的威胁。充足的生产生活资料可以让百姓拥有一个相对稳定的生存环境，有了基本的生活保障，百姓才具备一定的抵御自然灾害的能力。

汉代董仲舒依然继承了儒家的民本思想传统，他对天意和民意的一致性作出进一步解释：

天之生民，非为王也。而天立王，以为民也。故其德足以安乐其民者，天予之。其恶足以贼害民者，天夺之。[3]

他认为人民的生活状况决定了上天对统治者的态度。他将天作为具有感知能力的超自然存在，而天对统治者行为的负面评价就是通过灾异传达的。这就使统治者的合法性与民生情况相连，统治者对灾害的态度也就成了他们是否能够延续统治合法性的重要衡量标准。

第二节　防灾理念

一、工程防灾理念

面对自然灾害的不确定性和巨大的破坏力，提前对灾害损失做好准备是最为普遍的应对思想。春秋时期，各诸侯国之间的争斗造成的不确定性更大，更强调对风险做好准备的必要性。

---

① 万丽华、蓝旭译注：《孟子》卷一《梁惠王上》，中华书局，2006。
② 同上。
③《春秋繁露》卷二十五《尧舜不擅移，汤武不专杀》，中华书局，2012。

恃陋而不备，罪之大者也；备豫不虞，善之大者也。[①]

季文子曰："备豫不虞，古之善教也。"[②]

这都是在强调预防工作对于灾害应对的重要性，魏绛也曾言：

《书》曰："居安思危。"思则有备，有备无患，敢以此规。[③]

此后，在《晋书》《魏书》《贞观政要》《新唐书》等史书中均有类似表述，主旨都是强调在无灾的时候为灾害做好准备。

频繁发生自然灾害造成了实际社会危害，给受灾者留下了刻骨的伤痛，统治者也更深刻感受到备灾的重要性。"备豫不虞""居安思危""有备无患"等灾害预防观念深入人心，也成为中国传统文化价值观的重要组成部分。以底线思维去考虑自然灾害可能造成的影响以及如何应对，这在中国防灾理念发展的历史中一以贯之。

限于先秦时代的国家体制和生产力水平，当政者应对自然灾害的过程主要集中于灾前预防和灾后重建。对于洪水这种高频率发生的自然灾害，尧舜时期就存在以防灾工程为手段进行灾害治理的理念，大禹治水可看作工程防灾理念的实践。大禹治水的历史资料，最早的记载来自于"遂公盨"，其为西周初期铸造，提及了大禹及其德治。铭文记载："天命禹敷土，随山浚川，乃差地设征，降民监德，乃自作配乡（享）民，成父母。"《尚书》较为详细地记述了大禹是如何开山修路，导河入海的。

导弱水，至于合黎，余波入于流沙。导黑水，至于三危，入于南海。导河、积石，至于龙门；南至于华阴，东至于厎柱，又东至于孟津，东过洛汭，至于大伾；北过降水，至于大陆；又北，播为九河，同为逆河，入于海。[④]

大禹以建造防灾工程的方式应对自然灾害，以有限的生产力和工程技术水平改造环境。其中"疏"胜于"堵"的基本灾害治理思想对后世产生了长期的影响。

《夏书》曰：禹抑洪水十三年，过家不入门。陆行载车，水行载舟，泥行蹈毳，山行即桥。以别九州，随山浚川，任土作贡。通九道，陂九泽，度九山。然河菑衍溢，害中国也尤甚。唯是为务。故道河自积石历龙门，南到华阴，东下砥柱，及孟津、洛汭，至于大邳。于是禹以为河所从来者高，水湍悍，难以行平地，数为败，乃厮二渠以引其河。北载之高地，过降水，至于大陆，播为

① 《左传》卷十二《成公九年》，上海古籍出版社，2016。

② 《左传》卷九《文公六年》，上海古籍出版社，2016。

③ 《左传》卷十五《襄公十一年》，上海古籍出版社，2016。

④ 《尚书译注》夏书卷《禹贡》，上海古籍出版社，2004。

九河，同为逆河，入于勃海。九川既疏，九泽既洒，诸夏艾安，功施于三代。①

禹以凿山通水的方式，引导水流，进行防灾。他分析当时黄河的实际特点进行防汛工程计划，考虑到黄河的河道中有大量沙石，而且水位落差大，流量大，流速快，所以开凿两条河渠，将黄河分流。这一工程在当时看，规模是前所未有的，也为此后的防汛工程提供了参考。大禹治水的相关记述，既有其作为史料的物质价值，也具有作为神话的思想价值。在以往的一些人类学研究中，世界其他文明的远古大洪水神话被拿来与我国大禹治水的神话传说进行比较，以证明人类发展过程中的共性，但实际上大禹治水对于我国灾害治理思想乃至国民性的影响与国外大洪水神话的价值指向有着明显差异。这种价值观差异也很大程度上影响了中华民族的形成。在面对至高无上的神秘力量引发的严重自然灾害时，积极寻求有效的减灾实践，这成为中华民族所推崇的奋斗精神的源流之一。

春秋之后，《管子》一书对工程灾害思想影响很大。其思想的突出特点之一就在于将工程建设与法律相配合，其防灾思想表现为从"物"与"人"两方面进行管理。《管子》思想对于自然灾害对国家造成的影响十分重视，列举出国家贫困的原因有五个，其中前两个都是自然灾害造成的。

君之所务者五：一曰山泽不救于火，草木不植成，国之贫也。二曰沟渎不遂于隘，鄣水不安其藏，国之贫也。②

与之对应的，正确做法应该是：

山泽救于火，草木植成，国之富也。沟渎遂于隘，鄣水安其藏，国之富也。③

对于如何使山泽免于火灾，水防稳固，管仲也给出了具体的途径：

修火宪，敬山泽，林薮积草，夫财之所出，以时禁发焉。使民足于宫室之用，薪蒸之所积，虞师之事也，决水潦，通沟渎，修障防，安水藏，使时水虽过度，无害于五谷。岁虽凶旱，有所粉获，司空之事也。④

管仲将防水火灾害作为国家治理的必要内容进行强调，并提出以制定法令的方式进行规范，并明确规定了自然灾害主管官员的职责范围。荀子在《王制篇》中也有类似的表述：

修堤梁，通沟浍，行水潦，安水臧，以时决塞，岁虽凶败水旱，使民有所

---

① 《史记》卷二十九《河渠书》，中华书局，2006。
② 黎翔凤校注：《管子校注》卷四《立政》，中华书局，2009。
③ 同上。
④ 同上。

耘艾，司空之事也。①

历代都有对兴建水利工程防范灾害建议的言论，如范仲淹《上吕相公书》：

新导之河，必设诸闸，常时扃之，以御来潮，沙不能塞也。每春理其闸外，工减数倍矣。旱岁亦扃之，驻水溉田，可救旱涸之灾，涝岁则启之，疏积水之患。②

范仲淹尤其强调了地方官员责任：

畎浍之事，职在郡县，不时开导，刺史县令之职也。然今之世，有所兴作，横议先至，非朝廷主之，则无功而有毁，守土之人恐无建树之意矣。苏、常、湖、秀膏腴千里，国之仓廪也。凡浙漕之任及数郡之守，宜择精心尽力之吏，不可以寻常资格而授，恐功利不至，重为朝廷之忧，且失东南之利也。③

王安石变法期间，郏亶作《治田利害七论》：

一论古人治低田、高田之法；二论后世废低田、高田之法；三论自来议者只知决水，不知治田；四论今来以治田为先，决水为后；五论乞循古人遗迹治田；六论若先往两浙相度，则议论难合；七论先诣司农寺陈白，则利害易明。④

他在文章中提出的"治低田，浚三江""治高田，蓄雨泽"的治水治田相结合原则，以及高圩深浦，驾水入港归海的方案，对后世治理太湖水利很有影响。此后，南宋黄震的《代平江府回马裕斋催泄水书》、元代周文英的《论三吴水利》、明代金藻的《论治水六事》都强调了水利工程防灾的重要作用。明代周用在《理河事宜疏》中强调黄河治理的重要性，黄河如果得不到治理，就无法开垦两岸的荒田。

夫天下之水，莫大于河。天下有沟洫，天下皆容水之地，黄河何所不容？天下皆修沟洫，天下皆治水之人，黄河何所不治？水无不治则荒田何所不垦？一举而兴天下之大利，平天下之大患。以是为政。⑤

他又把黄河治理与两岸地区的农业生产结合进行了系统化的分析。通过历年的观察发现，黄河决堤造成受灾农民无法种植或种植之后无法收成，但税收不变，造成民不聊生的后果。虽然山东地区有多条运河和地方水系，但与民间田地的构成脉络并不相通，因此建议修建沟洫。

若使沟洫既修，则岂惟山东河南，见在凋瘵之民得以衣食生活。前日四远

①《荀子》卷九《王制》，上海古籍出版社，2010。
②《范文正公集》收录《上吕相公书》，北京图书馆出版社，2006。
③同上。
④《吴郡志》卷十九《治田利害七论》，江苏古籍出版社，1999。
⑤《皇明经世文编》收录《理河事宜疏》，中华书局，1962。

流移之民，孰不愿复业垦田以图饱暖。昔者招之不来，今也麾之不去。民利于此，安得不兴。臣惟善救时者在乎得其大纲，善复古者不必拘于陈迹。

臣之所谓修沟洫者，非谓自畎遂沟洫，一一如古之所谓，止是各因水势地势之相因，随其纵横曲直。但令自高而下自小而大，自近而远盈科而进不为震惊委之于海而巳矣。臣又惟念远谋不可以幸致，美功不容以杂施沟洫之政。历千百年，影迹湮没，竟莫举行。究其所由，夫岂无故。孔子曰："无欲速无见小利。"古今事功半途而废者，率由于此。臣愚以为欲修沟洫之政，虽曰不拘陈迹，然时异势殊，变而通之，不能无所事事。今略举其大纲，若正疆里以稽工程，若集人力以助夫役，若蠲荒粮以复流移，若专委任以责成功，若持定论以察群议。其诸条目，未敢觊缕。议定之后，循其次第。①

明代的徐贞明在《潞水客谈》中详细陈述了兴修水利的十四项好处，将工程防灾与经济建设联系在一起。

至西北之地，旱则赤地千里，潦则洪流万顷，惟雨旸时若，庶乐岁无饥，此可常恃哉？惟水利兴而后旱潦有备，利一。中人治生，必有常稔之田，以国家之全盛，独待哺于东南，岂计之得哉？水利兴则余粮栖亩皆仓庚之积，利二。东南转输，其费数倍。若西北有一石之入，则东南省数石之输，久则蠲租之诏可下，东南民力庶几稍苏，利三。西北无沟洫，故河水横流，而民居多没。修复水田，则可分河流，杀水患，利四。西北地平旷，寇骑得以长驱。若沟洫尽举，则田野皆金汤，利五。游民轻去乡土，易于为乱。水利兴则业农者依田里，而游民有所归，利六。招南人以耕西北之田，则民均而田亦均，利七。东南多漏役之民，西北罹重徭之苦，以南赋繁而役减，北赋省而徭重也。使田垦而民聚，则赋增而北徭可减，利八。沿边诸镇有积贮，转输不烦，利九。天下浮户依富家为佃客者何限，募之为农而简之为兵，屯政无不举矣，利十。塞上之卒，土著者少。屯政举则兵自足，可以省远募之费，苏班戍之劳，停摄勾之苦，利十一。宗禄浩繁，势将难继。今自中尉以下，量禄之田，使自食其土，为长子孙计，则宗禄可减，利十二。修复水利，则仿古井田，可限民名田。而自昔养民之政渐可举行，利十三。民与地均，可仿古比闾族党之制，而教化渐兴，风俗自美，利十四也。②

由于水利工程花费巨大，也有反对的声音。清代的沈葆桢认为：

以大势言之，前人之于河运，皆万不得巳而后出此者也。汉、唐都长安，

---

① 《皇明经世文编》收录《理河事宜疏》，中华书局，1962。

② 《皇朝经世文编》卷一百八《直隶水利中》，收录《潞水客谈》，上海经世文社，2006。

宋都汴梁，舍河运无他策。然屡经险阻，官民交困，卒以中道建仓，伺便转馈，而后疏失差少。元则专行海运，故终元世无河患。有明而后，汲汲于河运。遂不得不致力于河防。运甫定章，河忽改道。河流不时迁徙，漕政与为转移，我朝因之。前督臣创为海运之说，漕政于穷无复之之时，藉以维持不敝。议者谓运河贯通南北，漕艘藉资转达，兼以保卫民田，意谓运道存则水利亦存，运道废则水利亦废。臣以为舍运道而言水利易，兼运道而筹水利难。民田于运道势不两立。兼旬不雨，民欲启涵洞以溉田，官必闭涵洞以养船。迨运河水溢，官又开闸坝以保堤，堤下民田立成巨浸，农事益不可问。议者又太息经费之无措，舳舻之不备，以致河运无成。臣以为即使道光间岁修之银与官造之船，至今一一俱存，以行漕于借黄济运之河，未见其可也。近年江北所雇船只，不及从前粮艘之半，然必俟黄流汛涨，竭千百勇夫之力以挽之，过数十船而淤复积。今日所淤，必甚于去日，而今朝所费，无益于明朝。即使船大且多，何所施其技乎？近因西北连年亢旱，黄河来源不旺，遂乃狎而玩之。物极必返，设因济运而夺溜，北趋则畿辅受其害，南趋则淮、徐受其害，如民生何？如国计何？[①]

这是根据地方的实际情况进行的判断，建议谨慎务实地进行防灾水利工程建设。

二、储备防灾理念

先秦时代每年生产的粮食分别用于生存用粮、祭祀用粮和储备粮。生存用粮与人口直接相关，人口增加就需要更多的粮食。"祭用数之仂"，仂，什一也，祭祀用粮的计算通常为十分之一。《礼记·王制》记载：

国无九年之蓄曰不足，无六年之蓄曰急，无三年之蓄曰国非其国也。三年耕，必有一年之食；九年耕，必有三年之食。以三十年之通，虽有凶旱水溢，民无菜色，然后天子食，日举以乐。[②]

按此说法，一个诸侯国应该有九年以上的粮食储备，每耕作三年应该存下一整年的生存粮食。基于这段史料，一些研究推论出每年要储存三分之一的粮食。这种推论并不准确，当时的粮食生产和储存并没有明确的数量标准，加上当时粮食生产的不稳定性，难以保证每年同样的储备量，所以不同年份的三分之一产量累加并没有实际意义。假设某年丰收，百姓除去祭祀用粮之后，所得

---

① 《清史稿》卷一百二十七《河渠志》，中华书局，1998。
② 胡平生、张萌译注：《礼记》第五《王制》，中华书局，2017。

的粮食足够两年的生存所需，那么这一年的粮食储备就足以达到三年内储备的需求。如果某年歉收，粮食仅供维持基本生存的需要之外尚有余，此时，征收三分之一则对于储备增加的贡献则非常有限。因此，这可以看作是一种应然的计划，并非实际的管理要求。储备征收也是根据每年的粮食消耗计算后而定量征收的。

故王者岁守十分之参，三年与少半成岁，三十一年而藏十一年，与少半藏参之。藏三之一，不足以伤民。①

这里计算有误，如果每年储备十分之三，三十一年无法达到十一年的储备量，但其所要表达的思想对灾害应对仍具有积极的作用。类似的表述还有《逸周书·文传解》：

有十年之积者王，有五年之积者霸，无一年之积者亡。②

《春秋穀梁传》记载：

国无九年之蓄曰不足，无六年之蓄曰急，无三年之蓄曰国非其国也。③

《墨子》引用古《周书》曰：

"国无三年之食者，国非其国也；家无三年之食者，子非其子也"，此之谓国备。④

这种为应对不确定状况的应急准备思想，不仅影响了国家政策层面，也影响到了个人层面。

人之生无几，必先忧积蓄，以备妖祥。⑤

面对未来的不确定性，个人有必要提前做可能遭遇不幸的准备。这虽然在一定程度上扩大了对灾害的恐惧，但也促进了人民为增加储备而勤勉劳作，灾害信息也更容易受到关注，这种影响一直延续到现在。我国作为世界上储蓄率最高的国家，民众在思想上认同囤积资源以备不时之需的正确性。

春秋战国时期，战争与自然灾害叠加之下，各诸侯国很难保有可以维持多年的粮食储备。储备较为充分的大诸侯国更倾向于发动战争，这加重了当时人民的苦难，因此出现了备灾的粮食储备是应该藏于国家，还是藏于人民的思想分歧。儒家思想更倾向于富民以强国：

---

① 黎翔凤校注：《管子校注》第七十五篇《山权数》，中华书局，2009。
② 《逸周书》卷三《文传解》，浙江大学出版社，2021。
③ 《春秋穀梁传》卷三《庄公二十八年》，中华书局，2016。
④ 吴毓江校注：《墨子校注》卷四《兼爱下》，中华书局，1993。
⑤ 《越绝书》卷九《计倪内经》，上海古籍出版社，1985。

田野荒而仓廪实，百姓虚而府库满，夫是之谓国蹶。①

荀子认为当时的诸侯国统治者为了府库丰盈，满足私利，更容易倾向于加大税收，造成百姓贫弱，以备灾为目的的储粮也可能被用于战争，同时这种利益的集中也更容易引来野心家的觊觎，引发内乱和外敌侵略。

故王者富民，霸者富士，仅存之国富大夫，亡国富筐箧、实府库。筐箧已富，府库已实，而百姓贫，夫是之谓上溢而下漏，入不可以守，出不可以战，则倾覆灭亡可立而待也。②

一国的力量关键在于民，那么备灾的粮食储备也应藏于民间。与之相对的是法家的思想观点。

民贫则弱，国富则淫；淫则有虱，有虱则弱。故贫者益之以刑，则富；富者损之以赏，则贫。治国之举，贵令贫者富，富者贫。贫者富，富者贫，国强。三官无虱，国强；而无虱久者，必王。③

商鞅认为民众过于贫穷或者富有对国家都不利，只有让人民在贫富之间不断转换，才有利于国家稳定和力量的发挥，储粮备灾这种使民富足的行为也不能交给百姓完成，这会削弱国家的权威。

凡人之取重赏罚，固已足之之后也；虽财用足而后厚爱之，然而轻刑，犹之乱也。夫当家之爱子，财货足用，货财足用则轻用，轻用则侈泰。亲爱之则不忍，不忍则骄恣。侈泰则家贫，骄恣则行暴。此虽财用足而爱厚，轻利之患也。凡人之生也，财用足则隳于用力，上懦则肆于为非。④

韩非子对人性更为悲观，认为财富充足，会让人挥霍无度，会让父母溺爱子女，让子女缺乏管束，暴虐违法。他认为人的本性是一旦富足就懒惰，君主软弱，民众就会肆无忌惮做坏事。按此来看，百姓如果富足，拥有足以对抗灾害的粮食储备，会更懒惰和暴戾。

秦汉时期的农业生产力与先秦时代相比有很大的提升，稳定的社会状况使农业储备得到更好的发展。农业经济作为国家的经济支柱，受到统治者的重视，同时提倡节约，加强储备，在道德上也具有更好的推广基础。汉代贾谊认为：

古之人曰："一夫不耕，或受之饥；一女不织，或受之寒。"生之有时，而用之亡度，则物力必屈。古之治天下，至孅至悉也，故其畜积足恃。今背本而

① 《荀子》第十篇《富国》，上海古籍出版社，2010。
② 《荀子》第九篇《王制》，上海古籍出版社，2010。
③ 《商君书》第五篇《说民》，中华书局，2011。
④ 《韩非子》第四十六篇《六反》，中华书局，2010。

趋末，食者甚众，是天下之大残也；淫侈之俗，日日以长，是天下之大贼也。残贼公行，莫之或止；大命将泛，莫之振救。生之者甚少而靡之者甚多，天下财产何得不蹶！汉之为汉几四十年矣，公私之积犹可哀痛。失时不雨，民且狼顾；岁恶不入，请卖爵、子。既闻耳矣，安有为天下阽危者若是而上不惊者！

世之有饥穰，天之行也，禹、汤被之矣。即不幸有方二三千里之旱，国胡以相恤？卒然边境有急，数十百万之众，国胡以馈之？兵旱相乘，天下大屈，有勇力者聚徒而衡击，罢夫羸老易子而咬其骨。[①]

贾谊的思想是对以管仲为代表的储粮备灾思想的继承。贾谊《新书·春秋》中讲到战国时期邹穆公养野鸭子，让小吏用两石谷子向百姓换一石谷壳作为饲料。小吏感到困惑，问邹穆公这样做的原因，邹穆公解释说，君主犹如百姓的父母，我把谷物给了百姓，那还是我的谷物。野鸭吃了谷壳，就不会伤害邹地的谷物。这么做就像是谷物从袋子里流到米缸里一样。贾谊也是用此劝说君主，储备防灾也可以藏富于民，不必拘泥于储存在仓库里。晁错也曾建言积贮：

圣王在上而民不冻饥者，非能耕而食之，织而衣之也，为开其资财之道也。故尧、禹有九年之水，汤有七年之旱，而国亡捐瘠者，以畜积多而备先具也。今海内为一，土地人民之众不避汤、禹，加以亡天灾数年之水旱，而畜积未及者，何也？地有遗利，民有余力，生谷之土未尽垦，山泽之利未尽出也，游食之民未尽归农也。[②]

汉文帝、景帝两代仓储积累充实。

至武帝之初七十年间，国家亡事，非遇水旱，则民人给家足，都鄙廪庾尽满，而府库余财。京师之钱累百巨万，贯朽而不可校。太仓之粟陈陈相因，充溢露积于外，腐败不可食。[③]

对于储备防灾的重要性，其他著作也有类似论述。汉武帝时淮南王刘安编著的《淮南子》里说：

夫民之为生也，一人蹠耒而耕，不过十亩，中田之获卒岁之收不过亩四石，妻子老弱仰而食之，时有涔旱灾害之患，无以给上之征赋车马兵革之费。由此观之，则人之生悯矣。夫天地之大，计三年耕而余一年之食，率九年而有三年之畜，十八年而有六年之积，二十七年而有九年之储。虽涔旱灾害之殃，民莫困穷流亡也。故国无九年之畜谓之不足，无六年之积谓之悯急，无三之

---

① 《汉书》卷二十四上《食货志上》，中华书局，2007。
② 同上。
③ 同上。

畜谓之穷乏。故有仁君明王其取下有节，自养有度，则得承受于天地，而不离饥寒之患矣。

食者，民之本也；民者，国之本也；国者，君之本也。是故人君者，上因天时，下尽地财，中用人力。是以群生遂长，五谷蕃植。教民养育六畜，以时种树，务修田畴，滋植桑麻，肥烧高下，各因其宜。丘陵阪险不生五谷者以树竹木，春伐枯槁，夏取果蓏，秋畜疏食，冬伐薪蒸，以为民资。是故生无乏用，死无转尸。[①]

汉武帝时，频繁的对外作战和自然灾害增多使文景时期积累的粮食储备消耗很大。汉昭帝时，对于是否坚持汉武帝时期的政策，朝堂上发生了一次重要的讨论。历史上称为"盐铁会议"。一派以桑弘羊为首的士大夫，坚持再开屯田、增强国力，认为国家积聚粮食储备，有利于救灾济困。一派是全国征召来的贤良文学，主张进行免除田租等政策以恤民，主张发展农业以备水旱之灾。同时对储备防灾应该"藏富于国"还是"藏富于民"也进行了针锋相对的辩论。

士大夫认为国君应控制自然资源，管理关卡集市，掌握平衡物价的权力，守候时机，根据轻重之策来管理百姓。丰收的年岁，就储积粮食以备饥荒；灾荒的年岁，就发行货币和财物，用积贮的物品来周济不足。从前，夏禹时闹水灾，商汤时闹旱灾，老百姓很贫困，有的要靠借贷来过日子。在这种情况下，夏禹就用历山的金（铜），商汤就用庄山的铜铸成钱币，救济老百姓，大家都颂扬他们仁慈。汉代初期，国家财用不足，有的军队得不到给养。同时，山东地区遭到灾荒，齐、赵之地发生饥荒，全靠实行均输法所积蓄的财富和国家仓库中贮藏的粮食，才使军队得到给养，饥饿的百姓得到救济。所以，实行均输法所积累起来的物品和国库里的财物，并不是从老百姓那里收来专供军队费用，也是为了救济百姓，防备水旱灾荒。文学士认为古时的农民交十分之一的税，按时节到湖泊鱼塘捕鱼，国家不禁止，百姓都能耕田种地，农业不荒废，所以耕种三年就有一年的余粮，耕种九年就有三年的余粮。夏禹、商汤就是用这种办法来防备水旱灾荒，使百姓安居乐业的。如果荒草不铲除，田地不耕种，即使占有山海的财富，广开各种取利的途径，还是不能使国家富足。所以，古时候奖励人们从事农业劳动，努力耕种，不误农时，衣食充裕，即使遭到荒年，人们也不害怕。穿衣吃饭是老百姓的根本需要，耕作收割是老百姓最主要的事情。如果这两方面都做好了，就能使国家富足，百姓安宁。国家发生灾害时，也可以更好地应对。

---

① 《淮南子》卷九《主术训》，中华书局，2009。

这次辩论既是不同防灾思想的对撞，也是政治诉求的较量。最终汉代政府吸纳了贤良文学的部分建议，在储备防灾方面，也倾向于藏富于民的建议，国家储备防灾力量也受到一定的限制。

经历了东汉末年的灾荒和社会动荡之后，魏晋南北朝时期仓储思想更加深入人心，朝廷各级官员，对于储备防灾保持社会稳定的作用已经有了明确的共识。曹魏时期，高柔主张以扩大农业生产和节俭的方式储备钱财与谷物以防灾患。

圣王之御世，莫不以广农为务，俭用为资。夫农广则谷积，用俭则财畜，畜财积谷而有忧患之虞者，未之有也。①

西晋的刘颂把常平思想提高到为政之要务的高度，他提出为政的要务有三条，其中仓储丰盈的关键在于推行对农民有利的常平之法。

凡政欲静，静在息役，息役在无为。仓廪欲实，实在利农，利农在平籴。为政欲著信，著信在简贤，简贤在官久。②

北魏时期，韩麒麟也提倡常平思想，他还发现地方存粮非常少，主张将私人的粮食储备寄存于官府，一旦发生严重灾害，官府可以用这些粮食进行赈济，并给予粮食所有者补偿。

北魏的李彪也认为如果地方储备不足，发生灾荒之后，灾民就会逃荒，这对个人和家庭是一种苦难，同时也会造成地方产业的损失，损害国力。他提出用常调的九分之二和每年的盈余作为常平仓的仓本来源，丰年则鼓励百姓粜粮，积聚在官仓中，遇到荒年则加上二成利润，粜给百姓。这样，人们一定专心务农耕田以购买官府的布绢，又注重积存财物以购买官仓的粮食。丰年则积存，荒年则卖出。另外，设立管理农业的官员，从州郡人户中抽去十分之一作为屯户。根据水陆交通的便利情况，估计田亩的数量，把从犯人那里追赃，或出钱赎罪和其他收入中余剩的钱用来购买耕牛，租给屯户，令他们尽力耕种。一个农夫每年要交纳六十斛粮食，除了征收正课之外，再让他服一定的杂役。做好这两件事，数年之内就会积存粮食，人民丰足，遇到灾荒也不会受侵害。

唐代的陆贽在《均节赋税恤百姓六条》中强调重视灾前粮食储备，主张重建义仓，他认为周全的粮食储备制度可以有效防止灾害造成的不利后果，避免富商利用灾情发不义之财。陆贽认为国家财政应遵循"量入为出"的原则，而非当时的"量出为入"的财政政策，国家上下勤俭节约，使府库充实，才能有

---

① 《三国志》魏书二十四《高柔传》，中华书局，1982。
② 《晋书》卷四十六《刘颂传》，中华书局，1974。

应对灾害的条件。

元代王祯的粮食储备思想也认为要官民皆储，国家建立储备制度的同时，民间百姓也应该建立粮食储备，同时与储备防灾相适应的还有节俭的风气和改进储藏技术与设备。根据南北不同的气候特点进行储备防灾，北方储藏需要注意防冻，可以利用窖藏手段，南方储藏需要重视防潮，重视通风透气。王祯还认识到粮食的耐储藏能力是不一样的，建议多储藏小米这种耐陈放的粮食。

明代徐光启也十分重视为备荒而准备积蓄。他在《除蝗疏》中说：

国家不务畜积，不备凶饥，人事之失也。[①]

他还引用杨溥之言，叙述了明初洪武年间的积蓄管理：

我太祖高皇帝，倦倦以生民无为心。凡有预设备荒定制。洪武年间，每县于四境设立仓场，出官钞籴谷，储贮其中。又于近仓之处，金点大户看守，以备荒年赈贷。官籍其数，敛散皆有定规。[②]

他对洪武时期的积蓄情况充满了褒扬，这对政府的仓储备荒措施起到了重要的指导作用。

仓储防灾思想源远流长，是我国防灾思想中的重要财富，直到现代，我国依旧十分重视应对灾害的粮食储备工作。仓储防灾在历代的具体机制将在本书第四章详细探讨。

三、重农理念

我国自古重视农业生产，从《周礼》中可以看到，周天子每年举行"籍田"仪式，以表达对农业生产的重视。将防灾与重农思想结合发源于战国时期，战国时期的重农学说有两个不同的体系：一是以《商君书》《管子》为代表的法家重农学说，更多强调农战和仓储，如《管子·权修篇》讲："凡有地牧民者，务在四时，守在仓廪。"一是以《吕氏春秋》为代表的传统重农思想[③]。《吕氏春秋》的重农思想主要见于《上农》篇，其中重点谈到与防灾相关的内容有：

若民不力田，墨乃家畜，国家难治，三疑乃极，是谓背本反则，失毁其国。凡民自七尺以上，属诸三官。农攻粟，工攻器，贾攻货。时事不共，是谓大凶。夺之以土功，是谓稽，不绝忧唯，必丧其秕。夺之以水事，是谓籥，丧以继乐，四邻来虚。夺之以兵事，是谓厉，祸因胥岁，不举铚艾。数夺民时，

①《农政全书》卷四十四《荒政》，上海古籍出版社，2011。

②同上。

③李亚光：《〈吕氏春秋〉与〈商君书〉重农思想比较研究》，《长春师范学院学报（人文社会科学版）》2007年第11期。

大饥乃来。野有寝未，或谈或歌，旦则有昏，丧粟甚多。①

这是强调了在农事季节，如果进行土功、水事、兵事等夺民时的政令，会导致粮食不足，难以抵御灾害。

汉代重农防灾主要是把农业生产作为储备防灾的前提。晁错认为防灾需要仓廪充实，防备水旱灾害的前提是"务民于农桑，薄赋敛"②。除了粮食生产，经济作物生产也是囤积财富备灾的手段，后来东汉时期的卖官鬻爵也是以防灾救灾为理由开始的。纳粟拜爵思想作为重农荒政思想的一个分支，事实上破坏了国家和社会的稳定。

魏晋时期，各国吸取了东汉末年的教训，重视农业生产，防御自然灾害可能带来的国家动荡。魏国和洽认为：国以民为本，民以谷为命。故费一时之农，则失育命之本。是以先王务蠲烦费，以专耕农。③杨阜认为：致治在于任贤，兴国在于务农。④司马芝也强调：王者之治，崇本抑末，务农重谷。⑤

孙权赤乌三年（240年）下诏：

顷者以来，民多征役，岁又水旱，年谷有损，而吏或不良，侵夺民时，以致饥困。自今以来，督军郡守，其谨察非法，当农桑时，以役事扰民者，举正以闻。⑥

北魏孝文帝对误农时的官员和不积极从事农业生产的农民进行严厉处罚：

今牧民者，与朕共治天下也。宜简以徭役，先之劝奖，相其水陆，务尽地利，使农夫外布，桑妇内勤。若轻有微发，致夺民时，以侵擅论。民有不从长教，惰于农桑者，加以罪刑。⑦

孝文帝甚至两次下诏书，要求对囚犯尽量从轻发落，让他们在农忙时去耕作。太和四年（480年），诏曰：

一夫不耕，将或受其馁。一妇不织，将或受其寒。今农时要月，百姓肆力之秋，而愚民陷罪者甚众。宜随轻重决遣，以赴耕耘之业。⑧

另一次是太和五年（481年），诏曰：

①许维遹校注：《吕氏春秋释注》卷二十六《士容论》，北京大学出版社，2011。

②《汉书》卷二十四上《食货志上》，中华书局，2007。

③《三国志》魏书二十三《和洽传》，中华书局，1982。

④《三国志》魏书二十五《杨阜传》，中华书局，1982。

⑤《三国志》魏书十二《司马芝传》，中华书局，1982。

⑥《全三国文》卷六十三《吴一》，商务印书馆，1999。

⑦《魏书》卷七《帝纪第七高祖纪上》，中华书局，1974。

⑧《汉书》卷二十四上《食货志上》，中华书局，2007。

农时要月，民须肆力，其敕天下，勿使有留狱久囚。[①]

唐代的《帝范》中有《务农篇》：

夫食为人天，农为政本。仓廪实则知礼节，衣食足则志廉耻。故躬耕东郊，敬授人时。国无九岁之储，不足备水旱；家无一年之服，不足御寒暑。然而莫不带犊佩牛，弃坚就伪。求伎巧之利，废农桑之基。以一人耕而百人食，其为害也，甚于秋螟。莫若禁绝浮华，劝课耕织，使人还其本，俗反其真，则竞怀仁义之心，永绝贪残之路，此务农之本也。斯二者，制俗之机。子育黎黔，惟资威惠。惠而怀也，则殊俗归风，若披霜而照春日；威可惧也，则中华慑轩，如履刃而戴雷霆。必须威惠并施，刚柔两用，画刑不犯，移木无欺。赏罚既明，则善恶斯别；仁信并著，则遐迩宅心。勤稽务农，则饥寒之患塞；遏奢禁丽，则丰厚之利兴。且君之化下，如风偃草。上不节心，则下多逸志；君不约己，而禁人为非，是犹恶火之燃，添薪望止其焰；忿池之浊，挠浪欲澄其流，不可得也。莫若先正其身，则人不言而化矣。

宋代时，宋太祖制定了重视农业生产防灾的政策，成为宋代的"祖宗之法"之一[②]。宋太祖于乾德二年正月辛巳下诏：

朕以农为政本，食乃民天。必务稽以劝分，庶家给而人足。今土膏将其，阳气方升，苟播种之失时，则丰登之何有。卿任隆分土，化洽编氓，所宜趋东作之勤，副西成之望，使地无遗利，岁有余粮，免行敦劝之方，体我尤勤之意。[③]

宋真宗景德年间时，重农思想在政治制度上得以加强。全国范围建立起"职带劝农"的制度：

权三司使丁谓等言："唐宇文融置劝农判官，检户口田土伪滥等事，今欲别置，虑益烦扰。而诸州长吏，职当劝农，乃请少卿监、刺史、阁门使以上知州者并兼管内劝农使，余及通判并兼劝农事，转运使、副并兼本路劝农使。"诏可。[④]

元代初年，蒙古贵族对农耕政策并不重视，反而更重视商业的发展。元世祖时期，政府开始重视农业，成立了大司农司，以重臣主持工作，又颁布《农桑之制十四条》，中央派出劝农使，以督导地方农业生产。从《农桑之制十四

[①]《魏书》卷七《帝纪第七高祖纪上》，中华书局，1974。

[②]孔祥军：《"农为政本，食乃民天"——试析宋代"重农"思想在国家层面的反映》，南京农业大学学报（社会科学版），2011年第4期。

[③]《宋大诏令集》卷一百八十二《政事三十五》，中华书局，2008。

[④]《续资治通鉴长编》卷六十二，中华书局，1995。

条》中可以看出，国家对农业生产特别重视，工作做得也很细致。它里面涉及发展农业，种植树木，修建水利，也包括治理灾害的技术细节。政府还组织学者和官员编辑了重要的农学著作《农桑辑要》，大量发行推广至各地，让官员依据书上的农业技术来督导地方的生产。该书主要辑录了前代农学著作中的精华，其中大量辑录了金朝灭亡之后我国北方的农学著作，这些农学著作很多已经散失，凭借《农桑辑要》得以保存。

明朝建立之初，社会是一片残破景象，明太祖因此制定了一系列的政策，如鼓励农民归耕，奖励垦荒，劝课农桑，使农村经济恢复了活力。明朝的帝王几乎无一例外，都在即位时颁布的诏书中表达了"除旧布新"或"革故鼎新"的愿望，但是真正意义上的政治改革并不多见。明初朝廷对农民推行轻徭薄赋的政策，政府运营所需要的钱更多来自富庶的江南地区。在全国各地纷纷推行轻徭薄赋政策的同时，富庶的江南不但没有享受到政策红利，苏州、杭州、南京等地的粮食还被政府大量征收。

明朝农业经济不断发展，这突出表现在农业生产技术的新变化、水稻单位面积产量的提高、农业高产作物和经济作物更普遍地传播与种植等方面。万历年间，徐光启著作的《农政全书》囊括了明朝时期的农业发展思想以及成就，集合了中国古代劳动人民农作的经验，在农学上有着极高的评价。这本书属于纯技术的农学书，徐光启不仅将明朝时期农业发展的农耕经验囊括进去，还记录了从春秋战国时期中国古代所经历的大小农业灾害，并记述了应对的方法，可见这本书在农业和科技两方面都有极高的价值。

明清时期，中外农业科技文化交流的内容已经十分广泛，农业科技的交流与传播在整体上达到前所未有的高度。明代中后期从海外引进并种植了许多新奇的农作物，这些农作物的种植改变了我国古代一直以来的农作物结构。在扩大耕地面积的同时，这种新型作物的引进，也对中国农业的耕作制度以及种植结构产生了影响，甚至人民的生活习惯和饮食结构等也因此发生了一些改变。

明清两代农业技术的国际交流更多，大量中国农书传到了朝鲜和日本，当地学者高度重视，这对他们本国的农书著作也产生了很大影响。另一方面，西方传教士在中国传播西方文化的同时，也将中国农耕文明传回欧洲，引发了一场"中国热"的浪潮。明清时期这种中外农业科技文化的交流与学习，是中国农业发展史上的重要一步，为我国实验农学的实现提供了前提和保障。

清朝农业经济作物得到充分的发展，人口的出生率自然大为提升，加上清朝实施摊丁入亩的政策，农业发展的障碍大大减少。清朝对于乡里制度的完善，使整个帝国的统治能力一直延伸到基层，保证了清朝社会安定，土地兼并的烈度为历朝历代之最小。

乾隆时期，政府主导开发新疆地区农业，引发了内地人民前往新疆的移民潮，并组成了新疆自耕农经济发展的重要力量来源。乾隆皇帝提出了"武定功成，农政宜举"的农业政策，开创了诸如兵屯、旗屯、遣屯、回屯、民屯、商屯等多样化的屯垦形式。这些屯垦形式极大地丰富了土地开垦的方式和粮食的收成来源。

我国历代大多继承了前朝的农业生产方面相关知识，并在技术防灾上有所发展，这也对增强农作物的灾害韧性有积极的意义。

第三节　救灾理念

一、赈济理念

应急救灾的关键在于效率，灾民生存受到严重威胁时，救灾效率越低，造成的死亡人数越大，就容易爆发民变。

救荒如救焚，惟速乃济民迫饥馁，其命已在旦夕，官司乃退缓，而不速为之计，彼待哺之民，岂有及乎？此迟缓所当戒也。[1]

赈济灾民是灾害应对中最直接的手段，这一思想由来已久：

天子布德行惠，命有司发仓廪，赐贫穷，振乏绝。[2]

《周礼》中记载的赈济内容主要是谷物粮食，天子下令向灾民发放国家储备的粮食的过程本身也有一定的仪式性，这既起到了恢复经济的作用，又强化了统治者的德行和合法性。

灾害发生时，国家发放粮食、衣服等物资救济灾民是基本的行动，并形成了专门的职位。《周礼》规定：

廪人掌九谷之数，以待国之匪颁、赒赐、稍食。以岁之上下数邦用，以知足否，以诏谷用，以治年之凶丰。[3]

廪人作为一种官职，职责是依据年成的好坏计算国家的开支，并制定适于丰年或荒年的不同用谷标准。如果灾害严重，地方粮食实在不够吃了，就命令国中饥民迁移到产粮多的地方。

春秋战国时期，赈济的思想很普遍，《左传》中记载：

---

① 《中国荒政书集成》辑《荒政丛言》，天津古籍出版社，2010。

② 《礼记》第六《月令》，中华书局，2017。

③ 《周礼》卷二《地官司徒》，中华书局，2014。

夏，大旱。公欲焚巫尪。臧文仲曰："非旱备也。修城郭，贬食省用，务穑劝分，此其务也。巫尪何为？天欲杀之，则如勿生；若能为旱，焚之滋甚。"公从之。是岁也，饥而不害。①

鲁僖公要烧死巫人来求雨，被臧文仲劝止。臧文仲认为解决旱灾的办法在于政策，修理城墙，节用饮食，节省开支，致力农事，劝人施舍等，这里"劝人施舍"意为"劝其有储积者分施之也"，也就是号召私人进行赈济。

郑子展卒，子皮即位。于是郑饥而未及麦，民病。子皮以子展之命，饩国人粟，户一钟，是以得郑国之民。故罕氏常掌国政，以为上卿。宋司城子罕闻之曰："邻于善，民之望也。"宋亦饥，请于平公，出公粟以贷，使大夫皆贷，司城氏贷而不书，为大夫之无者贷，宋无饥人。②

郑国的子皮把粮食赠给国内的人民，每户一钟，因此得到郑国百姓的拥护。宋国的司城子罕听说后表示赞赏，宋国发生饥荒时，司城子罕向宋平公建议，拿出国家的粮食借给百姓，让大夫也都出借粮食，成功应对了灾荒。

《管子》中强调：

岁凶庸，人訾厉，多死丧、弛刑罚，赦有罪，散仓粟以食之，此之谓振困。③

飘风暴雨为民害，涸旱为民患，年谷不熟，岁饥，籴贷贵，民疾疫。当此时也，民贫且罢，牧民者发仓廪、山林、薮泽以共其财。④

管子认为如果遇上水旱灾年，粮食歉收，粮价高涨，人民又遭遇疾病和瘟疫，治民者就应该开放仓廪、山林和薮泽，以供应人民财物。

《晏子春秋》记载：

景公之时，霖雨十有七日。公饮酒，日夜相继。晏子请发粟于民，三请，不见许。公命柏遽巡国，致能歌者。晏子闻之，不说，遂分家粟于氓，致任器于陌，徒行见公曰："十有七日矣！怀宝乡有数十，饥氓里有数家，百姓老弱，冻寒不得短褐，饥饿不得糟糠，敝撤无走，四顾无告。而君不恤，日夜饮酒，令国致乐不已，马食府粟，狗餍刍豢，三保之妾，俱足粱肉。狗马保妾，不已厚乎？民氓百姓，不亦薄乎？故里穷而无告，无乐有上矣；饥饿而无告，无乐有君矣。婴奉数之策，以随百官之吏，民饥饿穷约而无告，使上淫湎失本而不恤，婴之罪大矣。"⑤

---

① 《左传》卷六《僖公二十一年》，上海古籍出版社，2016。
② 《左传》卷十九《襄公二十九年》，上海古籍出版社，2016。
③ 黎翔凤校注：《管子校注》第五十四《入国》，中华书局，2009。
④ 黎翔凤校注：《管子校注》第五十一《小问》，中华书局，2009。
⑤ 张纯一校注：《晏子春秋校注》卷一《内篇谏上》，中华书局，2014。

晏子请求齐景公发放国家粮食给灾民，请求了好几次也没有被允许，于是他把自己食邑生产的粮食拿出赈济百姓，对齐景公进行规劝后辞官，最终齐景公追回晏子，并拿出齐国的粮食财物赈济百姓；晏子根据灾民受灾情况进行不同程度的赈济。

家有布缕之本而绝食者，使有终月之委；绝本之家，使有期年之食，无委积之氓，与之薪橑，使足以毕霖雨。令柏巡氓，家室不能御者，予之金；巡求氓寡用财乏者，死三日而毕，后者若不用令之罪。公出舍，损肉撤酒，马不食府粟，狗不食饣刍肉，辟拂嗛齐，酒徒减赐。三日，吏告毕上：贫氓万七千家，用粟九十七万钟，薪橑万三千乘；怀宝二千七百家，用金三千。①

对于有农田蚕桑却没有饭吃的，赈济一个月的柴米积蓄；没有农田蚕桑的，赈济一年的食物；没有积蓄柴草的百姓，给他们柴草；对于房屋损坏的，用钱赈济。晏子还强调了赈济的时效性，要求赈济行动要在三天内完成，超过三天按不服从命令对官吏治罪。最终取得了很好的救灾效果。

赈济思想强调了对百姓的爱护，这与儒家倡导的仁政思想一致。

春省耕而补不足，秋省敛而助不给。②

庖有肥肉，厩有肥马，民有饥色，野有饿莩，此率兽而食人也。兽相食，且人恶之；为民父母，行政，不免于率兽而食人，恶在其为民父母也？③

国家对秋收后的贫困农民予以补助，对于境内农民提供了生活保障。对于战国时其他国家的灾民也起到了"修文德以来之"的作用。对于严重的灾害，赈济的内容不只是谷物，还包括薪材和金钱，并针对受灾影响程度进行赈济。

移民调粟思想是赈济思想的一个分支，强调中央统筹下的地方救灾工作。《尚书》中舜问禹如何应对灾害，禹回答：

洪水滔天，浩浩怀山襄陵，下民昏垫。予乘四载，随山刊木，暨益奏庶鲜食。予决九川，距四海，浚畎浍距川；暨稷播，奏庶艰食鲜食。懋迁有无，化居。烝民乃粒，万邦作乂。④

其中，"懋迁有无"指的是让百姓互通有无，调剂余缺。这可以看作调粟思想的源头。

调粟思想在《周礼》中也有体现：

①张纯一校注：《晏子春秋校注》卷一《内篇谏上》，中华书局，2014。
②万丽华、蓝旭译注：《孟子》卷二《梁惠王下》，中华书局，2006。
③万丽华、蓝旭译注：《孟子》卷一《梁惠王上》，中华书局，2006。
④《尚书》卷一虞书《益稷》，上海古籍出版社，2015。

若邦凶荒，则以荒辩之法治之，令移民通财。①

大荒、大札，则令邦国移民通财。②

这里的"移民"是让百姓远离灾区进行安置，"通财"的意思是进行物资的流动，弥补灾区的物资不足。董煟对此进行进一步解释：

札，疾疫也，民饥则病。移民者，辟灾就贱也。其有守不可移者，则输之粟。梁王移民移粟，正得《周礼》遗意，而孟子不取者，以其平居不行仁政耳。③

蠲缓思想也是赈济思想的分支，指通过政策减免灾区的赋税和劳役，以起到救灾的效果。灾害发生后，如果还像常年一样收取税收，势必使灾区人民生活难以为继，甚至出现反抗政府的行为。

《周礼》的"十二荒政"中也有"薄征""弛力"两项。"薄征"是减轻赋税，"弛力"是停止徭役。《周礼》还设立了具体规定：

凡均力政，以岁上下。丰年，则公旬用三日焉；中年，则公旬用二日焉；无年，则公旬用一日焉。凶札，则无力政，无财赋，不收地守地职，不均地政。三年大比，则大均。④

征调力役的标准是根据年景指定的，丰年的时候征调劳役三天，普通年景的时候征调两天，歉收时征调一天。如果遇到凶年，就不征调劳役和税收，也免除地税、山泽税等各种杂税。每三年进行一次调整。孔子推崇《周礼》"薄征""弛力"的思想，"省力役，薄赋敛，则民富矣"，后儒家也一直将轻徭薄赋作为仁政的标准之一。

《论语·颜渊》载：

"年饥，用不足，如之何？"

有若对曰："盍彻乎？"

曰："二，吾犹不足，如之何其彻也？"

对曰："百姓足，君孰与不足？百姓不足，君孰与足？"。⑤

这里"彻"的意思是"通"，即天下之通法，就是什一税。儒家认为十分之一的税率是合理的。赈济思想的发展传承，对救灾起到积极的作用，有助于保护人民生命安全，有利于灾区恢复生产，同时也对缓和社会矛盾，稳定灾民的情绪有积极作用。

---

① 《周礼》卷二《地官司徒》，中华书局，2014。

② 同上。

③ 《救荒活民书》卷上，中国书店出版社，2018。

④ 《周礼》卷二《地官司徒》，中华书局，2014。

⑤ 杨伯峻译注：《论语译注》第十二篇《颜渊》，中华书局，2018。

如孟子所言：

富岁，子弟多赖；凶岁，子弟多暴，非天之降才尔殊也，其所以陷溺其心者然也。①

赈济思想在中国历史上形成的机制和做法，将于本书第八章进行进一步探讨。

二、经济救灾理念

《管子》注重用经济手段应对灾害，因为物价有波动，发生灾害时，粮食价格高，那时筹集救灾的成本也很高。

岁有凶穰，故谷有贵贱；令有缓急，故物有轻重。然而人君不能治，故使蓄贾游市，乘民之不给，百倍其本。②

这里强调从经济领域对灾害进行应对准备，如果不能及时进行赈灾物资储备，则会出现问题。

岁适美，则市粜无予，而狗彘食人食。岁适凶，则市籴釜十繦，而道有饿民。

故善者委施于民之所不足，操事于民之所有余。夫民有余则轻之，故人君敛之以轻；民不足则重之，故人君散之以重。敛积之以轻，散行之以重，故君必有什倍之利，而财之櫎古莫反。可得而平也。③

年景遇上丰收，农民粮食卖不出去，连猪狗都吃人食；年景遇上灾荒，买粮一釜要花十贯钱，而且道有饿民。商品价格低时，即使按照工价的一半也卖不出去；商品遇上涨价，就是出十倍高价也买不到手。这都是因为错过了调节人民财利的时机，财物价格才波动起来。所以《管子》主张在民间物资不足时，把库存的东西供应出去；而在民间物资有余时，把市场的商品收购进来。不但可以平抑物价，还可以让国家获得经济上的利益。

东周时期的诸侯国之间的借贷也是一种常见的情况。《国语》载，鲁庄公二十七年（公元前 667 年），鲁国发生饥荒，臧文仲劝说鲁庄公与邻国结好，取得诸侯的信任，用婚姻关系和盟约进行巩固，就是为了应付国家的突发灾害。国家遇到困难时，钟鼎宝器、珠玉财物都可以抵押给齐国来换取粮食。臧文仲去到齐国后，用鬯圭和玉磬向齐国求购粮食，并说道：

天灾流行，戾于弊邑，饥馑荐降，民羸几卒，大惧乏周公、太公之命祀，职贡业事之不共而获戾。不腆先君之币器，敢告滞积，以纾执事；以救弊邑，

①万丽华、蓝旭译注：《孟子》卷十一《告子上》，中华书局，2006。

②黎翔凤校注：《管子校注》第七十三《国蓄》，中华书局，2009。

③黎翔凤校注：《管子校注》第七十三《国蓄》，中华书局，2009。

使能共职。岂唯寡君与二三臣实受君赐，其周公、太公及百辟神祇实永飨而赖之！①

臧文仲认为当天灾流行，百姓生命受到威胁的时候，对周公、太公的祭祀已无法保证，所以祭祀的宝器并不如粮食对灾民的作用，这种抵押财宝向邻国借贷粮食救灾的行为反映了一种务实的救灾思想。后齐国把粮食借给鲁国，并退还了宝器。此外，还有铸币应对灾害的机制，周景王二十一年（公元前524年），准备铸造大钱，单穆公表示反对：

不可。古者，天灾降戾，于是乎量资币，权轻重，以振救民。民患轻，则为作重币以行之，于是乎有母权子而行，民皆得焉。若不堪重，则多作轻而行之，亦不废重，于是乎有子权母而行，小大利之。今王废轻而作重，民失其资，能无匮乎？若匮，王用将有所乏，乏则将厚取于民。民不给，将有远志，是离民也。且夫备有未至而设之，有至而后救之，是不相入也。可先而不备，谓之急；可后而先之，谓之召灾。周固羸国也，天未厌祸焉，而又离民以佐灾，无乃不可乎？将民之与处而离之，将灾是备御而召之，则何以经国？国无经，何以出令？令之不从，上之患也，故圣人树德于民以除之。②

单穆公认为灾害发生的时候，物价飞涨，这时铸造价值高的大钱，用大钱辅佐小钱流通，有利于救灾过程中的货币流通和百姓的利益保障。如果百姓认为物价低廉，钱很宝贵，就应该铸小钱来使用，同时也不废止大钱，用小钱辅佐大钱流通。这样，无论是小钱、大钱，百姓都不感到吃亏。如果平白无故废除小钱而铸造大钱，百姓手头的小钱成了无用之物，就会让百姓困窘，直接影响税收，民众无法承担损失，将会逃亡。国家有防灾的措施，也有救灾的措施，互相不能替代。可以预先防范而不事先准备，这是疏忽；灾害前采用那些事后应急的措施是在招灾。

《管子》认为成就王业的国家不能完全奉行市场经济，而是要根据国家需要和市场变化控制物价。

若岁凶旱水泆，民失本，则修宫室台榭，以前无狗、后无彘者为庸。故修宫室台榭，非丽其乐也，以平国策也。③

一旦遇到天灾人祸，国家应动用积蓄增加基础建设，扩大就业，拉动市场促进生产，控制物价飞涨。如果纯粹依靠当时商人主导的市场经济，那么一旦

---

① 《国语》卷四《鲁语上》，上海古籍出版社，1978。
② 《国语》卷三《周语下》，上海古籍出版社，1978。
③ 黎翔凤校注：《管子校注》第六十九《乘马数》，中华书局，2009。

遇到天灾人祸，商人们就会优先保护自己的利益而不管灾民死活。这可以看作东周时期"以工代赈"思想的源头。《管子》主张国家在灾害期间应积极使用调控手段，保证粮食从富余地区向灾害地区进行转运，以提升救灾效果。

桓公曰："齐西水潦而民饥，齐东丰庸而粟贱，欲以东之贱被西之贵，为之有道乎？"

管子对曰："今齐西之粟釜百泉，则镪二十也。齐东之粟釜十泉，则镪二钱也。请以令籍人三十泉，得以五谷菽粟决其籍。若此，则齐西出三斗而决其籍，齐东出三釜而决其籍。然则釜十之粟皆实子仓廪，西之民饥者得食，寒者得衣；无本者予之陈，无种者予之新。若此，则东西之相被，远近之准平矣。"[1]

桓公希望东部丰收的粮食能救援西部灾区，管仲提出的办法是通过税收手段进行调节，齐国西部每人出粮三斗就可以完成，齐国东部则要拿出三釜。这样一釜仅卖十钱的齐东粮食就全都进了国家粮仓，西部的百姓也能得到足够的生活保障，无本者国家贷予陈粮，无种者国家贷予新粮，这样就可以做到地方上的经济调节了。

《史记》中有计然提出的平粜之策：

知斗则修备，时用则知物，二者形则万货之情可得而观已。故岁在金，穰；水，毁；木，饥；火，旱。旱则资舟，水则资车，物之理也。六岁穰，六岁旱，十二岁一大饥。夫粜，二十病农，九十病末。末病则财不出，农病则草不辟矣。上不过八十，下不减三十，则农末俱利，平粜齐物，关市不乏，治国之道也。[2]

计然的平粜思想是从应对灾害出发，对农民和商人的情况都进行了考虑，以出售粮食为例，每斗价格二十钱，农民会受损害；每斗价格九十钱，商人要受损失。农民受损害，田地就要荒芜；商人受损失，钱财就不能流通到社会。所以要国家对价格进行调控，把粮食价格控制在三十至八十之间，让农民和商人都能得利。除了粮食，其他灾害相关的物资也应控制好价格。

李悝任魏国丞相时提出"平籴"法。他认为粮食价格太贵会伤害国民的利益，粮食价格太便宜会伤害农民的利益。国民的利益受到伤害，就会四处流散；农民的利益受到伤害，国家就要贫穷。粮食价格太贵或太便宜，都不利于国家，所以善于治理国家的人，既要保障国民的利益不受到伤害，又不能破坏农民生产的积极性。每年的农业收成不同，应采取相应的政策进行调节。

---

[1] 黎翔凤校注：《管子校注》第八十三《轻重丁》，中华书局，2009。

[2]《史记》卷一百二十九《货殖列传》，中华书局，2006。

是故善平籴者，必谨观岁有上、中、下孰。上孰其收自四，余四百石；中孰自三，余三百石；下孰自倍，余百石。小饥则收百石，中饥七十石，大饥三十石，故大孰则上籴三而舍一，中孰则籴二，下孰则籴一，使民适足，贾平则止。小饥则发小孰之所敛、中饥则发中孰之所敛、大饥则发大孰之所敛而粜之。故虽遇饥馑、水旱，籴不贵而民不散，取有余以补不足也。[①]

李悝将秋收情况分为丰收和歉收两类，每一类又细分为三等。在丰收的年份，国家向农民收购余粮进行储备，大丰收时，国家可以收购农民多余的三百石粮食，另外一百石粮食由农民自己储备；遇到中等丰收，收购农民多余的二百石粮食；而遇到下等的好年成，官府可以收购农民多余的一百石粮食。这样，既满足了农民的粮食消费，又平稳了粮食价格，等到粮食价格平稳了，就可以停止收购了。遇到灾害时，根据灾害的程度定量出售国家储备粮食，就可以保障灾年粮食价格的稳定。

三、节用理念

因灾节用的思想在先秦时期就存在，《周礼》中有：

以为地法而待政令，以荒政十有二聚万民：一曰散利，二曰薄征，三曰缓刑，四曰弛力，五曰舍禁，六曰去几，七曰眚礼，八曰杀哀，九曰蕃乐，十曰多昏，十有一曰索鬼神，十有二曰除盗贼。[②]

这是周代应对灾害的基本做法，其中第七、八、九条都属于因灾节用的内容。"眚礼"就是简省吉礼，"杀哀"是简省丧礼，灾年的时候减少婚丧嫁娶的规模和用度，"蕃乐"是指灾年减少音乐等娱乐活动，也算是一种节约形式。

《墨子》从粮食收成出发，分析灾害造成粮食减产对国家造成的总体影响，强调了粮食是国家稳定的生命线。

凡五谷者，民之所仰也，君之所以为养也。故民无仰，则君无养；民无食，则不可事。故食不可不务也，地不可不立也，用不可不节也。五谷尽收，则五味尽御于主；不尽收，则不尽御。一谷不收谓之馑，二谷不收谓之旱，三谷不收谓之凶，四谷不收谓之馈，五谷不收谓之饥。岁馑，则仕者大夫以下皆损禄五分之一；旱，则损五分之二；凶，则损五分之三；馈，则损五分之四；饥，则尽无禄，禀食而已矣。[③]

---

① 《汉书》卷二十四上《食货志上》，中华书局，2007。

② 《周礼》卷二《地官司徒》，中华书局，2014。

③ 吴毓江校注：《墨子校注》卷一《七患》，中华书局，1993。

灾年的时候，粮食不足，作为统治者应当从自身开始，进行一系列节约政策。

故凶饥存乎国，人君彻鼎食五分之三，大夫彻县，士不入学，君朝之衣不革制，诸侯之客，四邻之使，雍食而不盛；彻骖騑，涂不芸，马不食粟，婢妾不衣帛，此告不足之至也。[1]

墨子认为，当国家遭遇较为严重的灾害时，国君应当减少通常饮食规格的五分之三，大夫减少娱乐活动，读书人不上学而去种地，国君的朝服不制新的，招待外交使者的饮食也应当从简，减少饲养的马匹，暂停修补道路等基础设施建设，一切以节约粮食应对灾害为先。墨子还以生动的例子进行类比：假设有一人背着孩子到井边汲水，把孩子掉到井里，那么这位母亲必定设法把孩子从井中救出，而不是继续汲水。汲水就如同君主日常享乐，救孩子就相当于积极救灾，使百姓免于饥饿。

今有负其子而汲者，队其子于井中，其母必从而道之。今岁凶，民饥，道馑，重其子此疾于队，其可无察邪！故时年岁善，则民仁且良；时年岁凶，则民吝且恶。夫民何常此之有！为者寡，食者众，则岁无丰。[2]

年成好的时候，老百姓就仁慈驯良；年成遇到凶灾，老百姓就吝啬凶恶，这包含着物质决定意识的基本观念。

故曰：财不足则反之时，食不足则反之用。故先民以时生财，固本而用财，则财足。故虽上世之圣王，岂能使五谷常收而旱水不至哉！然而无冻饿之民者，何也？其力时急而自养俭也。故《夏书》曰"禹七年水"，《殷书》曰"汤五年旱"。此其离凶饿甚矣。然而民不冻饿者，何也？其生财密，其用之节也。[3]

《墨子》通过论证得出：财用不足就注重农时，粮食不足就注意节约。前世的圣王能够应对水旱之灾，保障人民生存，关键就在于不夺农时而又自奉俭朴。孔子在齐国时，齐国遭受严重旱灾，齐景公问计于孔子，孔子答曰：

凶年则乘驽马，力役不兴，驰道不修，祈以币玉，祭祀不悬，祀以下牲，此贤君自贬以救民之礼也。[4]

汉代继承了《周礼》中因灾节用的传统制度。灾年减少宫廷开支，如降低餐饮规格，减少养马的规模，减少工程尤其是游乐场所的建设，如汉文帝后元

---

[1] 吴毓江校注：《墨子校注》卷一《七患》，中华书局，1993。

[2] 同上。

[3] 同上。

[4] 《孔子家语》卷十《曲礼子贡问》，中华书局，2011。

六年：

夏四月，大旱，蝗。令诸侯无人贡，弛山泽，减诸服御，损郎吏员。①

宣帝本始四年（公元前70年）春正月，诏曰：

盖闻农者兴德之本也，今岁不登，已遣使者振贷困乏。其令太官损膳省宰，乐府减乐人，使归就农业。丞相以下至都官令、丞上书入谷，输长安仓，助贷贫民。民以车船载谷入关者，得毋用传。②

灾害发生后的粮食节约思想还包括减少用粟米养马和酒业生产。汉景帝后元二年（公元前87年）时，粮食歉收，下令"令内史郡不得食马粟，没入县官"③。诏令内史和各郡不准用粮食喂马，如果有违反规定的，将其马匹收归官府。

（元帝初元元年）六月，以民疾疫，令大官损膳，减乐府员，省苑马，以振困乏。

九月，关东郡国十一大水，饥，或人相食，转旁郡钱、谷以相救。诏曰："间者，阴阳不调，黎民饥寒，无以保治，惟德浅薄，不足以充入旧贯之居。其令诸宫、馆希御幸者勿缮治，太仆减谷食马，水衡省肉食兽。"④

汉代士人将皇家养马作为一种奢靡的行为，因此减少养马是一种节俭的表现。汉桓帝时，有人请魏桓做官，魏桓认为桓帝不能节俭而拒绝了。

"今后宫千数，其可损乎？厩马万匹，其可减乎？左右权豪，其可去乎？"皆对曰："不可。"桓乃慨然叹曰："使桓生行死归，于诸子何有哉！"遂隐身不出。⑤

因为酿酒具有经济利益，两汉时期的民间酒业生产规模较大，这消耗大量粮食，因此在灾害发生后，通常要求停止酒业生产。

二月己未，诏兖、豫、徐、冀四州比年雨多伤稼，禁沽酒。⑥

甲辰，减百官奉。丙午，禁沽酒，又贷王、侯国租一岁。⑦

由于现实利益，总是有人会铤而走险，私自酿酒，冒称是禁令之前就生产的酒。所以为了更好杜绝这种情况，朝廷规定不仅禁止酿酒，也不允许卖酒。

桓帝永兴二年（305年），下诏：

① 《汉书》卷四《文帝纪》，中华书局，2007。

② 《汉书》卷八《宣帝纪》，中华书局，2007。

③ 《史记》卷五《景帝纪》，中华书局，2007。

④ 《汉书》卷九《元帝纪》，中华书局，2007。

⑤ 《资治通鉴》汉纪四十六，中华书局，2013。

⑥ 《后汉书》卷四《孝和孝殇帝纪》，中华书局，2000。

⑦ 《后汉书》卷六《孝顺孝冲孝质帝纪》，中华书局，2000。

朝政失中，云汉作旱，川灵涌水，蝗蝝孳蔓，残我百谷，太阳亏光，饥馑荐臻。其不被害郡县，当为饥馁者储。天下一家，趣不糜烂，则为国宝。其禁郡、国不得卖酒，祠祀裁足。①

相对于灾害规模，两汉时期节俭行动的实际效果非常有限，但因灾节用的思想对于后世产生了积极的影响。东汉末年军阀混战，养马是军备的重要内容之一，节用更多表现为禁酒。曹操曾于建安年间为了应对当时的连年灾荒下令禁酒。蜀汉章武二年（222年）大旱，刘备下令禁止酿酒，私自酿造者要被判刑，甚至扩大为只要家中有酿酒工具也会被惩处。后被简雍以归谬的方式劝谏，取消了对拥有酿酒工具的人的处罚。

时天旱禁酒，酿者有刑。吏于人家索得酿具，论者欲令与作酒者同罚。雍与先主游观，见一男（女）〔子〕行道，谓先主曰："彼人欲行淫，何以不缚？"先主曰："卿何以知之？"雍对曰："彼有其具，与欲酿者同。"先主大笑，而原欲酿者。②

三国时期，节用思想被作为国家有效应对灾害的主导思想之一。魏明帝太和年间向群臣咨询灾害应对的办法，和洽提出：

自春夏以来，民穷于役，农业有废，百姓嚣然，时风不至，未必不由此也。消复之术，莫大于节俭。太祖建立洪业，奉师徒之费，供军赏之用，吏士丰于资食，仓府衍于谷帛，由不饰无用之官，绝浮华之费。③

西晋统一之后，奢靡之风盛行，后世也将其作为国家迅速衰弱的原因之一。从晋武帝到王公大臣都以奢华为荣，少数有识之士认识到奢侈之风的危害，傅咸曾上书：

臣以为谷帛难生，而用之不节，无缘不匮。故先王之化天下，食肉衣帛，皆有其制。窃谓奢侈之费，甚于天灾。古者尧有茅茨，今之百姓竟丰其屋；古者臣无玉食，今之贾竖皆厌粱肉。古者后妃乃有殊饰，今之婢妾被服绫罗；古者大夫乃不徒行，今之贱隶乘轻驱肥。古者人稠地狭而有储蓄，由于节也；今者土广人稀而患不足，由于奢也。欲时之俭，当诘其奢；奢不见诘，转相高尚。昔毛玠为吏部尚书，时无敢好衣美食者。魏武帝叹曰："孤之法不如毛尚书。"令诸部用心，各如毛玠，风俗之移，在不难矣。④

①《后汉书》卷七《孝桓帝纪》，中华书局，2000。

②《三国志》蜀书八《简雍传》，中华书局，1982。

③《三国志》魏书二十三《和洽传》，中华书局，1982。

④《晋书》卷四十七《傅咸传》，中华书局，1974。

即使奢侈如晋武帝，也分别在泰始七年、咸宁五年两次因为旱灾而减膳一半，以示对自己过错的反思和对人民的关心。皇帝能够以身作则，提倡节约，并强调将节约的费用用于救助灾民，这在救灾的舆论上产生了正面的效应，上行下效，客观上也让各级官员减少了浪费，一定程度上起到了节约粮食的效果。皇帝节俭的表现主要是受天人感应论影响，是一种自责的行为，这将在本书第三章进行探讨。

魏晋时期节约救灾思想并没有深入人心，节约政策也通常是做表面功夫，节约成效并不理想。晋穆帝时，刘波曾上疏：

> 陛下虽躬自节俭，哀矜于上，而群僚肆欲，纵心于下，六司垂翼，三事拱默，故有识者睹人事以叹息，观妖眚而大惧。[①]

此后历代节用思想一致沿用，这里不一一列举。

---

① 《晋书》卷六十九《刘隗传》，中华书局，1974。

第三章
祈禳理念与机制

▼
▼

　　我国历史上的灾害预防和应对思想中存在着一种祈禳文化传统，从科学的角度来看，祈禳并不能减轻或消除灾害；从执政角度来看，可以作为一种稳定民心的活动；对百姓来说，祈禳更多的是一种心灵寄托。随着现代科学意识的普及，以祈禳方式防灾救灾的思想已经被摒弃，仅作为一种民俗历史的现象进行研究。"祈"是消极被动地接受这种超自然力的安排，希望能够得到神灵眷顾，获得丰收，避免灾害；"禳"是一种主动的行为活动，以特定的仪式消弭自然灾害破坏作用。这两种思想都是基于对超自然力的崇拜之上，祈禳思想主要是通过现实活动来体现，所以本章将祈禳思想与机制放在一起，并不作为一种有效的防灾救灾机制进行探讨。

第一节　祭祀禳灾

一、从原始崇拜到礼仪活动

　　禳灾思想源自自然崇拜思想，当时的人们认为既然存在可以操纵自然力量的神灵，那么尝试与其对话，进行奉献以换取庇护也应该可以起到去除自然灾害的作用。这一思想在全球范围内都有朴素的共同之处，普遍幻想祭品越稀有，越有价值，神灵就会越满意。极端如中美洲地区以活人为祭品来求得自然力量的保护。我国出土的殷商卜辞内容大致可分为"祈雨""止风雨""战事""蝗灾"等四种[①]。当时的人们观察到焚烧造成的烟会从下向上运动，因此幻想以焚烧的方式表达与上天沟通的内容，以焚烧器物甚至巫师来祈求天帝，而充当人类与天地沟通使者的巫师，在掌握祭祀活动话语权的过程中趋利避害，减少了对自身的伤害，将巫师自焚改为舞蹈祈求上天降雨。殷商时期的禳灾思想主要起到心理抚慰的作用，客观上减少了因自然灾害造成资源锐减后的暴力冲突。

　　周代之后，禳灾思想变得更为系统化，以更具仪式感的形式进行祭祀，并

[①] 赵容俊：《甲骨卜辞所见之巫者的救灾活动》，《殷都学刊》2003年第4期。

根据祭祀者的社会身份进行区分，形成制度化的行为规范。

天子、诸侯宗庙之祭：春曰礿，夏曰禘，秋曰尝，冬曰烝。天子祭天地，诸侯祭社稷，大夫祭五祀。天子祭天下名山大川：五岳视三公，四渎视诸侯。诸侯祭名山大川之在其地者。天子诸侯祭因国之在其地而无主后者。天子礿，祫禘，祫尝，祫烝。诸侯礿则不禘，禘则不尝，尝则不烝，烝则不礿。诸侯礿，犆；禘，一犆一祫；尝，祫；烝，祫。①

这一时期，祭祀禳灾已经由灾害发生后的应对变为固定时间的灾害预防，并开始对祭品进行思考。

天子社稷皆大牢，诸侯社稷皆少牢。大夫、士宗庙之祭，有田则祭，无田则荐。庶人春荐韭，夏荐麦，秋荐黍，冬荐稻。韭以卵，麦以鱼，黍以豚，稻以雁。祭天地之牛，角茧栗；宗庙之牛，角握；宾客之牛，角尺。诸侯无故不杀牛，大夫无故不杀羊，士无故不杀犬豕，庶人无故不食珍。庶羞不逾牲，燕衣不逾祭服，寝不逾庙。②

祭祀规格细化到不同祭祀中使用的牛的大小的不同，同时祭祀转变为一种展示权威的活动，起到了彰显统治合法性的作用。

夫神以精明临民者也，故求备物，不求丰大。是以先王之祀也，以一纯、二精、三牲、四时、五色、六律、七事、八种、九祭、十日、十二辰以致之，百姓、千品、万官、亿丑、兆民经入畡数以奉之，明德以昭之，和声以听之，以告遍至，则无不受休。毛以示物，血以告杀，接诚拔取以献具，为齐敬也。敬不可久，民力不堪，故齐肃以承之。

丧，三年不祭，唯祭天地社稷为越绋而行事。丧用三年之仿。丧祭，用不足曰暴，有余曰浩。祭，丰年不奢，凶年不俭。③

这是在强调礼的观念，丰年不应铺张浪费，凶年不应过度节俭。

七月，郑子产为火故，大为社被禳于四方，振除火灾，礼也。乃简兵大蒐，将为蒐除。子大叔之庙在道南，其寝在道北，其庭小。过期三日，使除徒陈于道南庙北，曰："子产过女而命速除，乃毁于而乡。"子产朝，过而怒之，除者南毁。子产及冲，使从者止之曰："毁于北方。"④

子产将祭祀作为安抚民心的活动，大张旗鼓地进行祭祀，清除空地的区域中有子大叔的家庙和住房。这一住房应该是特为祭祀准备的，而非其长期宅

---

① 胡平生、张萌译注：《礼记》第五篇《王制》，中华书局，2017。
② 胡平生、张萌译注：《礼记》第五篇《王制》，中华书局，2017。
③ 《国语》卷十八《楚语下》，上海古籍出版社，1978。
④ 《左传》卷二十四《昭公二十八年》，上海古籍出版社，2016。

邸。子大叔希望拆除家庙，保留住房。但子产发现后，命人保留家庙而毁掉住房。子产这么做只是为了强调祭祀的作用，因为祭祀的目的就是让百姓安心，拆除家庙的过程会给百姓带来不吉利的感受，因此倾向于实用主义的子产选择了更具有功利主义色彩的行动。这也体现了在面对禳灾活动时，个人思想认识与御民思想存在分离的状态。

郑大水，龙斗于时门之外洧渊，国人请为禜焉，子产弗许，曰："我斗，龙不觌也。龙斗，我独何觌焉？禳之，则彼其室也。吾无求于龙，龙亦无求于我。"乃止也。①

郑国遭遇火灾后一年，又发生水灾，有人说是龙相斗造成的，国内百姓请求为此祭祀。这次子产拒绝了，因其只支持能产生必然结果的祭祀，比如灾后安抚民心的祭祀，而对于灾害发生期间，为消除灾害举行的祭祀是不支持的，这在当时是部分统治阶层精英的共识。

齐国晏子的做法在本质上也是如此：

齐有彗星，齐侯使禳之。晏子曰："无益也，只取诬焉。天道不谄，不贰其命，若之何禳之？且天之有彗也，以除秽也。君无秽德，又何禳焉？若德之秽，禳之何损？《诗》曰：'惟此文王，小心翼翼。昭事上帝，聿怀多福。厥德不回，以受方国。'君无违德，方国将至，何患于彗？《诗》曰：'我无所监，夏后及商。用乱之故，民卒流亡。'若德回乱，民将流亡，祝史之为，无能补也。"②

与郑国政令皆决于子产不同，齐国国君齐景公掌握最终决定权且相信祭祀的消灾作用，晏婴的做法是劝谏，他的思想和子产相近，不迷信祭祀，而是重视国家治理，深知国家兴衰不在于祭祀活动，而在于民生状况。

据《晏子春秋》记载，齐国遭遇旱灾，齐景公打算祭祀山神。晏子又反对，他解释说山上的草木同样需要水，因此山神也渴望下雨，天不下雨，山神自己都没办法，所以求山神也没用。祭祀河神也没用，如果齐景公一定要有所行动，可以离开宫殿，和山神河神一样受曝晒之苦。后来齐景公真的去了野外，多日后，天下雨了。齐景公觉得晏婴说的对，究竟多少天下雨，晏婴也不知道，但只要齐景公坚持到真下雨的那一天，他都会觉得晏婴说得对。

楚昭王也不相信祭祀作用：

初，昭王有疾，卜曰："河为祟。"王弗祭。大夫请祭诸郊。王曰："三代

---

① 《左传》卷二十四《昭公十九年》，上海古籍出版社，2016。
② 《左传》卷二十四《昭公二十六年》，上海古籍出版社，2016。

命祀，祭不越望。江、汉、雎、章，楚之望也。祸福之至，不是过也，不谷虽不德，河非所获罪也。"遂弗祭。孔子曰："楚昭王知大道矣！其不失国也，宜哉！"[1]

是岁也，有云如众赤鸟，夹日以飞，三日。楚子使问诸周大史。周大史曰："其当王身乎？若禜之，可移于令尹、司马。"王曰："除腹心之疾，而置诸股肱，何益？不谷不有大过，天其夭诸？有罪受罚，又焉移之？"遂弗禜。[2]

他曾考虑过废除祭祀，但巫师告诉他祭祀的作用在于安抚百姓，维护国家稳定，促进家庭和谐，因此他不再反对楚国内的祭祀活动。

祀所以昭孝息民、抚国家、定百姓也，不可以已。夫民气纵则底，底则滞，滞久而不振，生乃不殖。其用不从，其生不殖，不可以封。是以古者先王日祭、月享、时类、岁祀。诸侯舍日，卿、大夫舍月，士、庶人舍时。天子遍祀群神品物，诸侯祀天地、三辰及其土之山川，卿、大夫祀其礼，士、庶人不过其祖。日月会于龙，土气含收，天明昌作，百嘉备舍，群神频行。国于是乎蒸尝，家于是乎尝祀，百姓夫妇择其令辰，奉其牺牲，敬其粢盛，洁其粪除，慎其采服，裸其酒醴，帅其子姓，从其时享，虔其宗祝，道其顺辞，以昭祀其先祖，肃肃济济，如或临之。于是乎合其州乡朋友婚姻，比尔兄弟亲戚。于是乎弭其百苛，殄其谗慝，合其嘉好，结其亲昵，亿其上下，以申固其姓。上所以教民虔也，下所以昭事上也。[3]

二、统一化的祭祀仪式

秦统一六国后，大力推广东周时期开始的秦国特有的祭祀文化，秦废分封行郡县，要求各郡县设立太上皇祠庙。在祭祀山川方面，秦始皇到泰山举行封禅大典，既彰显自己的政治成就，也是在祭祀上强调秦的祭祀在文化上的正统性。从祭祀时间上看，汉代的禳灾包括两种：一种是每年习俗化的祭祀祈禳，可以作为期待风调雨顺的心理寄托；另一种是灾害发生时的禳灾活动，希望能起到消弭灾害的作用。从祭祀的客体来看，以应对灾害为目的祭祀分为两类：一类是具有崇高神性，可以应对各种灾害的神，如天帝、祖先、土地神等；另一类是专门掌管特定自然灾害的神，如雨神、河神、风伯等。在秦末长期的战乱中，人民更渴望安定的生活，祭祀禳灾也成了更为普遍的精神诉求。秦王朝

---

[1]《左传》卷二十九《哀公六年》，上海古籍出版社，2016。

[2]同上。

[3]《国语》卷十八《楚语下》，上海古籍出版社，1978。

终结之后，汉帝国继承了秦的制度，在祭祀上继承了以雍地为中心的秦帝国祭祀系统。[①]

汉代君主普遍相信祭祀禳灾的作用。汉文帝时期，自然灾害较为频繁，后元元年（公元前 163 年）皇帝下诏曰：

间者数年比不登，又有水旱疾疫之灾，朕甚忧之。愚而不明，未达其咎。意者朕之政有所失而行有过与？乃天道有不顺，地利或不得，人事多失和，鬼神废不享与？何以致此？[②]

汉文帝将没有对鬼神进行足够的祭祀活动作为产生灾害的一个原因。元鼎五年（公元前 112 年）十一月辛巳朔旦，汉武帝于冬至祭典后土来祈求来年是丰年。元封元年（公元前 110 年），汉武帝曾因为当年的旱灾下令，让百官进行求雨活动。

董仲舒将汉代祈禳仪式与五行生克理论结合。将求雨仪式按五行进行细化。一年分春、夏、季夏、秋、冬五个季节，不同季节求雨采用不同仪式。春季求雨祭祀社神有很多独特的注意事项，春季在五行理论中属木，所以忌讳砍伐大树。其他与木相关的事物都应该被尊崇，如东方、数字八等。

春旱求雨。今愚邑以水日祷社稷山川，家人祀户。无伐名木，无斩山林。八日。于邑东门之外为四通之坛，方八尺，植苍缯八。其神共工，祭之以生鱼八，玄酒，具清酒、膊脯。择巫之洁清辩利者以为祝。祝齐三日，服苍衣，先再拜，乃跪陈，陈已，复再拜，乃起。祝曰："昊天生五谷以养人，今五谷病旱，恐不成实，敬进清酒、膊脯，再拜请雨，寸幸大澍。"以甲乙日为大苍龙一，长八丈，居中央。为小龙七，各长四丈。于东方。皆东乡，其间相去八尺。小童八人，皆齐三日，服青衣而舞之。田啬夫亦齐三日，服青衣而立之。[③]

这是借用了道家的五行理论，道家对自然灾害的理解是阴阳之气不合而不是天帝的主观情绪。对于祭祀仪式为什么可以起到作用，董仲舒也是通过阴阳进行解释，认为男子属阳，女子属阴，所以求雨的时候，女子出来附和乐曲，男子藏匿起来，这样阴气就会旺盛，会产生雨。而在止雨的祭祀活动中，就要令女子躲起来，男子进行祭祀活动。董仲舒在《春秋繁露》中记载了止雨的仪式：

雨太多，令县邑以土日，塞水渎，绝道，盖井，禁妇人不得行入市。令县乡里皆扫社下。县邑若丞合史、啬夫三人以上，祝一人；乡啬夫若吏三人以上，

[①] 张煜珧：《虔敬朕祀——秦祭祀文化遗存的初步认识》，《考古与文物》2019 年第 3 期。

[②] 《汉书》卷四《文帝纪》，中华书局，2007。

[③] 《春秋繁露》第七十四《求雨》，中华书局，2012。

祝一人；里正父老三人以上，祝一人，皆齐三日，各衣时衣。具豚一，黍盐美酒财足，祭社。击鼓三日，而祝。先再拜，乃跪陈，陈已，复再拜，乃起。祝曰："嗟！天生五谷以养人，今淫雨太多，五谷不和。敬进肥牲清酒，以请社灵，幸为止雨，除民所苦，无使阴灭阳。阴灭阳，不顺于天。天之常意，在于利人，人愿止雨，敢告于社。"鼓而无歌，至罢乃止。凡止雨之大体，女子欲其藏而匿也，丈夫欲其和而乐也。开阳而闭阴，阖水而开火。以朱丝萦社十周。衣赤衣赤帻。三日罢。①

一些从阴阳五行理论演化出的祭祀活动十分怪异，比如秦汉有杀狗防盗的记载。因为狗属金，春季属木，按照五行相克，金克木，所以要把带有金属性的狗杀死，就等于在春天遏止了金气，主导春天的木之气就能更好地发展。天子的居城有十二个大门，四个方向各有三个，其中东面属生门，所以不能有死物出现，其他三个方向的九个门，要用杀狗的方式进行祭祀。

随着汉代经济的稳定发展和天人感应论的盛行，禳灾活动也更为普遍，全国各地不断增建祠堂庙宇。到汉成帝时，各类祭祀场所已经给国家经济造成较大的负担。建始元年（公元前32年），丞相匡衡等上奏：

长安厨官县官给祠，郡国候神方士使者所祠，凡六百八十三所，其二百八所应礼，及疑无明文，可奉祠如故。其余四百七十五所不应礼，或复重，请皆罢。②

汉成帝批准了这一建议，然而此后灾害增多，当时民间就普遍认为是之前减少祠堂造成的，后又将那些已经罢除的祠堂恢复。到汉哀帝时，更是将之前兴建过的七百多个祭祀官所恢复，一年中各种祭祀共计达到三万七千次。

东汉君主祈禳救灾的措施比西汉更为频繁。这不仅是由于皇帝公开在诏书中号召百官，并带头祈祷救灾，也因为地方官员和普通百姓对以祈禳方式应对灾害更为笃信，以祈禳之术作为一种职业技能的方士大幅增加，他们号称能通过法术消除灾害。《后汉书》专门将这类人物载入《方术列传》，有些方术理论对灾害预警有一定的启发作用，这将在本书第七章进行探讨，而大部分方术之法都是哗众取宠的无稽之谈，这里就不赘述。这期间还出现了一种极端的求雨方式，《后汉书·独行列传》记载：

谅辅字汉儒，广汉新都人也。仕郡为五官掾。时夏大旱，太守自出祈祷山川，连日而无所降。辅乃自暴庭中，慷慨咒曰："辅为股肱，不能进谏纳忠，荐贤退恶，和调阴阳，承顺天意，至令天地否隔，万物焦枯，百姓喁喁，无所诉

---

① 《春秋繁露》第七十五《止雨》，中华书局，2012。
② 《汉书》卷二十五下《郊祀志下》，中华书局，2007。

告，咎尽在辅。今郡太守改服责己，为民祈福，精诚恳到，未有感彻。辅今敢自祈请，若至中不雨，乞以身塞无状。"于是积薪柴聚荻茅以自环，构火其傍，将自焚焉。未及日中时，而天云晦合，须臾澍雨，一郡沾润。世以此称其至诚。[①]

　　谅辅以自焚的方式祈求上天降雨，其认为只要对上天表达出足够的诚意就能消除自然灾害，此类行为使祈禳救灾在民间的影响进一步扩大。

　　汉代，建筑装饰的祈禳功能成为一种文化，即用一些具有克灾功能的象征物达到消灾目的。这种表现方式被称为"厌胜"，厌的意思就是"压制"，胜的意思是"制服"，厌胜就是通过某种方法或象征物阻止灾害的发生。比如荷花长在水里，是厌火的象征，所以在房屋上雕刻荷花之类的水生植物寄托了防止火灾发生的希望。在迷信盛行的时代，甚至将此作为一种防灾的机制，类似的民俗化行为还有门神防恶鬼，五月初五系五彩丝线防瘟疫等。

三、禳灾祭祀的发展

　　唐代的郊祀制度在礼法上尤为重要，按照金子修一的记载，总结见表2[②]。

表2　唐代的郊祀表

	武德令	贞观礼	显庆礼	开元礼
冬至圆丘	昊天上帝	昊天上帝	昊天上帝	昊天上帝
正月祈谷	感帝（南郊）	感帝（南郊）	昊天上帝	昊天上帝
孟夏雩祀	昊天上帝	五方上帝	昊天上帝	昊天上帝
季秋明堂	五方上帝	五方上帝	昊天上帝	昊天上帝
夏至方丘	皇地祇	皇地祇	皇地祇	皇地祇
孟冬地祭	神州（北郊）	神州（北郊）	皇地祇	神州（北郊）

不同时节的祭祀活动礼仪也不一样，如：

　　正月上辛祈谷，祀昊天上帝，以高祖神尧皇帝配，五帝在四方之陛。孟夏雩，祀昊天上帝，以太宗文武圣皇帝配，五方帝在第一等，五帝在第二等，五官在坛下之东南。季秋祀昊天上帝，以睿宗大圣真皇帝配，五方帝在五室，五帝各在其左，五官在庭，各依其方。立春祀青帝，以太皞氏配，岁星、三辰在坛下之东北，七宿在西北，句芒在东南。立夏祀赤帝，以神农氏配，荧惑、三辰、七宿、祝融氏位如青帝。季夏土王之日祀黄帝，以轩辕氏配，镇星、后土

---

① 《后汉书》卷八十一《独行列传》，中华书局，2000。
② 金子修一：《古代中国与皇帝祭祀》，复旦大学出版社，2017。

氏之位如赤帝。立秋祀白帝，以少昊氏配，太白、三辰、七宿、蓐收之位如赤帝。立冬祀黑帝，以颛顼氏配，辰星、三辰、七宿、玄冥氏之位如白帝。[①]

新、旧《唐书》都将《大唐开元礼》选入其中。当时的祭祀分为大祀、中祀、小祀三种，大祀主要祭祀昊天上帝、五方上帝、皇地祇、神州宗庙等；中祀主要是祭祀日月星辰、社稷、先代帝王等，还包括孔宜父、齐太公、诸太子庙；小祀主要祭祀司中、司命、风师、雨师、灵星、山林、川泽、五龙祠等。

宋代水旱灾害比较频繁，祈禳活动仍然盛行。皇帝为表达诚心，多次亲自求雨，也有让宰相和群臣代劳的情况。

宋太祖乾德元年（963年），"五月壬子朔，祷雨京城，甲寅，遣使祷雨岳渎"[②]。宋太宗太平兴国五年，"五月癸卯朔，大霖雨，辛酉，命宰相祈晴"[③]。宋仁宗天圣五年（1027年），"六月甲戌，祷雨于玉清昭应宫、开宝寺"[④]。宋徽宗宣和四年（1122年），"二月丙申，以旱祷于广圣宫"[⑤]。南宋时期，宋孝宗淳熙七年七月（1180年），"丁卯，以旱决系囚，分命群臣祷雨于山川"[⑥]。宁宗庆元二年（1196年），"五月辛巳，以旱祷于天地宗庙社稷"[⑦]。

宋代官方信仰的祭祀对象中，掌管自然灾害的神灵开始增多，祭祀的变化是开始出现大量的祈报文，其内容主要是对神灵祈祷之词，这也可以看作是对祈报仪式的记录。一场完整的祈报仪式主要包括三个步骤：首先是祭祀祈求，然后是检验结果，最后是再祭感谢，而祈报文则贯穿一场仪式的开始与结束。这些祈报文的作者通常是担任官职的文人，如欧阳修、苏轼、苏辙等。祭文通常篇幅不长，是对某一神灵或先贤进行祷告。如景祐四年（1037年）欧阳修所书《祭桓侯文》，祈雨的对象是蜀汉时期的张飞。

谨以尨肩厄酒之奠，告于桓侯张将军之灵：农之为事亦劳矣，尽筋力，勤岁时，数年之耕，不过一岁之稔。稔，则租赋科敛之不暇，有余而食，其得几何？不幸则水旱，相枕为饿殍。夫丰岁常少，而凶岁常多。今夏麦已登，粟与稻之早者，民皆食之矣。秋又大熟，则庶几可以支一二岁之凶荒。岁功将成，曷忍败之？今晚田秋稼将实而少雨，雨之降者，频在近郊，山田僻远，欲雨之

①《新唐书》卷十二《礼乐二》，中华书局，1975。

②《宋史》卷一《太祖纪一》，中华书局，1985。

③《宋史》卷四《太宗纪一》，中华书局，1985。

④《宋史》卷九《仁宗纪一》，中华书局，1985。

⑤《宋史》卷二十二《徽宗纪四》，中华书局，1985。

⑥《宋史》卷三十五《孝宗纪三》，中华书局，1985。

⑦《宋史》卷三十七《宁宗纪一》，中华书局，1985。

方，皆未及也。惟神降休，宜均其惠，而终成岁功。神生以忠勇事人，威名震于荆楚；殁食其土，民之所宜告也。尚飨！[①]

另一种常见的祈报文形式是青词，如苏轼在元祐二年（1087年）三月二十五日所书《集禧观开启祈雨道场青词》。

洞渊龙王，水府圣众。饥馑之患，民流者期年；吁嗟之求，词穷于是日。乃眷阴灵之宅，实为云雨之司。涵濡之功，俄顷而办。周客天泽，以答民瞻。[②]

祈报文还包括斋文、祝文、朱表、疏、密词、默词等。青词主要是针对道教信仰，斋文主要针对佛教信仰。宋代朝廷对于祈报活动有着良好的顶层设计，主要体现在祈报法令的颁布与实施上，如宋代除了沿袭唐代祈雨方法，还在景德三年（1006年）颁布了《画龙祈雨法》，这一活动对时间和地点都有特殊的要求。时间上需要是庚、辛、壬、癸日，地点需要是潭洞或林木深邃之处。地方刺史、太守等主持，德高望重的老者出席，通常先是用酒肉祭拜，然后在特定规制的方坛上进行作画。方坛规制为三级台阶，高二尺，边长一丈三尺，坛外二十步，用白绳隔开，坛上安放竹枝。画的内容基本是固定的，画的上部是一条向左看的黑鱼，中间画一条白龙，吐出黑色的云，画的下部是水波纹，水里画一只龟，吐出丝线状的黑气，之后用柳枝在龙的身上洒水。等到雨下了三天后，再用獭来祭祀，把那幅画龙的画投到水中。此外，还有皇裕二年颁布的《祈雨雪法》，熙宁十年（1077年）颁布的《蜥蜴祈雨法》等。

明清时期，祭河渎达到了极盛时期。

凡水旱灾伤及非常变异，或躬祷，或露告于宫中，或于奉天殿陛，或遣官祭告郊庙、陵寝及社稷、山川，无常仪。[③]

清初，凡河神都加封号：

雍正二年，赐号江渎曰涵和，河渎曰润毓，淮渎曰通佑，济渎曰永惠。并赐东海为显仁，南为昭明，西为正恒，北为崇礼。[④]

清代皇帝还亲自派官员前往祭祀，如清顺治三年（1646年）封黄河神为显佑通济、金龙四大王之神；康熙二十三年（1684年），皇帝东巡遣官致祭河神；康熙三十九年（1700年），又加封黄河神为显佑通济、昭灵效顺等。

① 《欧阳文忠公集》卷四十九《祭桓侯文》，北京图书馆出版社，2005。

② 《苏轼全集》收录《集禧观开启祈雨道场青词》，上海古籍出版社，2000。

③ 《明史》卷四十七《礼一》，中华书局，1974。

④ 《清史稿》卷八十三《礼二》，中华书局，1998。

第二节　君主自责与节制

一、素服避正殿

君主在面临灾害时表现出对自己行为的检讨，并进行一些仪式上的自责，也是祈禳救灾理念的一种形式。先秦时期，普遍观念还是认为灾害是鬼神等超自然力量造成的，所以消弭火害的办法就是向鬼神祈求谢罪。

昔者汤克夏而正天下，天大旱，五年不收，汤乃以身祷于桑林，曰："余一人有罪，无及万夫。万夫有罪，在余一人。无以一人之不敏，使上帝鬼神伤民之命。"于是翦其发，䃺其手，以身为牺牲，用祈福于上帝，民乃甚说，雨乃大至。则汤达乎鬼神之化，人事之传也。①

商汤向上天祷告，表态愿意自我牺牲，剪掉自己的头发，绑住自己的手指，以身体作为祭品，向上天祈求降雨，这种自我伤害的行为客观上无法消除灾害，但是能够赢得百姓拥护。

先秦时期，在大灾期间换素服也是一种自责行为。礼制素服指白色衣服，在中国传统上是丧服的颜色。《周礼·春官·司服》载："大札、大荒、大灾素服。"其中，"大札"是指疫病，"大荒"是指饥荒。

夏六月甲戌朔，日有食之。祝史请所用币。昭子曰："日有食之，天子不举，伐鼓于社；诸侯用币于社，伐鼓于朝。礼也。"平子御之，曰："止也。唯正月朔，慝未作，日有食之，于是乎有伐鼓用币，礼也。其余则否。"大史曰："在此月也。日过分而未至，三辰有灾。于是乎百官降物，君不举，辟移时，乐奏鼓，祝用币，史用辞。"②

春秋时期，在发生日食这类预示灾祸的天象时，正统的礼法是天子停止享乐，在土地神庙里击鼓。诸侯用祭品在土地神庙里祭祀，在朝廷上击鼓。当时季平子认为只有在正月初一，阴气没有发作，发生日食的时候，才击鼓、用祭品，其他的时候不能这样做。按《左传》的记录，季平子这么说是另有图谋，有不臣的野心。当时的太史认为太阳过了春分而没有到夏至，这时日、月、星有了灾殃，百官应该穿上素服，国君停止享乐，离开正寝躲过日食的时辰，乐工击鼓，诸侯使用祭品，史官使用辞令来祈祷消灾去祸。《汉书·五行志》对《左传》这段记录进行解释："降物，素服也。不举，去乐也。"从中可以看到灾

①许维遹校注：《吕氏春秋释注》卷九《顺民》，北京大学出版社，2011。
②《左传》卷二十三《昭公十七年》，上海古籍出版社，2016。

害发生时，国君减少享乐已经是当时的正统礼法。

《说苑·反质》中也有关于发生火灾后，君主素服避正殿的情况。虽然这一段的重点是公子成父在魏文侯的宝库遭遇火灾后的进谏，但也可以从侧面看到当时素服避正殿已经成为惯例。

> 魏文侯御廪灾，文侯素服辟正殿五日，群臣皆素服而吊，公子成父独不吊。文侯复殿，公子成父趋而入贺，曰："甚大善矣！夫御廪之灾也。"文侯作色不悦，曰："夫御廪者，寡人宝之所藏也，今火灾，寡人素服辟正殿，群臣皆素服而吊；至于子，大夫而不吊。今已复辟矣，犹入贺何为？"公子成父曰："臣闻之，天子藏于四海之内，诸侯藏于境内，大夫藏于其家，士庶人藏于箧椟。非其所藏者必有天灾，必有人患。今幸无人患，乃有天灾，不亦善乎！"文侯喟然叹曰："善！"[①]

汉代天人感应论盛行之后，世人普遍认为发生灾害是君臣失德所致，因而要对上天表现出认错的态度，最常见的方式是"素服"和"避正殿"。正殿是君主处理政务的地方，离开正殿表示不处理政事。避正殿的形式就是君主不在正殿进行朝会。两汉历史中关于"避正殿"的记载较多，原因包括火灾、旱灾、地震、日食等。君主在灾异情况出现时，从礼法上都应该表现出自责态度。汉武帝建元六年夏四月壬子，高园殿发生火灾，皇帝素服五日。汉昭帝元凤四年五月丁丑，孝文庙正殿发生火灾，皇帝和群臣都素服。汉宣帝本始四年夏四月壬寅，四十九个郡国发生地震、山崩、水灾，皇帝素服，避正殿五日。甘露元年四月甲辰，孝文庙发生火灾，汉宣帝素服五日。汉成帝绥和二年，哀帝即位时，因为当时连续发生灾异现象，哀帝避正殿，召群臣，探讨原因和应对办法。汉哀帝元寿元年正月朔日发生日蚀，哀帝表达了深切的自责，避正殿，让大臣直言自己的过失。

东汉时期，"避正殿"常与"寝兵""不听事五日"共同出现。"寝"是止息的意思，"兵"指战事，"寝兵"即停止战事，表示君主对失政的反省改过。不听事五日，又叫辍朝五日，五天不再处理政事，与"寝兵"同时进行。寝兵息政，不仅是救灾的一种仪式，同时也是古代一种顺应时令的行为。光武建武七年三月癸亥晦：

> 日有食之，避止殿，寝兵，不听事五日。诏曰：吾德薄致灾，谪见日月，战栗恐惧，夫何言哉！今方念怨，庶消厥咎。其令有司各修职任，奉遵法度，

---

① 《说苑》卷二十《反质》，中华书局，2009。

惠兹元元。百僚各上封事，无有所讳。其上书者，不得言圣。[1]

光武建武十七年（41年）二月乙未晦，皇帝因为日食避正殿，亲自阅读图谶相关的书籍，因为所居住的偏殿设施问题，光武帝生了病，中风而眩晕。永平三年（60年）夏发生旱灾，钟离意上疏：

伏见陛下以天时小旱，忧念元元，降避正殿，躬自克责，而比日密云，遂无大润，岂政有未得应大心者邪？[2]

永平十八年（75年）十一月甲辰晦，发生日食现象。汉章帝避正殿，停止军事行动，五天不处理政务，令各部门自行处理上报。汉顺帝永建二年（127年）秋七月丁酉，茂陵园发生火灾，皇帝也是素服，避正殿。汉献帝初平四年（193年）春正月甲寅朔，出现日食，汉献帝作出回应：

避正殿，寝兵，不听事。五月丁卯，大赦天下。[3]

兴平元年（194年）夏六月丁丑，发生地震，戊寅二次地震，乙巳出现日食，汉献帝再次避正殿，寝兵，不听事五日。兴平元年秋七月，三辅地区大旱，从四月一直持续到七月，汉献帝避正殿并且祭祀求雨，遣使者调查关押的囚徒，将罪行轻微的释放。

西晋延续了汉的礼仪，挚虞在《决疑》中描述了西晋因日食而避正殿礼仪。

自晋受命，日月将交会，太史乃上合朔，尚书先事三日，宣摄内外戒严。挚虞《决疑》曰："凡救日蚀者，著赤帻，以助阳也。日将蚀，天子素服避正殿，内外严警。太史登灵台，伺候日变，便伐鼓于门。闻鼓音，侍臣皆著赤帻，带剑入侍。三台令史以上皆各持剑，立其户前。卫尉卿驱驰绕宫，伺察守备。周而复始，亦伐鼓于社，用周礼也。又以赤丝为绳以系社，祝史陈辞以责之。社，勾龙之神，天子之上公，故陈辞以责之。日复常，乃罢。"[4]

此后，南北朝以至唐、宋、元、明、清各朝均有因灾"避正殿"之举。其核心思想是通过祈禳的方式消除自然灾害。君主面对灾害而产生的恐惧、反省、自责的态度，是一种政治姿态，也可以标志中央政府救灾行动的正式开始，与之伴随着其他各种救灾措施，例如：下罪己诏、大赦改元、减膳撤乐等。

二、因灾下诏罪己

国家发生严重灾害后，皇帝通常被认为需要承担一定责任，皇帝下诏表明

[1]《后汉书》卷一《光武帝纪》，中华书局，2000。
[2]《后汉书》卷四十一《钟离意传》，中华书局，2000。
[3]《后汉纪》卷二十七《后汉孝献皇帝纪》，吉林出版集团，2005。
[4]《晋书》卷二十《礼上》，中华书局，1974。

态度是一种贤明的体现。下诏内容除了检讨自身问题，通常还伴随一些临时性政令，如纳谏、养民、除冤狱等。

间者数年比不登，又有水旱疾疫之灾，朕甚忧之。愚而不明，未达其咎。意者朕之政有所失而行有过与？乃天道有不顺，地利或不得，人事多失和，鬼神废不享与？何以致此？将百官之奉养或费，无用之事或多与？何其民食之寡乏也！夫度田非益寡，而计民未加益，以口量地，其于古犹有余，而食之甚不足者，其咎安在？无乃百姓之从事于末以害农者蕃，为酒醪以靡谷者多，六畜之食焉者众与？细大之义，吾未能得其中。其与丞相列侯吏二千石博士议之，有可以佐百姓者，率意远思，无有所隐。①

汉文帝对于连续几年自然灾害的原因表示迷惑，通过实际数据来看，土地没有减少，人口没有增多，按道理讲，不应该出现粮食匮乏的情况，因此猜测是否是政策造成的。他不确定是由于商业挤占了农业发展空间，还是生产酒或畜牧业而造成谷物减少，所以希望各级官员和有识之士向他说明情况。皇帝能反思自己政令的不足，虚心求教，这也受到后世的高度赞扬。因灾求谏虽然对消除灾害没有直接作用，但对于皇帝反省政令失误、改良吏治还是有正面作用的，也有利于各级官员加强对灾害的重视程度。

在天人感应论盛行之后，灾害的发生原因更多归结在皇帝身上，严重自然灾害发生后，皇帝下诏自责也就成了一种常见的行为。如汉宣帝曾八次下诏罪己。本始四年（公元前70年），全国多处出现地震，规模空前，造成了山体滑坡、水灾等次生灾害。汉宣帝下诏：

盖灾异者，天地之戒也。朕承洪业，奉宗庙，托于士民之上，未能和群生。乃者地震北海、琅邪，坏祖宗庙，朕甚惧焉。丞相、御史其与列侯、中二千石博问经学之士，有以应变，辅朕之不逮，毋有所讳。②

汉宣帝将地震与自己的过失联系在一起，在罪己的同时广开言路，按照汉文帝时的规制进行。地节三年（公元前67年）九月，再次发生地震，汉宣帝于十月再次下诏：

乃者九月壬申地震，朕甚惧焉。有能箴朕过失，及贤良方正直言极谏之士以匡朕之不逮，毋讳有司。朕既不德，不能附远，是以边境屯戍未息。今复饬兵重屯，久劳百姓，非所以绥天下也。其罢车骑将军、右将军屯兵。③

---

①《汉书》卷四《文帝纪》，中华书局，2007。
②《汉书》卷八《宣帝纪》，中华书局，2007。
③同上。

这次罪己诏还包括了罢日屯兵，养恤百姓的政策。五凤四年（公元前54年）四月出现日食，这在当时是一种灾异现象，汉宣帝下诏：

皇天见异，以戒朕躬，是朕之不逮，吏之不称也。以前使使者问民所疾苦，复谴丞相、御史掾二十四人循行天下，举冤狱，察擅为苛禁深刻不改者。①

这次在诏书中又强调了调查冤案的政令，这是灾异情况与政令对应的原因，日食在当时的天象理论中被认为是有冤狱的反映。此后，汉明帝、汉安帝等也都曾下诏罪己。

因灾下诏的内容并非总是将灾害责任归于皇帝一人，汉代曾出现多次因灾罢三公的情况，这也成了政治团体打压政敌，进行政治斗争的手段之一。两汉普遍认为三公作为国家最高行政长官，具有协理阴阳的职责，对灾害的产生负有重要责任。通常规模较大的灾异发生后，三公会上书主动请求皇帝治罪。汉武帝元封四年（公元前107年），关东百姓有两百万人流离失所，没有户籍的有四十万人，公卿大臣商议请求皇帝迁徙流民到边疆去。皇帝认为丞相石庆年老谨慎，不可能提出这种计划，就让他请假回家，批评和罢免了御史大夫以及提出这种请求的官吏。丞相因不能胜任职务而愧疚，就上书对皇帝说：

庆幸得待罪丞相，罢驽无以辅治，城郭仓库空虚，民多流亡，罪当伏斧质，上不忍致法。愿归丞相侯印，乞骸骨归，避贤者路。②

汉武帝并没有批准，而是说："仓廪既空，民贫流亡，而君欲请徙之，摇荡不安，动危之，而辞位，君欲安归难乎？"皇帝最后用责备的方式说服石庆，国家发生危机的时候，丞相却想辞去职位，这要把责难归结到谁身上呢？罪己诏的内容虽然是皇帝承认自身错误或失误的文书，但其政治意义是重申自己受命于天，具有正统性，在灾害期间是一种加强社会稳定的方法。"对巩固皇权而言，罪己诏是一种看似谦逊却更加有效的办法，如果大臣提出威胁皇权的学说，如禅让说，那么君主对他们的态度是非常明确的，他们的下场都很凄惨。"③

汉昭帝元凤三年（公元前78年）正月，泰山莱芜山之南发生灾异，有一巨石自己竖了起来，有几千只白色的乌鸦飞下来聚集在它旁边。昌邑社庙中已经枯死倒地的树又活了过来，而且上林苑中原已折断、枯萎倒卧在地的大柳树竟自己立了起来，重新获得了生机。有许多虫子吃这棵树的叶子，吃剩的树叶的形状像这样几个字："公孙病已立"。符节令眭弘推衍《春秋》大意，认为："石

①《汉书》卷八《宣帝纪》，中华书局，2007。
②《史记》卷一百三《万石张叔列传》，中华书局，2006。
③郗文倩：《汉代的罪己诏：文体与文化》，福建师范大学学报，2012（5）。

头和柳树都是阴物，象征着处在下层的老百姓，而泰山是群山之首，是改朝换代以后皇帝祭天以报功的地方。如今大石自立，枯柳复生，并非人力所为，这就说明要有普通老百姓成为天子了。社庙中已死的树木复生，则表示以前被废的公孙氏一族要复兴了。他还说汉家是尧的后代，有传国给他姓的运势。汉帝应该普告天下，征求贤能的人，把帝位禅让给他，而自己退位封得百里之地，就像殷、周二王的后代那样顺从天命。这样解释灾异的结果是解读者以大逆不道之罪被处死。

魏晋时期由于国家长期存在地方割据情况，罪己诏也成了君主彰显天命所归的正统身份的一种方式。魏明帝因日蚀下罪己诏，其诏曰：

盖闻人主政有不得，则天惧之以灾异，所以谴告使得自修也。故日月薄蚀，明治道有不当者。朕即位以来，既不能光明先帝圣德，而施化有不合于皇神，故上天有以寤之。宜励政自修，以报于神明。天之于人，犹父之于子，未有父欲责其子，而可献盛馔以求免也。今外欲遣上公与太史令具禳祠，于义未闻也。君公卿士，其各勉修厥职。有可以补朕不逮者，各封上之。①

西晋武帝因灾异下罪己诏，诏曰：

比年灾异屡发，日蚀三朝，地震山崩。邦之不臧，实在朕躬。震蚀之异，其咎安在，将何施行，以济其愆。公卿大臣各上封事，极言其故，勿有所讳。②

东晋元帝司马睿也曾因灾异下罪己诏，诏曰：

朕以寡德，篡承洪绪，上不能调和阴阳，下不能济育群生，灾异屡兴，咎微仍见。壬子乙卯，雷震暴雨，盖天灾谴戒，所以彰朕之不德也。群公卿士，其各上封事，具陈得失，无有所讳，将亲览焉。③

后魏孝文帝因旱灾罪己，诏曰：

昔成汤遇旱，齐景逢灾，并不由祈山川而致雨，皆至诚发中，澍润千里。万方有罪，在予一人。今普天丧恃，幽显同哀，神若有灵，犹应未忍安飨，何宜四气未周，便欲祀事。唯当考躬责己，以待天谴。④

北魏孝明帝也因旱灾下罪己诏，诏曰：

炎旱积辰，苗稼萎悴，比虽微澍，犹未沾洽，晚种不纳，企望忧劳，在予之责，思自兢厉。尚书可厘临狱犴，察其淹枉，简量轻重，随事以闻，无使一人怨嗟，增伤和气。土木作役，权皆休罢，劝农省务，肆力田畴。庶嘉泽近

---

① 《宋书》卷三十四《五行志五》，中华书局，1974。

② 《晋书》卷三《世祖武帝纪》，中华书局，1974。

③ 《晋书》卷六《中宗元帝纪》，中华书局，1974。

④ 《魏书》卷七《高祖孝文帝纪》，中华书局，1974。

降，丰年可必。①

隋唐实现大一统之后，罪己下诏的例子更多。唐代的罪己内容通常承认自己在政务上的失误，主动承担责任，并强调百姓是无辜的，愿意自己受到惩罚，表现爱民的立场。如《册府元龟》记载：

武德三年，自夏不雨，至于八月。帝斋居稽颡，四向拜，遣治书侍御史孙伏伽告天地神，曰：某蒙圣明佑助，得为人主，有何殃咎，致使亢旱。某若无罪，使三日内雨。某若有罪，请殃某身。无令兆民受饥馑。应时大雨。②

唐贞观二年（628年），同时出现旱灾、蝗灾，唐太宗下诏表达自己愿意为了国家和百姓承担上天的惩罚，希望上天消除灾害。元和三年（808年）冬到第二年春季，持续大旱，唐宪宗下诏罪己，求雨，后来降雨之后，白居易曾写《贺雨》赞颂此事。

皇帝嗣宝历，元和三年冬。自冬及春暮，不雨旱爞爞。
上心念下民，惧岁成灾凶。遂下罪己诏，殷勤告万邦。
帝曰予一人，继天承祖宗。忧勤不遑宁，凤夜心忡忡。
元年诛刘辟，一举靖巴邛。二年戮李锜，不战安江东。
顾惟眇眇德，遽有巍巍功。或者天降沴，无乃儆予躬。
上思答天戒，下思致时邕。莫如率其身，慈和与俭恭。
乃命罢进献，乃命赈饥穷。宥死降五刑，责己宽三农。
宫女出宣徽，厩马减飞龙。庶政靡不举，皆出自宸衷。
奔腾道路人，伛偻田野翁。欢呼相告报，感泣涕沾胸。
顺人人心悦，先天天意从。诏下才七日，和气生冲融。
凝为油油云，散作习习风。昼夜三日雨，凄凄复蒙蒙。
万心春熙熙，百谷青芃芃。人变愁为喜，岁易俭为丰。
乃知王者心，忧乐与众同。皇天与后土，所感无不通。
冠佩何锵锵，将相及王公。蹈舞呼万岁，列贺明庭中。
小臣诚愚陋，职忝金銮宫。稽首再三拜，一言献天聪。
君以明为圣，臣以直为忠。敢贺有其始，亦愿有其终。③

元和七年（812年），唐宪宗轻信了中央官员御史关于淮浙水旱灾的不实汇报，对地方官的真实报灾表示怀疑。此事一经宰相李绛指出，唐宪宗当即认

---

① 《魏书》卷九《肃宗孝明帝纪》，中华书局，1974。
② 《钦定古今图书集成》旱灾部汇考四《册府元龟》，齐鲁书社，2006。
③ 《白居易全集》收录《贺雨》，上海古籍出版社，1999。

错，强调国家应以人为本，接到灾害报告应马上救灾，而不应该迟疑。

清顺治十一年（1654 年）十一月，皇帝因水旱、地震下罪己诏，诏曰：

朕缵承鸿绪，十有一年，治效未臻，疆圉多故，水旱叠见，地震屡闻，皆朕不德之所致也。朕以眇躬托于王公臣庶之上，政教不修，疮痍未复，而内外章奏，辄以"圣"称，是重朕之不德也。朕方内自省抑，大小臣工亦宜恪守职事，共弭灾患。凡章奏文移，不得称"圣"。大赦天下，咸与更始。[①]

第三节　修德政

既然天人感应论把灾害产生的原因归结为失德，那皇帝应该施行德政来消除灾害，汉代时的修德政的举措主要是因灾宽免罪行。

一、因灾选士

按照董仲舒的灾害理论，官吏是否清明会直接影响天地之间的阴阳之气，如果有官员贪腐或个人品德败坏，会让官场中的风气浑浊，那么阴阳就会错乱，就容易形成灾害。任用贤德的官员是符合天意的行为，任用失德的官员就是忤逆上天，上天会通过寒暑失序等方式来谴责君主。因此，整顿吏治，选用德才兼备的人才就成了修德祛除灾害的措施之一。据两《汉书》"本纪"统计，两汉时举士次数有 65 次，其中因灾而举士者有 25 次。这里统计的"灾"是现代概念的自然灾害，不包括日食这类"灾异"现象。汉代因日食而选士也有12 次。

因灾选士从汉宣帝时开始。汉宣帝在位期间，因灾害发生，曾四次让地方推举人才。前三次都是因为地震，本始元年，诏郡国举文学高第各一人。本始四年，诏令三辅、太常、内郡国各举贤良方正一人。地节三年（公元前 67 年），下诏让郡国下令地方举有孝的和有义举的各一人。元康元年（公元前 65 年），因为气候异常，诏令各地推举德行良好且能够通晓文学的人才和知晓并能讲清先王之术的士人各二人。

二、因灾恤刑

汉代天人感应论认为刑法过于严苛会损伤君主之德，从而引发上天的灾异示警。减轻刑罚被认为是一种仁德的表现，所以因灾恤刑也是一种灾害应对方

---

① 《清史稿》卷五《世祖本纪二》，中华书局，1998。

法。从应急管理角度来看，灾害发生的时候也是民心浮动，谣言容易传播的时候，此时，安定民心的政策能降低民变发生的可能。因灾恤刑就是一个应对选择。民间将灾害的发生与冤假错案联系在一起，产生强烈的不满，这就需要因灾恤刑，通常表现为三种方式：因灾大赦、因灾录囚和因灾赎罪。

因灾大赦最为直接，汉代通常规定除犯谋反等重罪判罚死刑不能赦免外，其他所有的罪犯、罪行都可以得到赦免。孙家洲言："减免刑罚是大赦制度的直接法律后果。在大赦制度下，一般除了特别规定不在赦免之列的罪行之外，其他犯罪均可得以减免。"①

文帝后四年（公元前160年）曾因日食大赦天下：

夏四月丙寅晦，日有蚀之。五月，赦天下。免官奴婢为庶人。行幸雍。②

汉元帝因地震下诏：

盖闻贤圣在位，阴阳和，风雨时，日月光，星辰静，黎庶康宁，考终厥命。今朕恭承天地，托于公侯之上，明不能烛，德不能绥，灾异并臻，连年不息。乃二月戊午，地震于陇西郡，毁落太上皇庙殿壁木饰，坏败豲道县城郭官寺及民室屋，压杀人众。山崩地裂，水泉涌出。天惟降灾，震惊朕师。治有大亏，咎至于斯。夙夜兢兢，不通大变，深惟郁悼，未知其序。间者岁数不登，元元困乏，不胜饥寒，以陷刑辟，朕甚闵（悯）之。郡国被地动灾甚者无出租赋。赦天下。③

东汉光武帝、安帝、顺帝、质帝、和帝、桓帝、灵帝等，都曾因灾异而颁布过赦令，光武帝建武七年（公元31年）夏四月壬午，诏曰：

比阴阳错谬，日月薄食。百姓有过，在予一人，大赦天下。④

安帝永初四年（110年）：

三月戊子，杜陵园火。癸巳，郡国九地震，夏四月，六州蝗。丁丑，大赦天下。⑤

顺帝阳嘉三年（134年）五月戊戌，制诏曰：

昔我太宗，丕显之德，假于上下，俭以恤民，政致康乂。朕秉事不明，政失厥道，天地谴怒，大变仍见。春夏连旱，寇贼弥繁，元元被害，朕甚愍之。嘉与海内洗心更始。其大赦天下，自殊死以下谋反大逆诸犯不当得赦者，皆赦

---

①孙家洲主编：《秦汉法律文化研究》，中国人民大学出版社，2007。

②《汉书》卷四《文帝纪》，中华书局，2007。

③《汉书》卷九《元帝纪》，中华书局，2007。

④《后汉书》卷一《光武帝纪》，中华书局，2000。

⑤《后汉书》卷五《孝安帝纪》，中华书局，2000。

除之。赐民年八十以上米，人一斛，肉二十斤，酒五斗；九十以上加赐帛，人二匹，絮三斤。①

大赦虽然能起到安慰民心的作用，但大赦也确实让犯人得以逃脱惩罚，因灾大赦的弊病当时已经有人认识到了，如匡衡对汉元帝所说：

陛下躬圣德，开太平之路，闵愚吏民触法抵禁，比年大赦，使百姓得改行自新，天下幸甚。臣窃见大赦之后，奸邪不为衰止，今日大赦，明日犯法，相随入狱，此殆导之未得其务也。②

三、因灾录囚

因灾录囚是对囚犯的罪行进行核准，对判决情况进行检查，通常会从轻判决，罪行较小的也可以直接释放。时令失序理论认为一些月份不适合刑狱，可以进行录囚，从轻处罚，以避免灾害发生。汉代以后，冤狱会导致灾害的观念深入民心。

《汉书》载：

东海有孝妇，少寡，亡子，养姑甚谨，姑欲嫁之，终不肯。姑谓邻人曰："孝妇事我勤苦，哀其亡子守寡。我老，久累丁壮，奈何？"其后，姑自经死。姑女告吏："妇杀我母。"吏捕孝妇，孝妇辞不杀姑。吏验治，孝妇自诬服。具狱上府，于公以为此妇养姑十余年，以孝闻，必不杀也。太守不听，于公争之，弗能得，乃抱其具狱，哭于府上，因辞疾去。太守竟论杀孝妇。郡中枯旱三年。后太守至，卜筮其故，于公曰："孝妇不当死，前太守强断之，咎当在是乎？"于是太守杀牛自祭孝妇冢，因表其墓。天立大雨，岁孰。③

当时人们认为冤杀有德之人会遭到上天的惩罚，甚至会出现连续三年旱灾的严重后果。百姓也相信消除旱灾的方式就是对冤案进行平反，进行祭祀。在两汉时代的观念中，冤案最容易造成旱灾。东汉时期更是将录囚和祭祀求雨一起作为应对旱灾的手段。光武帝建武五年诏书中说：

久旱伤麦，秋种未下，朕甚忧之。将残吏未胜，狱多冤结，元元愁恨，感动天气乎？其令中都官、三辅、郡、国出系囚，罪非犯殊死一切勿案，见徒免为庶人。务进柔良，退贪酷，各正厥事焉。④

东汉旱灾时，皇帝会到寺庙进行祭祀，并视察冤狱情况。如果录囚之后降

---

① 《后汉书》卷六《孝顺帝纪》，中华书局，2000。
② 《汉书》卷八十一《匡衡传》，中华书局，2007。
③ 《汉书》卷七十一《于定国传》，中华书局，2007。
④ 《后汉书》卷一《光武帝纪》，中华书局，2000。

雨，那就会被认为是录囚的效果。东汉永元六年，秋七月，京师发生旱灾，汉和帝因灾录囚，很快就出现降雨。

幸洛阳寺，录囚徒，举冤狱。收洛阳令下狱抵罪，司隶校尉、河南尹皆左降。未及还宫而澍雨。①

永初二年五月，发生旱灾后，汉安帝和皇太后录囚。

二年夏，京师旱，亲幸洛阳寺录冤狱。有囚实不杀人而被考自诬，羸困舆见，畏吏不敢言，将去，举头若欲自诉。太后察视觉之，即呼还问状，具得枉实，即时收洛阳令下狱抵罪。行未还宫，澍雨大降。②

四、因灾赎罪

因灾赎罪是指在灾年粮食紧缺时，罪罚可以通过缴纳钱粮获得宽恕，重犯可以减轻惩罚，罪行较轻的可以免除处罚。这种制度在先秦时期就存在，汉文帝时期废止用钱赎罪的制度，汉武帝太始二年秋，发生旱灾，为了更好地筹集救灾物资，汉武帝恢复了赎罪的办法，"募死罪人赎钱五十万减死一等"③。后来，不仅是发生灾害，交钱赎罪成为一种常态制度。元帝时，大臣贡禹认为赎罪之法有很多弊端。

武帝始临天下，尊贤用士，辟地广境数千里，自见功大威行，遂从耆欲，用度不足，乃行一切之变，使犯法者赎罪，入谷者补吏，是以天下奢侈，官乱民贫，盗贼并起，亡命者众。郡国恐伏其诛，则择便巧史书习于计簿能欺上府者，以为右职；奸轨不胜，则取勇猛能操切百姓者，以苛暴威服下者，使居大位。故亡义而有财者显于世，欺谩而善书者尊于朝，悖逆而勇猛者贵于官。故俗皆曰："何以孝弟为？财多而光荣。何以礼义为？史书而仕宦。何以谨慎为？勇猛而临官。"故黥剿而髡钳者，犹复攘臂为政于世，行虽犬彘，家富势足，目指气使，是为贤耳。故谓居官而置富者为雄桀，处奸而得利者为壮士，兄劝其弟，父勉其子，俗之坏败，乃至于是！察其所以然者，皆以犯法得赎罪，求士不得真贤，相守崇财利，诛不行之所致也。今欲兴至治，致太平，宜除赎罪之法。④

汉代因灾赎罪的制度并没有被废除，东汉时，因灾赎罪的情况反而更多了。光武帝建武二十九年（53 年）夏四月，因为发生日食，"诏令天下系囚自

---

① 《后汉书》卷四《孝和孝殇帝纪》，中华书局，2000。
② 《后汉书》卷十《皇后纪》，中华书局，2000。
③ 《汉书》卷六《武帝纪》，中华书局，2007。
④ 《汉书》卷七十二《贡禹传》，中华书局，2007。

殊死已下及徒各减本罪一等，其余赎罪输作各有差。"①汉明帝永平十八年，春三月，因为旱灾，诏曰：

> 其令天下亡命，自殊死已下赎：死罪缣三十匹，右趾至髡钳城旦春十匹；完城旦至司寇作五匹；吏人犯罪未发觉，诏书到自告者，半入赎。②

这里可以看到，对于在逃的犯人，死罪也可以赦免，其余的罪行都有相应的赎罪价格。从重到轻，死罪以下是"右趾"，这原本是指砍掉右足的重刑，汉代废除肉刑后，取而代之的是剃发、带项钳、脚镣并服劳役五年的重刑。"髡钳城旦春"的罪犯是指剃发，带项钳，劳役五年的重刑，区别是不带脚镣。"城旦"指筑城的工作，"完城旦"是服役四年不用剃发、不用带钳，"司寇"是作为守备服役二年。还没有被发现罪行就自首的，赎金减半。

五、历代德政发展

魏晋时期，发生自然灾害后，皇帝也大多引咎自责，群臣进谏，息徭役，省宫费，罢宴乐，君臣上下共同检讨政策得失。这也成为调整统治政策的契机，有助于改善不良的政治风气，对国家治理有正面效益。这一历史阶段，朝廷除了清理冤狱、整顿吏治，还采取了蠲免宿债、临灾赐谷、贷种、施粥、给药等救济活动。其中大部分措施虽然只是一种短期的表面工程，但对于灾民来说，仍然起到正面效果，减少了流民的产生。德政行为对人民灾后的生产生活的影响是积极的，有助于稳定灾害发生后的政治局面，成为魏晋政治体制调节的一种惯例。

唐代时，德政的方式更为丰富。祭祀名山大川、大赦、徙市、出宫人、罢宴、降低百官俸禄、停飞龙马粟、罢诸色选举、改元、葬暴骸等都形成了固定的规制。《旧唐书》中记载：

> 京师孟夏以后旱，则祈雨，审理冤狱，赈恤穷乏，掩骼埋胔。先祈岳镇、海渎及诸山川能出云雨，皆于北郊望而告之。又祈社稷，又祈宗庙，每七日皆一祈。不雨，还从岳渎。旱甚，则大雩，秋分后不雩。初祈后一旬不雨，即徙市，禁屠杀，断伞扇，造土龙。雨足，则报祀。祈用酒醢，报准常祀，皆有司行事。已齐未祈而雨，及所经祈者，皆报祀。若霖雨不已，禜京城诸门，门别三日，每日一禜。不止，乃祈山川、岳镇、海渎；三日不止，祈社稷、宗庙。其州县，禜城门；不止，祈界内山川及社稷。三禜、一祈，皆准京式，并用酒

---

① 《后汉书》卷一《光武帝纪》，中华书局，2000。
② 《后汉书》卷二《显宗孝明帝纪》，中华书局，2000。

脯醢。国城门报用少牢，州县城门用一特牲。①

这些措施可以部分地缓和社会矛盾，但对于灾害救助的直接效果十分有限。也存在因为这种意识而耽误防灾的情况，反而衍生出其他社会矛盾。由于旱灾，唐宣宗减少自己的膳食，撤除伎乐，将后宫宫女放回家，将宫廷中养的鹰和鹘放飞天空，并停止经营修缮宫廷，命令中书侍郎、同平章事卢商与御史中丞封敖审查梳理关押在京城监狱中的囚徒。大理卿马植奏告唐宣宗说："卢商等人遵从您的旨意梳理囚徒时，务行宽大原宥，罪囚凡须抵命处极刑的，也一概免死。有些获罪的官是因为贪赃犯罪以及故意杀人，平日就是遇到大赦也不能免罪，今天因为卢商等人的梳理而获得赦免，这样做必定使贪官污吏得不到应有的惩罚，因而更加不怕触犯法律，被无辜杀死的人含冤无告，因为没有人为他们主持公道，这恐怕不是消除旱灾，导致和气的好办法。过去周朝遇到大饥荒，灭亡暴虐的殷朝而致丰收年；卫国发生旱灾，因攻讨邢国而降下大雨。说明诛讨罪犯，杀戮奸邪盗贼，正合天意，沉冤昭雪，使滞留的案情得到判决，我认为这才是符合皇上的圣心呀。乞求陛下对梳理囚徒之事再加以裁定。"唐宣宗于是颁下诏书，请中书、门下两省五品以上的官员集体加以议论。

虽有个别大臣抵触，但这种思想却是隋唐五代救灾的指导思想之一。尤其是到了五代时期，德政方式救灾成为主流模式，而具有实效的积极救灾措施却极为有限。水、旱、雪灾之后，五代时期的许多皇帝是很少进行减免徭役、开仓赈济的，他们大多乐于派遣大臣甚至亲自前往寺庙、道院或者任何有"灵迹"的地方祈祷。因此，在一些政局混乱、财政困难的时期，救灾手段贫乏的矛盾就表现得尤为突出，此时的统治者所能做的似乎只有减膳、彻乐、避正殿、亲自或命群臣祷神祈雨。这造成了救灾效果不佳，地方起义不断。

宋代朝廷在明确将赈济作为主要救灾手段之外，也进行修德政的行动。一是在小事上稍加收敛，如"易服""减膳""避正殿"等。二是下诏罪己。玉清昭应宫发生火灾后，大臣上疏，要求皇帝下诏，这时的诏书自然要包括罪己的表达。宋哲宗也曾因水旱灾害而下诏书引咎自责。三是诏令臣下直谏。真宗时灾害频繁，曾诏令内外文武臣直言极谏。徽宗时"国家每有天变，辄下求言之诏"。四是修攘。既然灾害是上天的谴告，那么就要采取一些修攘办法来弥补，以顺天意。在当时主要是修人事，因此，每每灾害之后，总有一些执政大臣因此或贬或罢。如神宗时，出现长期旱灾，郑侠上书言："旱由安石所致，去安

---

① 《旧唐书》卷二十四《礼仪四》，中华书局，1975。

石，天必雨。"① 修攘表面上看是皇帝的事，而最后承担后果的却是大臣，这样皇帝既可以保住自己圣明天子的形象，又可以把灾害不祥的后果转嫁到臣子身上。

明代时皇帝多次下达进行修举实政和反省政务得失的政令，并以此作为解除自然灾害的手段，当时主要由礼部上奏。

（正德十六年五月）礼科都给事中邢寰等，以日精门灾，又旱久不雨，请修举实政，以回天意。上嘉纳之，仍令礼官择日祷雨。②

（正德十六年八月）礼部类奏灾异，上览之曰：上天仁爱，灾异频仍，朕心惊惕，内外百官宜同加修省。③

（嘉靖元年十月）礼部类奏灾异得旨：上天示戒，近日京师地震，各处地方灾异叠见，朕心警惕，与尔文武群臣同加修省，以回天意。④

（万历三年四月）于宫中制牙牌一。手书十二。事镂其上曰：谨天成、任贤能、亲贤臣、远嬖佞、明赏罚、谨出入、慎起居、节饮食、收放心、存敬畏、纳忠言、节财用。所至即悬于座右以自警。⑤

总体而言，明代及以后的清代都将修德政救灾作为稳定民心的礼仪性活动进行对待。

---

① 《宋史》卷三百二十七《王安石传》，中华书局，1985。
② 《明实录》辑《大明世宗肃皇帝实录》卷之二，广陵书社，2017。
③ 《明实录》辑《大明世宗肃皇帝实录》卷之五，广陵书社，2017。
④ 《明实录》辑《大明世宗肃皇帝实录》卷之十九，广陵书社，2017。
⑤ 《明实录》辑《大明神宗显皇帝实录》卷之三十七，广陵书社，2017。

第四章

理念影响下的制度形成

▼
▼

第一节　灾害预防法制化

根据史料记载，我国商代就制定了防范火灾的法律。《韩非子》中记载了商代刑罚对引发火灾者的威慑：

殷之法，弃灰于公道者断其手。[①]

由此可见惩罚的严重，甚至到断手的程度。到周代之后，执政者认识到季节气候的联系，对于防范火灾的法规时间规定更细致：

"野焚莱有罚"者，《大司马》仲春田猎云"火弊"，郑云："春田主用火，因除陈生新。"则二月后擅放火则有罚也。[②]

《周礼》中明确了专门的官员进行监督管理：

司爟：掌行火之政令，四时变国火以救时疾。季春出火，民咸从之；季秋内火，民亦如之。时则施火令。凡祭祀，则祭爟。凡国失火，野焚莱，则有刑罚焉。[③]

这里的"出火"和"入火"指的是烧制陶器用火，春天开始，秋天结束，其余时间不允许用火生产陶器。"施火令"指放火烧荒的指令，烧荒只有在特定的时节可以进行。

古代的城墙是重要的防御设施，一旦失火将危及整个城市，为了保障日常安全和敌人火攻，都应做好充足准备。

城上三十步一灶。持水者必以布麻斗、革盆，十步一。柄长八尺，斗大容二斗以上到三斗。敝裕、新布长六尺，中拙柄，长丈，十步一，必以大绳为

---

① 《韩非子》第三十《内储说上》中华书局，2010。
② 《周礼注疏》卷三十，上海古籍出版社，2010。
③ 《周礼》卷四《夏官司马》，中华书局，2014。

箭。城上十步一铣。水瓵，容三石以上，小大相杂。盆、蠡各二财。①

这里详细规定了预防火灾所做的应急准备，细致到储水器的容积和间隔，其预期效果相当于今天的消防栓。

门扇薄植，皆凿半尺一寸，一涿弋，弋长二寸，见一寸相去七寸，厚涂之以备火。城门上所凿以救门火者，各一垂水，火三石以上，小大相杂。门植关必环锢，以锢金若铁鍱之。②

木质结构的城门更容易引发火灾，这里详细规定了城门的防火设计，并想到以泥土为涂料进行防火。

先秦时期关于灾害发生中的应急处置的记载主要集中在火灾的应对，《左传》对火灾应急处置的详细记载有三处，分别记述了宋国、郑国和鲁国在火灾发生时的应对。

九年，春，宋灾，乐喜为司城，以为政，使伯氏司里，火所未至，彻小屋，涂大屋，陈畚挶，具绠缶，备水器，量轻重，蓄水潦，积土涂。巡丈城，缮守备。表火道，使华臣具正徒，令隧正，纳郊保，奔火所，使华阅讨右官，官庀其司，向戌讨左，亦如之，使乐遄庀刑器，亦如之，使皇郧命校正出马，工正出车，庀武守，使西锄吾庀府守，令司宫巷伯儆宫，二师令四乡正敬享，祝宗用马于四墉，祀盘庚于西门之外。③

宋国发生火灾时的为政者是乐喜，他能够明确分派下属任务，针对火情程度划分区域进行应对。对于未着火的区域，他派伯氏管理街巷，这是百姓密集的区域，积极进行防灾准备：拆除小屋，用泥土保护大屋，提前预备灭火器具，同时做好火情侦察，掌握火势方向。对于已经着火的区域，乐喜调动各部人马进行灭火，包括常备军、远郊士兵、左右戌卫部队，并安排执法人员参与监督，目的是预防火灾发生期间遭受攻击或发生内乱，因此加强警备，保护作战资料和国库。这是防止灾害的负面影响扩大，同时还会进行庄严的祭祀活动安抚民心，降低当前灾害给百姓造成的心理惶恐。

火灾应急处置与安抚灾民密切联系。

子产辞晋公子公孙于东门。使司寇出新客，禁旧客，勿出于宫。使子宽、子上巡群屏摄至于大宫。使公孙登徒大龟。使祝史徙主祏于周庙，告于先君。使府人、库人，各儆其事。商成公，儆司宫，出旧宫人，置诸火所不及。司

---

① 吴毓江校注：《墨子校注》卷十四《备城门》，中华书局，1993。

② 吴毓江校注：《墨子校注》卷十四《备城门》，中华书局，1993。

③ 《左传》卷十四《襄公九年》，上海古籍出版社，2016。

马、司寇列居火道，行火所燄。城下之人，伍列登城。明日，使野司寇各保其征，郊人助祝史除于国北，禳火于玄冥回禄，祈于四墉。书焚室而宽其征，与之材。三日哭，国不市。使行人告于诸侯。宋卫皆如是。陈不救火，许不吊灾，君子是以知陈许之先亡也。[①]

子产做法包括救火和安抚灾民两大部分。救火方面首先是保护重要人员和器物，将其他国家的重要人士送到城外，以免他们发生意外而造成国家之间的战端。保护祭祀和宗庙，这关系到民心安稳，如果祭祀的宫殿和宗庙里的重要器物被烧毁，会引发百姓对国家命运的恐慌。其次将发生的状况上报国君，要求管理府库的人员加强自己管理范围内的火灾戒备，迁出先王的宫女，做好安置。命令司马、司寇主管救火工作，将百姓转移到城楼上躲避火灾。火灾发生后的第二天，子产主要开展安抚灾民的活动，强调城周围的戒备不能放松，城外清除空地，开始进行祭祀活动。经济方面，登记减免受灾者的赋税，发放建筑材料，停止市场交易，避免有人借此牟取暴利。此外，子产也考虑到郑国当时所处的环境，将加强国家防御置于应急处置中，重视火灾发生期间遭受其他国家攻击的可能性。火灾发生的时候，子产登上城墙的矮墙分发武器。虽然突然展示武力会引起周围大国的不满，但子产认为小国在发生灾害时，更应该加强守备，才能不被轻视，同时在面对晋国的边防官员责问时，不卑不亢地保全了郑国的安全和尊严。

当时宋国、卫国、陈国和许国也同时发生火灾。宋、卫两国和郑国的做法类似，陈国没有积极救火，许国救火后没有做好灾民安抚工作，所以当时的有识之士都认为陈国和许国会先灭亡，事实也正是如此。鲁国的官署处理火灾是重要部门应对着火的典型案例。

夏五月辛卯，司铎火。火逾公宫，桓、僖灾。救火者皆曰："顾府。"南宫敬叔至，命周人出御书，俟于宫，曰："庀女而不在，死。"子服景伯至，命宰人出礼书，以待命："命不共，有常刑。"校人乘马，巾车脂辖。百官官备，府库慎守，官人肃给。济濡帷幕，郁攸从之，蒙葺公屋。自大庙始，外内以悛，助所不给。有不用命，则有常刑，无赦。公父文伯至，命校人驾乘车。季桓子至，御公立于象魏之外，命救火者伤人则止，财可为也。命藏象魏，曰："旧章不可亡也。"富父槐至，曰："无备而官办者，犹拾渖也。"于是乎去表之槀，道还公宫。[②]

① 《左传》卷二十四《昭公四》，昭公十八年，上海古籍出版社，2016。
② 《左传》卷二十九《哀公三年》，上海古籍出版社，2016。

鲁国司铎官署发生火灾，火势蔓延造成桓公庙、僖公庙都被烧毁。虽然缺乏统一的指挥，但各类官员能够各司其职，进行灭火工作。每个要人到达现场都强调了重点工作，他们普遍重视各种文献的保护。季桓子还能认识到人的生命比财物更重要，富父槐对灾害应急处理过程缺乏准备的比喻非常形象：没有准备而叫百官仓促办事，就好像拾起地上的汤水。如果缺乏明确的灾害应急行动方案，即使救灾人员非常努力，也难以达到预期的效果。

第二节　灾害管理体制

一、秦汉时期的灾害管理体制

相对于先秦时期的政治统治方式，秦代在国家治理政策方面产生了巨大的变革。严格地说，秦汉才是中国历史上正式的统一政府，秦以前的中国可说是一种"封建的统一"①。秦代废分封，行郡县。使地方紧密地隶属于中央，这对灾害的预防和应对来说，是体制上的有利条件。秦代存在时间较短，很多灾害应对的机制还没有完善就已经灭亡。汉承秦制，细化和完善了政府职权的划分。秦汉时代的皇帝并不作为政府的行政权力的核心承担者，而是作为国家的唯一领袖存在，国家的行政工作由宰相负责。宰相的说法起源于周代，在内管家称"宰"，出外做副官称"相"。汉代的中央政府由"三公"（丞相、太尉、御史大夫）和"九卿"构成。"三公"中的丞相作为最高的行政长官，要对自然灾害的应对负责。

汉代皇帝的秘书机关"六尚"中，只有"尚书"是负责行政文书的，其他五"尚"主要掌管皇帝个人的饮食起居。宰相的秘书机关包括十三个部门即"十三曹"，其中，"户曹"负责农商活动管理和祭祀活动管理，"尉曹"负责人员和物资转运，"仓曹"负责仓储管理，这三个部门与自然灾害应对直接相关。汉代的九卿中，与灾害救助密切相关的官员有：太常、郎中令（光禄勋）、治粟内史（大司农）、少府。太常负责祭祀，配合皇帝进行灾害应对中的襄灾活动。郎中令后更名为光禄勋，主要负责宫廷的保卫工作，与救灾并无直接的责任关系。郎中令下设太中大夫、中大夫（光禄大夫）、谏大夫、谒者，在灾害发生后作为皇帝的代表去地方行使救灾职责。

郎中令，秦官，掌宫殿披门户，有丞。武帝太初元年更名光禄勋。属官有大夫、郎、谒者，皆秦官。又期门、羽林皆属焉。大夫掌论议，有太中大夫、

①钱穆：《中国历代政治得失》，生活·读书·新知三联书店，2001。

中大夫、谏大夫，皆无员，多至数十人。武帝元狩五年初置谏大夫，秩比八百石，太初元年更名中大夫为光禄大夫，秩比二千石，太中大夫秩比千石如故。郎掌守门户，出充车骑，有议郎、中郎、侍郎、郎中，皆无员，多至千人。议郎、中郎秩比六百石，侍郎比四百石，郎中比三百石。中郎有五官、左、右三将，秩皆比二千石。郎中有车、户、骑三将，秩皆比千石。谒者掌宾赞受事，员七十人，秩比六百石，有仆射，秩比千石。期门掌执兵送从，武帝建元三年初置，比郎，无员，多至千人，有仆射，秩比千石。平帝元始元年更名虎贲郎，置中郎将，秩比二千石。羽林掌送从，次期门，武帝太初元年初置，名曰建章营骑，后更名羽林骑。又取从军死事之子孙养羽林，官教以五兵，号曰羽林孤儿。羽林有令丞。宣帝令中郎将、骑都尉监羽林，秩比二千石。仆射，秦官，自侍中、尚书、博士、郎皆有。古者重武官，有主射以督课之，军屯吏、骑、宰、永巷宫人皆有，取其领事之号。①

汉代大司农是国家的财政和农业部门首脑，负责国家财政管理和农业生产管理，景帝后元元年更名大农令，武帝太初元年更名大司农。

治粟内史，秦官，掌谷货，有两丞。②

在自然灾害救助方面，大司农负责筹集救灾物资和安排发放。

河平元年，黄河决口引发洪灾，汉成帝派遣大司农赈灾。

遣大司农非调调均钱谷河决所灌之郡。③

其令大司农绝今岁调度征求，及前年所调未毕者，勿复收责。④

大司农在灾害预防和恢复重建中主要负责农业生产管理。

今关中俗不好种麦，是岁失春秋之所重，而损生民之具也。愿陛下幸诏大司农，使关中民益种宿麦。⑤

平帝元始元年六月，皇帝派遣大司农督促地方生产。

大司农部丞十三人，人部一州，劝农桑。⑥

少府负责皇室经济的管理。

承秦，凡山泽陂池之税，名曰禁钱，属少府。世祖改属司农，考工转属太

---

① 《汉书》卷十九《百官公卿表》，中华书局，2007。

② 同上。

③ 《汉书》卷二十九《沟洫志》，中华书局，2007。

④ 《后汉书》卷七《孝桓帝纪》，中华书局，2000。

⑤ 《汉书》卷二十四《食货志》，中华书局，2007。

⑥ 同上。

仆，都水属郡国。①

泽陂池之税如盐铁，从汉武帝时已属大司农。当灾害严重时，皇帝动用自己的私人收入进行救灾，

郡国颇被灾害，贫民无产业者，募徙广饶之地。陛下损膳省用，出禁钱以振元元，宽贷，而民不齐出南亩，商贾滋众。贫者畜积无有，皆仰县官。②

如向灾民开放皇家园林、湖泊：

关东今年谷不登，民多困乏。其令郡国被灾害甚者毋出租赋。江、海、陂、湖、园、池属少府者以假贫民，勿租赋。③

除上述主要机构外，还有一些官员对灾害负有特殊责任。东汉的宫廷保卫官员执金吾兼有防救水灾、火灾的职责。

执金吾一人，中二千石。本注曰：掌宫外戒司非常水火之事。月三绕行宫外，及主兵器。④

天人感应理论盛行之后，汉代政府实行德政作为应对灾害的措施。其中刑狱监督、人才推荐等工作与灾害应对产生了直接联系。

秦汉时期，影响当时天下统一和稳定的主要因素是列国的纷争。所以在秦吞并六国之后不再进行分封制，"父兄有天下，而子弟为匹夫"。取而代之的是郡县制的推行，郡县制设计出发点是军事上的考量。六国灭亡之后，六国旧贵族在思想上并没有对秦王朝认同，仍然怀有恢复旧国的想法。因此秦分天下为三十六个郡，根据全国的情况设置郡守，形成一个不世袭的地方管理体制。地方发生自然灾害，郡守与先秦时期的诸侯类似，具有较为强大的人员和物资调动能力，与先秦不同的是，每个郡都有中央派遣的御史对郡守进行监察，以防其专权。汉代地方政府灾害管理的主要单位是"郡"和"县"，郡的行政长官称为"太守"，与九卿同级。一个郡管辖的县为10—20个，汉代县的总数在1100—1400之间。郡县官员对发生在本地的灾害负有预防和应对的责任。郡每年要向中央上报各项统计数据。"计簿"其中就包括灾荒造成的人员和经济损失。为避免地方数据造假，中央政府派官员到地方进行调查，称为刺史。汉代全国被划分为13个州，每个州派刺史一名。刺史在行政编制上隶属于御史中丞。此外，中央政府还设有15个御史，负责监督中央政府及皇宫中的行为。

①《后汉书》卷一百一十六《百官三》，中华书局，2000。

②《汉书》卷二十四《食货志》，中华书局，2007。

③《汉书》卷九《元帝纪》，中华书局，2007。

④《后汉书》卷一百一十七《百官四》，中华书局，2000。

二、隋唐时代的灾害管理体制

隋唐期间，负责水利工程的建设的部门更为具体，由工部负责。隋开皇二年（582 年）始设立工部，置工部尚书一人为长官。隋大业三年（607 年）增置工部侍郎一人，作为副手。工部下辖四个司：工部、屯田、虞部、水部四司，其中水部就负责水利防灾工程的建设，主官为水部郎中，从五品上。唐代以后多次改称，曾改称为水部侍中、司川大夫等。具体事务则交少府监、将作监、都水监及地方府州办理。其中都水监负责水利工程的维护。都水监在隋代初年称为都水台，曾被并入司农（583—593 年），后又成为独立部门。都水监主官的名称也曾多次修改，多次改为使者，正五品上。都水监下属河渠署负责维护堤坝工程，主官为令，正八品上。都水监下属河堤谒者负责定期检查，巡视沟渠与堤坝，为正八品下。

隋代的度支是仓储备灾的部门，隶属于尚书省，负责经济相关政务的管理，也就是后来的户部。度支下辖四个曹：度支、民部、金部、仓部。开皇三年（583 年）度支改为民部。唐初，因避唐太宗讳，改"民部"为户部。其中的仓部一曹负责储备粮食以备灾年。主官称为仓部郎中，从五品上。仓部除储备职能外还需承担救灾物资的调配和供应，负责义仓、常平仓等。

隋唐的地方官署分为州县两级，唐朝的州相当于汉代的郡。州的地方长官称为刺史。唐代共有 358 个州。根据人口唐代的州分为上、中、下三级，上州人口十万户以上，中州两万户到十万户之间，下州两万户以下。县也分为上、中、下三级，上县人口六千户以上，中县三千到六千户，下县不足三千户。州县两级的附属官员并不由地方长官选拔任用，而是由中央吏部指派。负责地方监察的部门是御史台，左御史负责监察中央政府，右御史负责监察州县地方政府。全国分为十道，派去监察的御史称为监察使。其监察的内容中就包括地方官员的灾害应对情况。由于监察使对州刺史有指挥作用，客观上形成了比州刺史更高一级的地方行政长官。边疆的监察使需要对地方事务便宜应对，朝廷授予他们全权处置政务的印信，这种印信被称为"节"，此类官员被称为节度使。

隋炀帝时期曾设置救灾监督审计机构——司隶台。

> 司隶台大夫一人，正四品。掌诸巡察。别驾二人，从五品。分察畿内，一人案东都，一人案京师。刺史十四人，正六品。巡察畿外。诸郡从事四十人，副刺史巡察。[1]

---

[1]《隋书》卷二十六《百官志上》，中华书局，1982。

司隶台的主要职责包括六条，其中第四条是察水旱虫灾，不以实言，枉征赋役，及无灾妄蠲免者。隋唐时期，防灾工程建设、救灾、物资分配、运送等所需花费，需要通过两道审计程序，先是由刑部进行审计，隋代开皇三年（583年）改都官尚书为刑部尚书，下设四曹：刑部、都官、比部、司门。比部负责各类行政财政支出的审计，这其中就包括防灾救灾相关的财政支出。"比"的意思是将文件内容与实际情况进行比对。比部的主官为比部侍郎，承袭后周的计部中大夫的职责，从五品上，曾改名称包括比部郎、司计大夫等。

灾害相关花费在比部审计无误后，进行"勾稽"，之后还需由御史台进行监察。御史台主官御史大夫一人，正三品，御史台设有三院：台院、殿院和察院。其中殿院的御史称为殿中侍御史，负责监察太仓、左藏的出纳情况。察院的御史称为监察御史，其监察工作包括各地灾害赈济情况，灾害发生后，通常由御史中丞前往灾区进行监察，因此，中央政府会直接派出御史中丞进行赈灾，同时监察地方工作。御史在调查过程中如发现地方官员上奏情况与实际情况不符，会进行汇报并对官员进行弹劾。如果不同部门的官员上报灾害情况不同，会由御史进行核查。地方官员和朝臣同时也对御史的汇报进行监督，如果出现御史的汇报与事实不符，会有大臣提出对御史进行惩治。

元和七年五月庚申，唐宪宗对宰臣说："你们说吴越地区去年发生水灾和旱灾，昨天有御史从江淮回京，说那种情况不至于形成水灾，当地人并不穷困。"时任户部侍郎的李绛回答说："臣得知两浙、淮南的情况，这些地方确实因旱灾而荒歉。每个地区授任的官员都是朝廷依赖并重视的大臣，御史如果心怀不善，企图取媚于皇上，那正是奸邪佞幸之臣，希望皇上披露这个御史的姓名，以将其诉诸刑律。"唐宪宗说："你说的对，朝廷最重要的是以救助百姓为根本，一处地方不丰收，就应当赈济救助他们，这有什么值得怀疑的呢？先前没有思索而提出这个疑问，是朕的话说错了。"

三、宋代的灾害管理体制

宋代的政府结构相对于唐代而言变动并不很大，中央政府基本承袭了唐代的管理体系，主要的变化在于相权，唐代中书、尚书、门下三省都在皇宫之内，而宋代只有中书省还在皇宫之内，其余两省被移出皇宫，中书省的办公机构称为"政事堂"。宋代军事方面的中央机关是继承了晚唐五代时的"枢密院"。中书省的最高长官是丞相，宋代的丞相并不管军事和财政。唐朝的财政管理在于户部。而宋代的财政主管在财政三司：户部司、盐铁司、度支司，三司并不直接受丞相管理，而是独立的部门。王安石变法提出的一条方略就是将财政三司重新整合，统一到"制置三司条例司"之下，以便通行变法，后被废除，权力归为中书省。

地方政府方面，宋代吸取唐代后期节度使权力过大，尾大不掉的问题，建立"强干弱枝"的管理体系，地方官员的权力减弱。宋代的地方行政区划分为三级，最高一级称为路，相当于唐代的道，最先分为十五路，后来分成二十多路。第二级是府、州，第三级是县，地方官员作为父母官需要对所辖地方的灾害情况的上报和初期处置负责。路一级，其常设机构包括安抚司、转运司、提刑司和常平司。四司的长官不属于地方行政长官，算是中央派到地方指导监督工作的官员，因此，也有观点把宋代行政机构分为府和县两级的，从事实上看，四司实际掌管着地方行政事务，尤其是灾害相关的决策，为了更好地分析宋代灾害管理，这里采用地方三级管理的说法。四司相当于将唐代观察使的权力进行拆分。

安抚司，又称"帅司"，掌握一路的兵工民事，管理军队，设置禁令，发生灾害时，通常接受诏令进行赈灾。

转运司，俗称"漕司"，其主官称"某路诸州水陆转运使"，于宋太宗时设立，用以削弱节度使的权力。转运使主管地方财物运输，也负责调配灾害所需的钱粮物资。后来，转运使的权力扩大，兼领地方官吏的考核、治安管理、人才选拔等职责，实际上已经成为其所辖区域的最高行政长官。宋真宗时期，为避免转运使的权力过大，设立提点刑狱司、安抚司等机构分割转运使的权力。

提刑司，全称提点刑狱司，主要负责司法和治安，在灾害管理中负责核验地方灾情，处理纠纷，有时也奉旨赈灾。

常平司，全称提举常平司，本属于经济管理机构，主要职责是管理仓库和平稳物价。其主管为提举常平官，常平司管理的仓库不仅包括常平仓，还包括义仓、广惠仓等，在救灾过程中负责调动粮食进行灾民救济。

与唐代不同的是，宋代地方收入全部运往中央，地方并无储存，一旦发生灾害，州县地方政府难以为继，主要靠中央指挥下的四司进行财政拨付。对于一些灾情严重的地区，皇帝会派出临时使者，如廉访使，负责赈济灾区，同时享有临机决断的特权，在灾情期间考察地方救灾情况，对官员表现进行监督考核。

宋代的灾害应对更强调程序化，首先是地方上报灾情，民户诉灾有一定的时间限制。规定上报灾情时间的主要原因是有地方农民在收割之后谎称受灾，因此需在收割前进行调查确认。开宝三年（970 年），宋太祖下诏规定："诏民诉水旱灾伤者，夏不得过四月，秋不得过七月。"①

民间诉水旱，旧无限制，或秋而诉夏旱，或冬而诉秋旱，往往于收割之后，欺罔官吏，无从核实，拒之则不可，听之则难信。故太宗淳化二年正月丁酉，诏荆湖、江淮、二浙、四川、岭南管内州县诉水旱，夏以四月三十日，秋以八月三十日为限。自此遂为定制。②

这里秋季报灾延长了一个月主要是针对水田，旱田的报灾时间依然在七月。北宋都按照这一规定，具体时间截止点是和宋代税收时间密切相关的。按宋制：

颍州等一十三州及淮南、江南、两浙、福建、广南、荆湖、川峡五路五月一日起纳，七月十五日毕；秋税自九月一日起纳，十二月十五日毕。③

南宋时，宋孝宗发布《淳熙令》：

诸官私田灾伤，夏田以四月，秋田以七月，水田以八月，听经县陈诉，至月终止。若应诉月并次两月过闰者，各展半月。诉在限外，不得受理（非时灾伤者，不拘月分，自被灾伤后限一月止）。④

秋季报灾时间又延长半个月，因为江南地区"晚禾成熟乃在八月之后，今旱有浅深，得雨之处有早晚之不同，乞宽期限"⑤。地方政府接到灾情上报后，首先进行验证，也就是"检灾"，先是县里官员检灾，之后由州府派官员检灾。对于地方官员接到农民报灾后要及时作出回应，申请中央救灾。"诸县灾伤应诉而过时不受状，或抑遏者，徒二年，州及监司不觉察者，减三等"⑥。这主要是为了避免地方官员谎报灾情获取中央救灾粮。对于检灾官员和过程，《淳熙令》中有详细的记载：

诸受诉灾伤状，限当日量伤灾多少。以元状差通判或幕职官（本州缺官即申转运司差），州给籍用印，限一日起发。仍同令佐同诣田所，躬亲先检见存苗亩，次检灾伤田改。具所诣田所，检村及姓名、应放分数注籍，每五日一申州。其籍候检毕，缴申州，州以状对籍点检。⑦

如果检验无误，进行放税。放税是指根据灾伤程度，确定免除田租分数

---

① 《续资治通鉴》卷六《宋纪六》，岳麓书社，1992。

② 《钦定古今图书集成》经济汇编《食货典》按《燕翼贻谋录》，齐鲁书社，2006。

③ 《宋史》卷一百七十四《食货上二》，中华书局，1985。

④ 《救荒活民书》载《淳熙令》，中国书店出版社，2018。

⑤ 同上。

⑥ 同上。

⑦ 同上。

（即比例）。检灾和放税合称"检放"。

自往受诉状，复通限四十日，具应放税租色额外分数榜示。元不曾布种者，不在放限，仍报县申州，州自受状。及检放毕，申所属监司检察。即检放有不当，监司选差邻州官复检（若非亲检次第，照依州委官法）。失检察者，提举刑狱司觉察究治。以上被差官，不许辞避。①

检放也有时间限制，一般从官司受状到结果公布，不得超过四十天。如果检放过程中出现不符合实际的情况，还要重新检验。高宗绍兴二十九年（1159年）四月二十六日，诏：

绍兴府山阴县检放赈济不均去处，令浙东常平官再验合放实数申。其第四等以下不经赈济者，令遵节次已降指挥赈济施行。②

最后，官府根据统计对生活有困难的灾民发放赈灾钱粮称为"抄扎"。熙宁九年（1076年），宋神宗曾下诏对河东地区灾民进行抄扎。由于河东地区秋冬季寒冷，从十月一日开始进行赈济，给灾民发放米和豆子，一直发放到第二年二月结束，如果到时额定的米豆还有剩余，就继续发放到三月结束。为了避免冒领救灾粮食，抄扎过程需要将之前统计的灾民名册进行刊印，发放给周围的府县，让府县按名册救济。对冒名顶替或者伪造信息领取救济粮的进行惩处，并鼓励举报，举报属实的赏钱一万到三十万不等。抄扎针对的是生存有困难的灾民，因此需要尽快落实，尤其是冬季，一般限定需在十月之前完成。一般情况下，七八月出现灾害，检灾完成需要到九月，抄扎就要在十月才能执行。这期间要是有检放不实需要复检的情况，又要耽搁一段时间。如果入冬，饥民很容易生病死亡，所以规定抄扎必须在十月之前完成。

四、明代的灾害管理体制

明朝在建国之初短暂沿袭了元朝的中央管制，洪武十三年（1380年），明太祖开始进行中央机构改革，取消宰相，废除中书省，皇帝直接管理六部。其中救灾的职能属于户部，如洪武九年（1376年），"十二月甲寅，直隶苏州、湖州、嘉兴、松江、常州、太平、宁国、浙江杭州、湖广荆州、黄州诸府水灾，遣户部主事赵乾等赈给之"③。再如永乐二十二年（1424年）十二月，"命户部：凡今被灾处田土，悉准永乐二十年山东通租例，蠲其粮税，分遣人驰谕各府、

---

① 《救荒活民书》载《淳熙令》，中国书店出版社，2018。
② 《宋会要辑稿》辑《食货卷》，上海古籍出版社，2014。
③ 《明实录》辑《大明太祖高皇帝实录》卷之一百一十，广陵书社，2017。

州、县，停免催征"①。宣德五年（1430年）四月，"己亥，直隶保定府满城等县奏蝗生。上命行在户部遣人往捕，必尽绝乃已"②。

明代的地方行政制度也沿袭了元代的行省制，全国为十一个行省。行省一级主官担负着领导、组织一省内灾害应对工作，具体灾害应对工作则分散到各个府州县。明代统治者为加强中央对地方的管理，对行省制度作出了一些改革。明代政府把地方省级政权的权力分散，划为三司，即都指挥使司（简称"都司"）、承宣布政使司（简称"布政司"）和提刑按察使司（简称"按察司"），这三司是三个平行的权力机构，都司管军政，布政司管民政和财政，按察司管司法和监察。灾害应对属于民政范畴，由布政司主管。

民鳏寡孤独者养之，孝弟贞烈者表扬之，水旱疾疫灾祲，则请于上蠲振之。③

关于明代布政司救灾的记载有：永乐三年（1405年）二月，"河南布政司言：河决马村堤。命本司官躬督民丁修治"④。洪熙元年八月，"山西布政司奏：今年七月以来，太原府、沁、潞二州，徐沟、太谷、祈、屯留四县屡雹，伤稼者八百五十五顷"⑤。正统十年（1445年）八月，"福建布政司奏：四月多雨，水溢坏延平府卫城，没侯官、晋江、南安等处田禾、民舍，人畜漂流无算，存者不能聊生"⑥。

按察司主管司法和监察，对地方重大事项的决议以及监督所在地方官吏历行职责的职能，也常常参与灾害救治等事项。如永乐六年"五月乙亥，户部言：山东青州蝗，命布政司、按察司速遣官分捕"⑦。永乐十年"六月壬申，浙江按察司奏：今年浙西水潦，田苗无收"⑧。正统四年"六月己丑，陕西按察司金事卜谦奏：兰州卫并兰县数月不雨，人民艰食"⑨。成化九年"冬十月壬午，免山西平阳府所属三十五州县夏麦二十五万八千八百四十余石，以山西按察司副使胡谧奏旱灾故也"⑩。

---

① 《明实录》辑《大明仁宗昭皇帝实录》卷九，广陵书社，2017。

② 《明实录》辑《大明宣宗章皇帝实录》卷六十五，广陵书社，2017。

③ 《明史》卷五十一《职官四》，中华书局，1974。

④ 《明实录》辑《大明太宗文皇帝实录》卷三十九，广陵书社，2017。

⑤ 《明实录》辑《大明宣宗章皇帝实录》卷七，广陵书社，2017。

⑥ 《明实录》辑《大明英宗睿皇帝实录》卷一百三十二，广陵书社，2017。

⑦ 《明实录》辑《大明太宗文皇帝实录》卷七十九，广陵书社，2017。

⑧ 《明实录》辑《大明太宗文皇帝实录》卷一百二十九，广陵书社，2017。

⑨ 《明实录》辑《大明英宗睿皇帝实录》卷一百五十六，广陵书社，2017。

⑩ 《明实录》辑《大明宪宗纯皇帝实录》卷一百二十一，广陵书社，2017。

行省之下为府，州、县等行政层级，地方主官是灾害应对的直接负责人。如洪武二十六年五月乙卯，"直隶淮安府盐城县岁旱，民饥，知县吴思齐发预备仓粮之半赈之，以其数来闻"①。永乐十二年"九月甲戌，真定府守臣言：积雨坏城。命及农暇修之"②。成化七年五月乙亥，"顺天府府尹李裕等言：'近日京城饥民疫死者多，乞于户部借粮赈济，责令本坊火甲瘗其死者，本府官仍择日斋戒，诣城隍庙祈禳灾疠。'上允其请"③。

府、州、县主官作为灾害应对的一线指挥，其自身的能力和素质直接影响灾害应对的效果。在明代的评价标准中，首先是"廉"，备灾阶段涉及大量的资源储备，水利设施建设等工作，这其中有很多贪污和权力寻租的机会，在赈灾中更是有官员中饱私囊的可能性。因此在地方灾害应对中，中央考察的重点首先在于廉政。同时灾害应对又是一个比较繁杂的工作，需要主官有足够的领导和协调能力。林希元强调廉政为基础，选取能力突出的官员，如果主官能力不足，可以多任用几名副手。

欲令抚按监司，精择府州县正官廉能者，使主赈济；正官如不堪用，可别拣廉能府佐或无灾州县廉能正官用之。盖荒事处变，难以常构也。至于分赈官员，可令主赈官各就所属学职等官及待选举人、监生等人员，择素有行义者，每厂一员为主赈。又择民间有行义者，一人为者正，数人为者副。④

他强调了对赈灾工作的奖惩机制：

使监司巡行督察得厂，所至考其职业，书其殿最，并开具揭帖。事完，官上之吏部，府学县职等官，视此为融涉；举人、监生等人员，视此为除授。民上之抚按，有功者以礼奖劳，仍免徭役；有过者分别轻重，惩治不怒。如此，则人人有所激劝，而荒政之行或庶几矣！⑤

这是当时明代选择地方赈灾主官的共识，周孔教认为应选择廉洁的官员作为主官，其他工作人员可以从待选举人、监生等选取，没有功名，但是有一定德行威望的富户也可以参与其中。

明代待选的举人众多，在荒政处理中选拔官员，成为一种有效的调动积极性的方式。明代为了加强中央集权，将行省一级的权力分化，这使地方各项政务协调出现问题。为了协调地方冲突，中央向地方派遣高级官员，临时管辖特

---

① 《明实录》辑《大明太祖高皇帝实录》卷二百二十七，广陵书社，2017。

② 《明实录》辑《大明太宗文皇帝实录》卷一百五十五，广陵书社，2017。

③ 《明实录》辑《大明宪宗纯皇帝实录》卷九十一，广陵书社，2017。

④ 《中国荒政书集成》辑《荒政丛言》，天津古籍出版社，2010。

⑤ 同上。

定地区，也就是巡抚。巡抚的行政级别比较高，通常由都御史、各部侍郎或寺卿等官员担任。管辖的范围通常包括两省或更多省的一些州、县。明代巡抚的职责根据具体的任务来定，其中救灾就是其中的重要内容。宣德八年七月，"巡抚侍郎赵新奏：江西自六月初旬以来，大雨不止，江水泛涨，南昌、南康、饶州、广信、九江、吉安、建昌、临江等府濒江之处，漂流居民，潏没稻田，请加宽恤"①。景泰七年十二月，"巡抚江西右金都御史韩雍同江西布按二司官奏：瑞州、临江、吉安、南昌、广信、抚州、南康、袁州、饶州、九江等府所属县今年自夏及秋不雨，旱伤禾稼，秋粮米二百三十二万余石无从征办，乞赐蠲除。事下户部覆实从之"②。明代省级灾害应对的领导权由各省的布政使逐渐变为各省区的巡抚。明代从宣德时期开始逐渐设立巡抚，从宣德五年九月至正统、景泰时期，随着巡抚派遣的长期化和巡抚地区的固定化，巡抚的职务被长期固定下来，形成了巡抚制度。

早期的巡抚还只是皇帝的钦差大臣，在赈灾活动中以朝廷赈灾使臣的角色出现。随着巡抚制度的推行和派遣的长期化，巡抚逐渐演变成了凌驾于三司之上的省级最高长官，其在赈灾活动中取代了布政使变成省级主赈官。与此同时，巡抚还保留中央差遣官的性质，因此在灾害发生后，朝廷会直接向各省区巡抚下发赈灾的诏令。宣德九年，宣宗命巡抚侍郎曹弘抚恤直隶扬州、淮安、凤阳、徐州等府州荒旱。同年十月，救谕巡抚侍郎吴政、周忱、于谦、赵新、曹弘抚视湖广、河南、江西等地灾伤。

除了巡抚，中央政府还会派遣监察官员到地方，称为巡按。巡按主要是由御史担任，明代的御史品级低于地方三司，但作为皇帝的特派使者，具有监督地方大员的权力，并有一定的自主裁量权。明代在全国设巡按二十一员：北直隶两员、南直隶三员、宣府大同一员、辽东一员、甘肃一员，其他各省均为一员，其中，宣府大同、辽东、甘肃因系重要边镇，故专设。明代巡按的职责相当宽泛，十三道监察御史，主掌察纠内外百司，有的明章面奏弹劾，有的密封奏章弹劾。御史在两京清查狱讼案件，审理有无拖延枉曲，巡视京都军营，监督乡试、会试以及武举考试，巡视仓场，巡视内库、皇城、五城，轮流值班。而巡按则代替天子巡狩，对藩服大臣、府州县官进行各方面的考察，有权上书弹劾，大事上奏请求皇帝裁定，小事立即裁断。巡按所到的地方，必定先审察甄别罪囚，调看讼狱案卷，与事实出入的依理辨明。巡按的职责还包括审察祭

---

① 《明实录》辑《大明宣宗章皇帝实录》卷一百二，广陵书社，2017。
② 《明实录》辑《大明英宗睿皇帝实录》卷二百七十三，广陵书社，2017。

祀场所的墙壁房屋祭器，体恤孤苦老人，巡视仓库，清查钱粮，勉励学校，表彰善良的人，惩治豪强败类，匡正风俗，振扬纲纪。

因此，明代巡按参与地方的灾害救治。如永乐七年九月，巡按浙江监察御史上报灾情。宣德八年八月，"巡按山东监察御史刘滨奏：兖州府济宁、东平二州及汉上县、济南府阳信、长山、历城、淄川四县虫蝻生，已委官捕瘗，而犹未熄。命行在户部遣人驰驿督捕"①。正统四年七月戊申，"行在户部言：顺天府蓟州及遵化县、直隶保定府易州涞水县各奏，境内蝗伤稼，宜驰文令巡按监察御史严督军民、衙门扑捕。从之"②。

巡抚和巡按在功能上有重叠，巡抚通常由都御史出任，从名义上讲，其依然负有监察之责。在实际赈灾中出现过巡抚和巡按互相弹劾，影响救灾的情况。嘉靖十一年（1532年）十二月，都御史王应鹏上奏：

> 近来各处公私匮乏，巡抚官一遇岁灾，束手无策。有等有司，不谙事体，本无甚大饥荒，要得先时博施，过为申扰，以市私恩，曾不计钱粮有限。即使挪移劝借，倒廪倾囊以副之万一。明年复饥，或复甚于今年。及地方卒起变故，将何应用？今后赈济之事，须专责巡抚，会同司府、州、县，备查仓廪盈缩，酌量灾伤重轻，应时撙节给散。巡按毋得轻听，前项好事有司，辄与准行。如赈济失策，听巡按纠举。③

这一建议明确将巡抚和巡按的职责作出划分，赈济工作由巡抚全权负责，对于赈济阶段出现决策和实行的问题，由巡按向中央汇报。

第三节　救灾体制下的实际问题

一、官员能力问题

救灾官员的态度和能力直接影响救灾的效率。灾民安抚、救灾物资发放、预防灾害扩大都需要大量的官吏参与。春秋时就有救灾时对渎职官员进行处置的记录。鲁僖公时国内连续出现旱灾，鲁僖公放逐了谗佞的臣子十三人，处死救灾期间收受贿赂的官员九人，整顿吏治，后祈祷得到降雨。这虽然不免带有自然崇拜色彩，但救灾中有利于灾民的政策还是值得被推崇的。其中惩处渎职官员等积极救灾行动，也为后世救灾提供了政策参考。

---

① 《明实录》辑《大明宣宗章皇帝实录》卷一百四，广陵书社，2017。

② 《明实录》辑《大明英宗睿皇帝实录》卷五十七，广陵书社，2017。

③ 《明实录》辑《大明世宗肃皇帝实录》卷一百四十五，广陵书社，2017。

　　此外，官员管理中有因灾并官的制度。这一救灾措施，一方面减少了国库的开支，用节余下的财力解决赈灾难题；一方面减轻了百姓的徭役租税负担，相应地增强了人民抵御灾害的能力，支援了政府的救灾抗灾行动。

　　泰始四年（268年），御史中丞傅玄针对当时多有水涝旱灾，上疏陈述应该做的五条建议。其中前三条建议都和官吏有关。第一条建议是：指出当时耕种的人务求多种却因干旱不能成熟，白白浪费劳力没有收成。另外，从前士兵用官府的牛，官府得收成的十分之六，士兵得十分之四，用私人的牛，与官府平分，施行已久，众心安定。现在一旦减少用官府牛的分成比例，官府得十分之八，士卒得十分之二，用私牛以及没有牛的，官府得十分之七，士兵得十分之三，人人失其所得，一定都不高兴。如果雇佣士兵用官府的牛能获得十分之四，用私人的牛与官府平分，那么天下士兵都欢欣鼓舞，爱惜粮食，就没有损农弃业的忧患了。第二条建议是：由于二千石俸禄的官吏虽然承奉致力农业的诏书，但还是不尽心尽责以获地利。从前汉代因开垦农田不务实，验证后诛杀二千石俸禄的官员有几十人。傅玄建议重申汉代的旧典，用死刑督促他们，以警戒天下郡县。第三条建议是：魏代以来，没有留意兴修水利，先帝统领百官，把执掌河堤的分为四部，连同本部共有五位河堤谒者，现在河堤谒者只有一个人，管理天下各地水利，无法考虑周全。如果河堤谒者不懂水利形势，可转任别的职务，再选了解水利的人代替他。可以分为五部，使他们各自精通分掌的职事。

　　晋武帝咸宁初，向朝廷大臣们征求政策的损益。针对当时存在的冗官冗员，司徒左长史傅咸指出：自泰始初以来十五年，军队国家不够充实，百姓不够富裕，一个年成不好，便有饥荒出现，的确是因为官职太多，事务冗杂，免除徭役的人又多又滥，蚕食的人多而务农的人少。从前有四位都督，现在加上监军，超过十人。夏禹划分土地，分为九州，现在的刺史，几乎是原来的一倍，住户人口只比得上汉代的十分之一，设置的郡县就更多。空空的校尉牙门，无异于宫中警卫，却凭空设置军府，动辄有几百个。五等诸侯，又设置官属。各种宠幸的给养，都由百姓中拿出。一人不种田，就有人受饥饿，现在不种田的，不计其数。纵使五谷丰收，也仅仅能满足青黄相接，突然有灾患，便供养不上。傅咸认为当务之急，要先合并官职，简省琐事，宁息差事，停止徭役，上下齐心，致力农业生产。

　　东晋明帝太宁元年（323年），冬十一月，"以军事饥乏，调刺史以下米各有差"①。直至简文帝咸安二年（372年），国库渐渐充盈。孝武帝太元四年（379年）三月壬戌，诏以"又年谷不登，百姓多匮。其诏御所供，事从俭约，九亲供给，众官廪俸，权可减半。凡诸役费，自非军国事要，皆宜停省，以周时务"②。晋孝武帝太元六年（381年）夏六月，扬、荆、江三州大水，于是"改制度，减烦费，损吏士员七百人"③。晋明帝时，国用不足，温峤指出需要省并一些政事军事，荒残之县也可合并。"然今江南六州之土，尚又荒残，方之平日，数十分之 耳。三省军校无兵者，九府寺署可有并相领者，可有省半者，粗计闲剧，随事减之。荒残之县，或同在一城，可并合之。如此选既可精，禄俸可优，令足代耕，然后可责以清公耳。"④

前秦时期，苻坚"以境内旱，课百姓区种。惧岁不登，省节谷帛之费，太官、后官减常度二等，百僚之秩以次降之"⑤。简文帝时，范宁上疏说："今荒小郡县，皆宜并合，不满五千户，不得为郡，不满千户，不得为县。守宰之任，宜得清平之人。顷者选举，惟以恤贫为先，虽制有六年，而富足便退。"⑥这是建议从行政设置上节约开支，新的节约措施在一定程度上减缓了政府的压力，也是对救灾的有益尝试。

二、官员腐败问题

官员腐败问题在古代灾害管理体制中普遍存在，在明朝，官员腐败对灾害应对效果的影响更为明显。洪武年间，明太祖对官员腐败进行了严厉的惩罚。在《大诰三编·进士监生不悛第二》所公布获罪的364名进士、监生中，有二百零五人因踏灾、赈灾贪污受贿而获罪，比例非常之高。户部主事黄健在水灾应对过程中，接受钱财三十五贯、青丝一匹，被判处流放。他还在一次水灾期间接受钱九十贯，最终被判处绞刑。刑部主事徐诚在一次水灾时收钱二十七贯五百文、毡衫一领，后在另一次水灾中受银十两，最终被处以绞刑。洪武年间对灾害腐败的惩罚十分严格，即使收受财物数额很小，也会从严办理。进士张端因为检踏水灾时收受鹅、酒等物，被判处杖刑八十，免官充为书吏。洪武年间颁布的《大明律》明确了对救灾腐败行为的处罚，《检踏灾伤田粮》规定：

---

① 《晋书》卷六《肃宗明帝纪》，中华书局，1974。
② 《晋书》卷九《孝武帝纪》，中华书局，1974。
③ 同上。
④ 《晋书》卷六十七《温峤传》，中华书局，1974。
⑤ 《晋书》卷一百一十三《苻坚载记》，中华书局，1974。
⑥ 《晋书》卷七十五《范汪传》，中华书局，1974。

凡部内有水旱霜雹及蝗蛹为害，一应灾伤田粮，有司官吏应准告而不即受理申报检踏，及本管上司不与委官覆踏者，各杖八十。若初覆检踏官吏，不行亲诣田所，及虽诣田所，不为用心从实检踏，止凭里长、甲首朦胧供报，中间以熟作荒，以荒作熟，增减分数，通同作弊，瞒官害民者，各杖一百，罢职役不叙。

更为严厉的是，明太祖甚至将救灾中的贪腐官员处以极刑，如洪武十年五月，户部主事赵乾因在赈济向、荆、薪等处水灾中"不念民艰，坐视迁延"，致"民饥死者多矣"而被明太祖处死。即使惩罚力度如此大，地方上仍然存在大量和灾害相关的腐败问题。制度上的原因在于明代官员俸禄较低，地方品级低官员俸禄更是微薄，同时他们手中又掌握与利益直接相关的权力，这在灾害应对中更为明显，很多官员难以抵挡现实利益的诱惑。洪武以后的历朝，一直没有更好地解决灾害应对过程中的腐败问题。当时普遍认为官员自身道德问题是最主要的原因，因此更多地强调灾害相关人员的德行。嘉靖二年（1523 年）吏部侍郎何孟春所奏：

今日荒旱，民多流徙，愿选公忠谅直之臣，通民情、晓吏治者，以抚为民，察郡县贪苛之吏。（宋）孝宗时，赵汝愚奏曰：讲行荒政，全在得人。任得其人，则能每事随宜措置，不至乖疏。任非其人，鲜不败事。守令之不堪倚仗者，宜委诸路监司体察。监司之责，在今尤须谨择，若旱伤分数稍重路分，必须选帅臣有才望者专一措置施行。巨惟今日所在有司得人甚少，灾伤地方复有贪苛之吏，民何以胜？（李）光等所谓抚按体察者，惟圣明留意。右都御史吴廷举等通民情，晓吏治，责任斯在，固当追效古人，伏望教旨叮呼而替劝之，使于当职人员有赏格以待能干，有刑条以惩不职。[①]

在他看来，保证救灾用人除了要坚持常用的廉中选能的标准之外，还要加强对救灾官员的督察和赏罚。但实际上，明朝政府对贪腐官员的惩罚不可谓不重，"扒皮实草"也难以有效遏制腐败行为。

备灾仓储建设中的官员腐败问题主要表现为侵占、挪用预备仓粮。宣德三年（1428 年），行在户科给事中宋微上书说，多年以来司吏和守仓的民众，有的贪墨仓粮，据为己有，有的私下借贷给他人，都没有归还，如今不少仓廒已经颓废。宣德四年（1429 年）八月，陕西临洮卫儒学生员张叙也说，国家设预备仓囤积粮食是为了预防水旱灾害，粮仓的看守大量借粮，不能按时收回，还有侵盗粮食的行为，以至仓廒大多被风雨摧败。如果遭遇饥馑的年景，百姓将

---

① 《中国荒政集成》辑《荒政要览》，天津古籍出版社，2010。

无所依赖。有些官员对预备仓粮的散放监管不严，致使仓粮被土豪大户盗用和冒领，或者与地方豪强勾结，侵盗粮食。景泰二年（1451年）秋七月，户部尚书陈循等官员上奏陈述了粮仓储备的腐败行为：全国各处大户假作小户的姓名，向预备仓借谷，多的能达到五百石到七百石。等到粮食成熟的时候，大户们以小户的名义谎报歉收，等下一年丰收时再还粮食给官仓。在延缓的这一两年间，却根据先前签订的账簿，分派给贫民缴纳粮食。成化三年（1467年）九月，户部陈奏：朝廷设立仓粮，本是预备赈济的。官吏放贷中，大多不用心。有些有经验的仓储记录人员进行作弊，这就造成了贫困的百姓得不到救济，家境殷实的反而因为贿赂办事人员而得到粮食，有的还冒充逃户的姓名进行支取，有的管理人员在粮食中加入沙土。

兴修水利工程过程中也有大量的权力寻租空间，地方官员与豪强勾结，或以次充好，骗取款项，或侵占灌溉工程，为自己谋利。好的地段大多被土豪大户侵占，他们以水利为名，修建池塘养鱼或者划出私田进行耕种，这在当时的南方地区更为常见。真正作为灾害防御工程的堤坝，反而没有得到加固和维护，一旦发生水灾，就会将附近地区田地淹没，成为农患。正统年间，陕西自都指挥以下都利用水利工程之名，种植私田，恃强者往往私自占有水利资源，导致了旱灾的影响扩大。

报灾环节的腐败问题主要包括瞒报、迟报、谎报。官吏们倾向于称属地丰收，而瞒报水旱灾害，因为属地丰收容易博得好的官声，所以常有官员将饥荒谎报为丰收。地方官员为自己打造出能吏的形象，显示自己治理有法、百姓安居乐业，以谋求升迁。洪武二十一年（1388年），山东青州诸郡都发生灾害，地方官员坐视不管，对于百姓的诉求不予理睬。永乐五年（1407年），河南郡县遭遇旱涝灾害，地方官员也是隐瞒不报。明成祖对于这种情况下谕强调，如果有瞒报灾情，对百姓诉求不管的官员，严惩不贷。但地方隐瞒灾情不报仍然存在，瞒报造成的严重后果是把天灾变成了人祸。永乐九年（1411年）九月，广东雷州府发生暴雨灾害，遂溪、海康二县大量房屋受损，田地损失八百余顷，百姓溺死千六百余人，府县官员仍然进行瞒报。永乐十年（1412年）六月，浙江按察司奏报，浙西地区因为水灾，田苗无收，通政赵居任瞒报灾情，还逼百姓输税。永乐十一年（1413年）正月，明成祖再次下令：如果官员所辖境内出现灾情饥荒致人死亡，必追究官员责任，进行定罪。随着瞒报惩处力度的不断加大，明中后期匿灾不报情况在史籍中已很少见。

由于地方官员本想掩盖灾情而又担心灾情暴露，最终上报较晚，或是由于行政能力不足，难以掌握实际灾情导致的迟报意味着官员承认自己有问题，中央政府通常予以罚俸警告。正德四年（1509年）六月，四川左布政使等官员因为奏报灾伤迟缓，被罚米各一百石，保宁府知府等被罚米各二百石。

谎报目的在于获得更多的赈济和蠲免政策，主要是无灾报有灾。洪武年间，高邮水灾，钦差到实地考察灾情，还没到受灾之地，地方官和灾民就送来受灾报告与灾民名册。钦差要求亲自到灾情现场，同知刘牧命人将已熟禾稼铲去，引水灌地，淹了千顷田地。谎报还包括小灾报成大灾，镇江丹徒民曹定等人因灾害受损田地一百六十五顷，但他们上报自称损失二百三十七顷，后被查处。谎报的情况在明代较为常见，渐渐形成腐败利益链条，政府也多次强调严惩。宣德九年（1434年）八月，宣宗教谕巡抚侍郎吴政、周忱、于谦等人云：

> 近年各处奏灾伤者，卫所府州县官吏多附下罔上，诬稔为荒，以图苟免。其深戒斯弊，若仍蹈前非，必罚不宥。①

成化十七年（1481年），户部指出，全国各地报灾时常出现不真实的信息，这是相关部门姑息造成的。腐败的利益链条不止于上下级官员，部分地区民众也通过这种方式逃避税赋和徭役，使上报饥民的官员有了一定的腐败空间，他们向一些农民索取贿赂，将给他们贿赂的农家上报为灾害难民，借此免去他们徭役，而真正的灾民由于没钱贿赂官员，反而得不到上报，所以朝廷的救助并不能给到真正的灾民，得不到救助，其就会产生强烈的不满，这对于人民生活和社会稳定是极大的破坏。

勘察官员与地方官员勾结，任由地方瞒报、谎报，勘灾过程只是做做样子，并不据实上报。洪武二十七年（1394年），山东宁阳县的汶河决口，影响范围很大，洪水高出河堤丈余，延河的居民大多被冲走，田地都被淹没，只有高地的居民幸存。县一级上报灾情，朝廷对此较为重视，派遣使者记录灾户人数。使者回到中央后称灾害并不严重，是百姓谎报，朝廷再次遣使核查，结果和第一次差不多。最终将当地官员和百姓都进行了审问才发现，实际受灾百姓有千七百余户，而使者记录的只有一百七十余户。同时地方税务官员还强收租赋，让百姓生活更加艰难。两批使者都敷衍勘灾，隐瞒实际情况，如此行为有欺君之嫌，但最后只是遭到杖责。景泰七年八月，直隶永平府卢龙县发生严重水灾。巡抚都御史李宾却说低洼地区受到灾害，高阜地方还丰收了。勘灾的人员也依此上报，以致受灾者没有得到抚恤，出现了人食树皮的情况，最终导致当地盗匪四起。勘灾官员作为上差，具有勘定灾害情况的权力，地方官员往往极力款待，甚至行贿，以求勘灾官员能够上报地方灾情，以便获得救助政策。

---

① 《明实录》辑《明宣宗章皇帝实录》卷一百十二，广陵书社，2017。

万历间，南直隶扬州府的高邮、宝应、兴化、泰州同时遭灾。泰州地方官员没有向勘灾官行贿，结果勘灾官员未前往泰州勘灾就上报泰州无灾，使泰州灾民没有及时得到救助。高邮、宝应、兴化有灾害发生的事实，也有受灾之名。受灾了能得到救助，也算是不幸中的万幸了。而泰州这种现实例子，使各地官员百般讨好勘灾官，有的勘灾官更是直接索贿。这些腐败官员的勘灾过程，客观上加大了地方灾民的负担。景泰四年五月，右副都御史刘广衡指出，湖广地区一府县粮因为灾伤而免征，但一些无良的官吏还是进行征收。

陈继儒在《赈荒条议》中描绘：

官长踏荒，东踏则西怨，西踏则东怨，舟车所至，攀拥叫号，里排总甲有伺候之费，有送迎之费，有造册之费，有愚民买荒之费，不如一概，以全荒具申上司。[1]

救灾阶段的腐败行为主要是有些官吏坐视灾情扩大，不积极赈灾。正德十三年（1518年），右副都御史吴廷举奉命赈济湖南，到任后，他并没有立即赈济灾民，而是修建庙宇、迁移驿铺。工科给事中傅良弼上书弹劾：

奉命赈济，不急所先，乃重建衡山庙宇，费二千七百有奇，夫役、材木皆取之民。且今湖南灾伤，民无粒食，嗷嗷待哺，方切呻吟，乃驱桴腹待毙之民为徼福媚神之举，廷举独何心哉。至于迁驿改铺，皆在可已，而乃任意纷纭，所在骚扰。[2]

万历十七年（1589年），神宗遣户科给事中杨文举往浙江赈济。

文举入境，顾左右曰："如此花锦城，奈何报荒，以欺妄挟制有司？"有司惴惴，盛供张伎乐。文举遂游湖山，作长夜饮，每席费数十金，有司疲于奔命。诸绅士进见，日已午，夜醒未解，悾悾不能一语，趋揖欲仆，两竖掖之堂上，糟邱狼籍，歌童环伺门外。置赈事不问，惟令藩司留帑金十一，贿当路藩臬，至守令悉括库羡略之。东南绎骚，咸比赵文华之征倭云。[3]

杨文举在接到蠲免灾民的命令后，隐瞒政令，继续征税。何淳之言：

停蠲者，救荒之仁政也。顾在司牧者筹之耳。奈何二三有司，或拘泥常限预期征之，或恐完数不及碍其迁转，请蠲之旨方下，而税粮敲朴已完。贤者则议抵补下年，不肖者则扣入私囊，竟使朝廷恩泽徒为纸上虚文矣。[4]

有的官员是借此博得政绩，以求升迁，有的则是中饱私囊。万历七年

---

[1] 《古今图书集成》辑《食货典》，齐鲁书社，2006。

[2] 《明实录》辑《大明武宗毅皇帝实录》卷一百六十七，广陵书社。

[3] 《中国荒政书集成》辑《荒政丛言》，天津古籍出版社，2010。

[4] 《中国荒政书集成》辑《荒政汇编》，天津古籍出版社，2010。

（1579 年）八月，苏松水灾，御史张简题奏云：

> 盖苏松为东南财赋之地，其困于征求非一日矣。今二郡司牧，岂无急便身图，厚自封殖。赈贷之恩虽施，而给散不均。蠲免之令虽下，而催征如故。[1]

万历十五年（1587 年）户部言：

> 国家因地制赋，皆古什一遗意。总计以十分为率，有司升降，各以分数多寡，立为定规。然灾伤年分，不肖有司每藉口参罚常格，间或时值考满升取，虑任内钱粮未及分数，有违明旨，每每严比取盈。[2]

负责赈灾的官员在救灾过程中贪墨赈灾发放的钱粮的情况也屡屡发生。洪武十八年（1385 年），河南水灾，朝廷派出户部官员押送赈灾款到地方赈灾，后救灾效果并不显著，朝廷派人调查才得知官员贪污的行为：

> 郑州知州康伯泰、原武县丞柴琳，各将赈民钱入己。康伯泰一千一百贯，柴琳二百贯，布政使杨贵七百贯，参政张宣四千贯，王达八百贯，按察司知事谢毅五百贯，开封府同知耿士能五百贯，典史王敏一千五百贯，钧州判官弘彬一千五百贯，襄城县主簿杜云升一千五百贯，布政司令史张英一千五百贯，张岩五百贯。[3]

这次腐败案件涉及人数多，官员分布广泛，可见赈灾贪污的普遍性。成化二十二年（1486 年），巡按御史张淮弹劾陕西宁州知州臧世清，罪名是侵盗赈济官粮三千余石，银三百余两，其他官员也有参与。赈灾环节较多，一些贪污形式得以更为隐蔽，林希元评价道：

> 盖人心有欲，见利则动。朝廷发百万之银以济苍生，而财经人手，不才官吏不免垂涎，官奢正副类多染指，是故银或换以低假钱，或换以新破米，或插和沙土，或大入小出，或诡名盗支，或冒名开领，情弊多端，弗可尽举。[4]

灾害应对中的腐败问题在古今中外都有很多例子，我国古代始终将灾害的腐败问题作为一个重要的议题进行讨论。历代都强调官员的道德和制度法律。道德作为官员的内驱标准，难以考察，无论是察举制还是科举制，都难以真正选拔出道德高尚且有能力应对灾害的官员，因此体制和法制的完善在与灾害相关的腐败问题上具有更为重要的作用。

---

[1]《明实录》辑《大明神宗显皇帝实录》卷九十，广陵书社，2017。

[2]《明实录》辑《大明神宗显皇帝实录》卷一百八十二，广陵书社，2017。

[3]《续修四库全书》第862册《大诰续编·克减赈济第六十》影印版。

[4]《中国荒政书集成》辑《荒政丛言》，天津古籍出版社，2010。

第五章

仓储备灾

▼▼
▼

　　将采集和狩猎得到的食物储存起来以备不时之需，这是人类进行农业活动之前就存在的行为。限于食物的特性和保存技术，要想做到长时间储存是难以实现的。农业出现之后，人们根据农业生产的季节性特点，在存储方式和存储器具上进行了更多的探索。我国夏商时代的许多遗址中都有专门储存食物的器具出现，如陶制瓮、罐等，这些器具被放置于窖穴之中，窖穴通常置于地下，设有台阶，一些文化遗址中还能看到抹黄土或草拌泥等防潮措施。这些储粮行为在客观上应对了自然灾害发生后的生存问题。

第一节　历代官仓的发展

　　从西周时代开始，就有国家储备粮食的记载。由于当时的农业生产能力低下，粮食亩产量较低，正常年份粮食亩产量约合今数十斤[1]。为了应对自然灾害，唯有进行国家储备。

　　《礼记·月令》:"(仲秋之月)穿窦窖，修囷仓。"这时粮食储备已经形成了一定的标准。"窦"是指椭圆形的窖穴，"窖"是指方形的窖穴。

　　《周礼》中就有专门负责粮食储备的机构:

　　仓人掌粟入之藏，辨九谷之物，以待邦用。若谷不足，则止余法用。有余，则藏之，以待凶而颁之。[2]

　　仓人是负责管理粮食储备的机构，职责之一就是将日常消耗之外的粮食贮存起来，等到荒年时拿出赈济灾民。仓人具体的编制是:

　　中士四人，下士八人，府二人，史四人，胥四人，徒四十人。[3]

　　除了仓人，周代还设有遗人机构:

---

① 卜风贤:《周秦汉晋时期农业灾害和农业减灾方略研究》，中国社会科学出版社，2006。
②《周礼》卷二《地官司徒》，中华书局，2014。
③ 同上。

遗人掌邦之委积，以待施惠。乡里之委积，以恤民之艰厄；门关之委积，以养老孤；郊里之委积，以待宾客；野鄙之委积，以待羁旅；县都之委积，以待凶荒。[1]

遗人是发放储粮和物质的机构，委积是储备粟米和其他物资的仓库。遗人的编制是：

中士二人，下士四人，府二人，史四人，胥四人，徒四十人。[2]

由此可见，周代就明确了仓储备灾和发放的专门机构，以及相应的管理制度。至于每年的粮食储备量，主要根据国家的收支决定，由冢宰负责计算。

冢宰制国用，必于岁之杪，五谷皆入然后制国用。用地小大，视年之丰耗。以三十年之通制国用，量入以为出，祭用数之仂。[3]

冢宰编制粮食储备的预算，需要在五谷入库之后进行，根据国土大小和年成好坏，用三十年收入的平均数做依据制定预算，根据收入的多少来预算开支。对于粮食储备的目标，《礼记·王制》里说：

国无九年之蓄曰不足，无六年之蓄曰急，无三年之蓄曰非其国也。三年耕，必有一年之食，九年耕必有三年之食。以三十年之通，虽凶旱水溢，民无菜色，然后天子食，日举以乐。[4]

最理想的状态是储备九年以上的粮食储备，如果连三年的粮食储备都没有，国家就很危险了。西周粮食仓储制度在结构和功能上已经较为完整，为后世历代的仓储体制机制建设提供了一个基本模板。春秋时代，诸侯国各自为政，各国的仓储制度也有所不同。有的国家在灾年时储备不足，常求助于邻国，依靠借贷邻国的仓储来应对灾害。秦朝统一之后，在全国建立了统一的国家储备。秦汉时期的权力中心在关中，主要的国家储备粮仓集中在关中地区。京师地区设有太仓，关东地区设有敖仓，京师东部设有京师仓，负责从敖仓到太仓的粮食转运。汉高祖八年：

萧丞相营作未央宫，立东阙、北阙、前殿、武库、太仓。[5]

太仓作为首都地区的重要官仓，起到维护首都附近地区稳定的作用。

至武帝之初七十年间，国家亡事，非遇水旱，则民人给家足，都鄙廪庾尽满，而府库余财。京师之钱累百钜万，贯朽而不可校。太仓之粟陈陈相因，充

---

① 《周礼》卷二《地官司徒》，中华书局，2014。

② 同上。

③ 《礼记》第五篇《王制》，中华书局，2017。

④ 同上。

⑤ 《史记》卷八《高祖本纪》，中华书局，2006。

溢露积于外，腐败不可食。①

太仓除了具体的仓房，也泛指国库，受纳天下税粮，供给京师开销。敖仓在今河南荥阳东北敖山，作为东部粮食转运的枢纽仓库，在国家储备中的作用突出。楚汉战争时期，郦食其劝说刘邦占据敖仓是战争取胜的关键之一。

臣闻知天之天者，王事可成；不知天之天者，王事不可成。王者以民人为天，而民人以食为天。夫敖仓，天下转输久矣，臣闻其下乃有藏粟甚多。楚人拔荥阳，不坚守敖仓，乃引而东，令适卒分守成皋，此乃天所以资汉也。方今楚易取而汉反却，自夺其便，臣窃以为过矣。且两雄不俱立，楚汉久相持不决，百姓骚动，海内摇荡，农夫释耒，工女下机，天下之心未有所定也。愿足下急复进兵，收取荥阳，据敖仓之粟，塞成皋之险，杜大行之道，距蜚狐之口，守白马之津，以示诸侯效实形制之势，则天下知所归矣。②

在秦汉的文章中，敖仓成了粮仓的代名词。

近敖仓者，不为之多饭。③

今赣人敖仓，予人河水，饥而餐之，渴而饮之，其入腹者不过箪食瓢浆，则身饱而敖仓不为之减也，腹满而河水不为之竭也。④

西汉惠帝时，敖仓的规模进一步扩大，东部地区的粮食在敖仓聚集，再转运到西部关中。敖仓的粮食先运往京师仓，再由京师仓转运到太仓。京师仓处于河渭交汇地区，又称华仓，遗址位于今陕西省华阴市岳庙街道办事处双泉村。京师仓一面依山，三面是崖，地势险要，易守难攻。平面成长方形，东西长 1120 米，南北 700 米，遗址中共发现粮仓 6 座。其中一号仓东西长 62.5 米、南北 26.6 米，总面积 1662.5 平方米，据测算，该仓容量上万立方米。东汉建都洛阳后，政治中心的转移，使京师仓失去其在国家储备中的重要价值，后逐渐荒废。

秦汉时期的仓储管理官员包括：

治粟内史，秦官，掌谷货，有两丞。景帝后元元年更名为大农令，武帝太初元年更名为大司农。属官有太仓、均输、平准、都内、籍田五令丞，斡官、铁市两长丞。又郡国诸仓农监、都水六十五官长丞皆属焉。⑤

正仓从秦汉以来就一直作为地方的财政储备，是灾后救济灾民的直接来

---

① 《汉书》卷二十四上《食货志上》，中华书局。2007。
② 《史记》卷九十七《郦食其传》，中华书局，2006。
③ 《淮南子》卷十七《说林训》，中华书局，2009。
④ 《淮南子》卷七《精神训》，中华书局，2009。
⑤ 《汉书》卷十九上《百官公卿表上》，中华书局，2007。

源，常有发放储备粮食赈济灾民的记载。

　　文帝六年，大旱，蝗。发仓庾以振贫民。

　　武帝四年，山东被水灾，民多饥乏。于是天子遣使虚郡国仓廪，以振贫民。[①]

　　秦汉时代为了鼓励仓储，出现过输粟拜爵的制度，这主要是灾害造成仓储不足。在秦始皇四年（公元前218年）十月，蝗虫成灾，于是下诏："百姓纳粟千石，拜爵一级。"[②] 其余史料记载还包括：

　　匈奴数侵盗北边，屯戍者多，边粟不足给食当食者。于是募民能输及转粟于边者拜爵，爵得至大庶长。[③]

　　使天下入粟于边，以受爵免罪。[④]

　　发仓庾以振民，民得卖爵。[⑤]

　　关东比岁不登，吏民以义收食贫民、入谷物助县官振赡者，已赐直，其百万以上，加赐爵右更，欲为吏补三百石，其吏也迁二等。三十万以上，赐爵五大夫，吏亦迁二等，民补郎。十万以上，家无出租赋三岁。万钱以上，一年。[⑥]

　　二月，司隶、冀州饥，人相食。敕州郡赈给贫弱。若王侯吏民有积谷者，一切贳得十分之三，以助禀贷。其百姓吏民者，以见钱雇直。王侯须新租乃偿。[⑦]

　　魏晋时期多年处于军阀割据状态，这使得地方仓储和军队粮仓储备的作用突显。由于灾荒和战争，各国普遍存在粮食缺乏的问题，曹操在北方实行屯田制度，让军队参与农业生产，这有效提升了其境内粮食仓储水平。

　　汉自董卓之乱，百姓流离，谷石至五十余万，人多相食。魏武既破黄巾，欲经略四方，而苦军食不足，羽林监颍川枣祗建置屯田议。魏武乃令曰："夫定国之术在于强兵足食，秦人以急农兼天下，孝武以屯田定西域，此先世之良式也。"于是以任峻为典农中郎将，募百姓屯田许下，得谷百万斛。郡国列置田官，数年之中，所在积粟，仓廪皆满。[⑧]

---

① 《文献通考》辑《国用考四》，中华书局，2006。

② 《史记》卷十五《六国年表》，中华书局，2006。

③ 《史记》卷三十《平准书》，中华书局，2006。

④ 《汉书》卷二十四上《食货志上》，中华书局，2007。

⑤ 《汉书》卷四《文帝纪》，中华书局，2007。

⑥ 《汉书》卷十《成帝纪》，中华书局，2007。

⑦ 《后汉书》卷七《孝桓帝纪》，中华书局，2000。

⑧ 《晋书》卷二十六《食货志》，中华书局，1974。

蜀汉政权在诸葛亮的主导下，也在汉中实行了屯田制度。魏晋南北朝时期的战略格局变化使重点粮仓的地点发生转移，关中地区的粮仓逐渐荒废。晋武帝时，在河阳南关小平津设立了邸阁粮仓。北魏政权为便于转运粮草，在黄河、沛河等沿岸设立了八个邸阁粮仓，地方粮仓的储量也有明显提升。

晋海西太和中，郗愔为会稽。六月，大旱灾，火烧数千家，延及山阴仓米数百万斛。炎烟蔽天，不可扑灭。①

由此可见，地方存粮已经达到一定规模。

其仓，京都有龙首仓，即石头津仓也。台城内仓，南塘仓，常平仓，东、西太仓，东宫仓，所贮总不过五十余万。在外有豫章仓、钓矶仓、钱塘仓，并是大贮备之处。自余诸州郡台传，亦各有仓。②

隋代的粮食仓储有了很大发展，首先是粮仓规模的扩大。据《隋书》记述：

开皇三年，朝廷以京师仓廪尚虚，议为水旱之备，于是诏于蒲、陕、虢、熊、伊、洛、郑、怀、邵、卫、汴、许、汝等水次十三州，置募运米丁。又于卫州置黎阳仓，洛州置河阳仓，陕州置常平仓，华州置广通仓，转相灌注。漕关东及汾、晋之粟，以给京师。③

隋朝的政治中心在关中地区，这也使仓储的重心再次变迁。为了解决关中地区水旱灾害问题，除了陕州设立的常平仓以外，还在卫州设立黎阳仓、洛州设置河阳仓、华州设置广通仓，朝廷下令关东通过漕运将粮食运往关中地区，以保证首都附近的粮食供应。漕运路线上的各州，如果出现水旱灾害，也方便进行开仓赈灾，此类仓库被称为转运仓。唐广德二年（764 年），刘晏主导改革，重新规划转运仓的布局，在各道设立官员，负责按月将各州县的丰收歉收情况上报，根据地区情况将转运仓的粮食进行买卖，此举在稳定地方物价的作用的同时，起到了提前减轻灾害损失的效果。卫州、洛州、陕州、华州分别为现今的河南省汲县、南巩县、南陕县和陕西省西华县，在河南、陕西一带有利于漕运的地区设立转运仓储，来供应关中地区水旱灾害问题。

隋炀帝时又在河南巩县东南原上置洛口仓，在洛阳北置加洛仓，这两个仓城共可储谷 2600 万石，保障东都洛阳的粮食供应和灾害应对。隋大业元年（605 年）洛阳建立含嘉仓，含嘉仓是隋朝在洛阳修建的最大的国家粮仓，遗址现存于河南省洛阳市老城北。

---

① 《宋书》卷三十二《五行三》，中华书局，1974。

② 《隋书》卷二十四《食货志》，中华书局，1982。

③ 同上。

太原、永丰、龙门等诸仓，每仓监一人，正七品下；丞二人，从八品上。诸仓监各掌其仓窖储积之事；丞为之贰。凡粟出给者，每一屋、一窖尽，剩者附计，欠者随事科征；非理欠损者，坐其所由，令征陪之。凡出纳帐，岁终上于寺焉。[①]

唐代首都长安的附近的仓库主要指太仓和北仓。太仓负责供宫内需求，北仓负责供百官军士等需求。北仓地处东渭桥，又名东渭桥仓。天宝三年（744年）开始实施漕渠漕运，渭水漕运被暂停，东渭桥仓就此停用。到代宗时期，刘晏对漕运进行改革，渭水漕运被重新启用，东渭桥仓也再次被利用。最早东渭桥仓被规划为太仓的一部分，重在贮积，故由出纳使管理，安史之乱后则重在支给，归给纳使管辖，在储粮减少后其作用就以转运为主，故降为巡院，属盐运使管辖，长庆中则因事务繁重为由，不得不再次恢复给纳使管理。唐后期的太仓由出纳使管理，一般由司农少卿专知，御史监临，但由于太仓职能有很大部分移入东渭桥仓，太仓官吏有所减少[②]。含嘉仓职能与太仓相同。在唐律令制时代，东都以东的租税纳入洛阳的含嘉仓，再自含嘉仓转运至长安的太仓。唐后期武将逐渐侵夺国家财政权力，各地军仓多由武将把控。唐代的州县仓储，也有赈济灾民作用，州县官仓都归属于仓司，地方转运仓的转运重心由东部向南部转移。军仓是戍边兵在驻防处或屯田处设立的专供军用的仓，可分为军镇仓、镇戍仓和烽铺粮贮三级，其粮食来源在前期主要为正租和屯田。

宋代在仓储制度上总体继承了唐朝的制度，尤其在粮仓与漕运的结合方面，同样将官仓优先设置在漕运方便的地区。宋代的首都开封，相较于唐代首都长安，在水路运输方面具备更好的条件。宋代实行强干弱枝的政策，优先将各地的米粮运往开封，保障京师地区对地方的绝对优势。通过河道运到京师的粮仓被称为船般仓，有永丰仓、通济仓、万盈仓、广衍仓等。通济本有四座仓，其中第三座在真宗景德四年（1007年）更名为万盈仓，第四座更名为广衍仓。此外，更名的还有延丰仓，旧称广利仓。顺成仓，旧称常丰仓，也是在景德年间更名。太平兴国年间在迎春苑故地建仓。通过长江、淮河输送的，谓之东河，也称为里河；永济、永富二仓，接受怀州、孟州等地的运输，谓之西河；广济第一仓，接受颍州、寿州等地运输，谓之南河，也称外河；广积、广储二仓，接受曹州、濮州所运运输，谓之北河。开封利用东、南、西、北四条河（汴河、黄河、惠民河、广济河），加强京师附近的仓储运输。

---

① 《唐六典》载《司农寺》，中华书局，2014。
② 万晋、王怡然：《唐代"官仓"研究综述》，《中国史研究动态》2012年第6期。

京师周围粮仓共二十三座，每座船般仓和税仓安排三名监官，都是由在朝廷的官员和高级差吏充当。端拱初年，朝廷规定粮食分类管理，粳米、糯米为一仓；小麦、绿豆为一仓；大豆、粟为一仓。每年接收仓粮之后，派人核查。每仓设置监门一人，由司天监官员充任。治平三年（1066 年）五月这一规定废止。折中仓的监官没有特定的人数，由京朝官及诸司副使、内侍充当。

元丰改制以后，在京诸仓由司农寺主管，因此，在京诸仓又被称为司农仓，共设有二十五座，隶属于司农寺管理。宋代各州普遍设立了官仓，设立时间并不统一，府州军仓可称为都仓或州都仓，县一级别的官仓也没有统一的规划，有的县并没有官仓，输纳都直接源于州一级的仓储。为了防止地方形成五代时期的藩镇力量，宋代设置了诸路转运使，监督地方上缴粮食储备，中央为了直接掌握地方税收，派遣官吏严格控制地方赋税收入。各州县的最高行政长官，对于所辖的地方官仓具有监督的职责，但并不能直接管理。宋淳化三年（992 年），朝廷曾下诏，规定县令不许监管仓库，从官场风气引导的角度宣传，作为县令应该不以钱财为重，并举胡纲担任河内令时的例子，宣扬高雅的文士应该不屑贪图仓储小利。

州仓一般由州、军的属官诸曹官之司户主管。县仓由府、州、军差派属县官吏监领。

诸州皆有正仓、草场，受租税、和籴、和市刍粟，并橡曹主之。其多积之处，亦别遣官专掌。凡漕运所会，则有转般仓。[1]

属县有令，有丞，有主簿，有尉。主簿钩稽簿书，尉专捕盗禁物，余事与令、丞通治，而仓库、酒榷各有监临官以分掌之。[2]

地方行政主官并不直接管理仓库，这样可以削弱地方主官的财权，同时也在一定程度上减少了腐败的可能。监仓官的职责包括监督仓粮受纳、支出，管理仓内的各种文书、仓门钥匙等。管理细则也很严格，如果仓库未设专门的保安人员，仓库监官不能在家居住，只能住在仓库。收支文书的时候，监官厅要封锁，官员交接时，也要严格审查。监管仓储的官员需要严格按照时间上下班，晚间也要有专门的人员对粮仓进行看管。监郡通判及路分监司实行对地方官仓的监督，需要定期到粮仓进行点检，并按时审阅簿账。仓库所属的监司、通判要每年年初亲自去仓库查点库存情况，令审计院制作账簿。

宋代转运司对地方的财政进行监督管理，负责协调财政上缴中央、郡县的

---

[1]《文献通考》辑《国用考三》，中华书局，2006。

[2]《宋会要辑稿》辑《职官》，上海古籍出版社，2014。

储备和经费使用等监察工作。宋代地方财政大部分上缴中央后，为了应对突发的自然灾害更多是依靠桩管米的制度。

宋兴，既已削州镇之权，命文臣典藩，奉法循理，而又承平百年，版籍一定。大权在上，既不敢如唐之专擅以自私；献入有程，又不至如唐之蠲乱而难考。则虽按籍而索，错抹皆入朝廷，未为不可。然且犹存上供之名，取酌中之数定为年额，而其遗利则付之州县桩管，盖有深意。一则州郡有宿储，可以支意外不虞之警急；二则宽于理财，盖阴以恤民。[1]

由此可见，桩管米是地方的应急物资储备，主要目的在于赈济灾民和作为军粮的预备补充。桩管米的使用权属于中央政府，地方没有得到旨意前不得擅自使用。南宋时，桩管米制度得到发展，除了官储盈余，还可以通过籴买的方式进行补充。桩管米多寄存于各地方仓库之中，由地方代管，也有一些地区单独为桩管米设立仓库。

淳熙二年（1175 年），淮南运判副吴渊上书建议朝廷除了在淮西储粮以外，还应该在江南建立额外的粮仓，他的建议地点是太平州芜湖县采石镇，在高地建筑仓屋百间，由本镇监税官兼管。此类仓储也称为桩积仓、桩管仓、广储仓等。在很多地方的赈济和赈粜的记录中都有被取拨的记载。

元朝在仓储体系建设方面大量借鉴了宋代制度。与宋代相比，元代对仓储管理更为重视，这从仓储官员在宋元两朝的地位变化可以看出。宋代的仓储管理官员通常是世袭制，品级较低，几乎没有晋升的空间。而元代的仓储管理官员是任期制，由中央直接任命，品级较高，在任期间如能良好地完成仓储管理工作，会具有较多的晋升机会，如果失职，其惩罚力度也比一般官职更为严厉。偷盗粮食要罪加一等，贪污受贿折合粮食十石以上的，受刺面，杖刑，十石以下的，杖刑，官吏除名永不叙用。

元代广置粮仓，大都路粮仓分布最多，共有仓房一千二百九十五间，可储粮三百二十八万二千五百石[2]。官仓，又被称为腹里官仓。"腹里"是元朝对中书省直辖地区的通称。元朝把大都（今北京）附近的这片地区叫作"腹里"，就是现在的北京、天津、河北、山西、山东以及河南的黄河以北地区和内蒙古的一部分。腹里官仓是为中央的各种开支和应付各种突发事情而设置的，其设置较早，《史集》记载，元朝太祖时已经有仓，但是显然只是为了存放多余的战利品。太宗元年（1229 年），开始建立仓储，命河北汉民按户缴纳赋税，放入粮

---

①《文献通考》辑《国用考一》，中华书局，2006。
②王颋：《元代粮仓考略》，《安徽师大学报》，1981（2）。

仓，由耶律楚材主管。

随着疆域扩大，赋税增多，仓库也就增多，大致都在中书省一带。以大都为中心，分布在我国北方一带。元代两都和中书省分布最多，此外，甘肃、宁夏、辽阳、领北都建有官仓。各行省路府也有地方粮仓，多是为了暂时收集税粮，方便物资运到大都去，也有作为地方开支的。如有紧急需要，上报户部后，地方才能调用仓库物资，制度相当严格。整个元朝，救济灾民的物资多出自官仓。元代国家仓储体系中还包括常平仓，对于常平仓的建立时间在历史上还存在争议，一种说法是根据《元史·食货志四》记载，认为常平仓建立于世祖至元六年（1269 年）；另一种说法是根据《元史·本纪》，认为在中统元年（1260 年）常平仓就已经存在。常平仓在元代的数量不多，而经常又是空仓状态，在救灾过程中起到的作用并不大，曾一度被废止。武宗至大二年（1309年），中央又要求建立常平仓：

随处路府州县，设立常平仓以权物价，丰年收籴粟麦米谷，值青黄不接之时，比附时估，减价出粜，以遏沸涌。金银私相买卖及海舶兴贩金、银、铜钱、绵丝、布帛下海者，并禁之。平准行用库、常平仓设官，皆于流官内铨注，以二年为满。[①]

而从后来的历史记载中可以看到这一政策并未有效执行。

明代预备仓始设于明太祖时期，是明代仓储的一次创新尝试，预备仓综合了前代的官仓、常平仓和社仓。在功能上，预备仓是以赈济为主，兼顾了常平仓平抑物价的作用，在管理上和社仓类似，设置初期由民众而非由官员管理。

洪武年间，户部运钞二百万贯，分往各府州县，建立预备仓储，规定每县境内设立四所，在居民居住密集处置仓。预备仓的仓本是由中央划拨，具体来源比较多，有内帑发钞、地方财政支出等。《续文献通考》载：

明太祖洪武初设预备仓，朝廷出楮币诏行省各选耆民运钞籴粮储之乡村，以备赈济，即令掌之，其后州县充积，而籴犹未已。至二十四年八月，帝恐耆民缘此以病民，乃罢耆民籴粮。[②]

预备仓的仓本还包括社会捐输、罪犯罚赎、官田地租税契引钱及无碍官银等。

祖宗设仓贮告，以备饥荒，其法甚详。凡民愿纳谷告者，或赐奖敕为义民，或充吏，或给冠带散官。令有司以官田地租税契引钱，及无碍官银，籴谷

---

① 《元史》卷二十三《武宗二》，中华书局，1976。

② 《续文献通考》辑《市籴考》，浙江古籍出版社，2000。

收贮。近时多取于罪犯纸赎，以所贮多少为考绩殿最云。①

预备仓的管理人员来自于地方民间，地方官府只起到监督作用。

洪武初，令天下县分，各立预备四仓。官为籴谷收贮，以备赈济，就择本地年高笃实民人管理。②

要求各地都选择"高笃实民"来管理并不现实，预备仓的实际管理权通常都被地方豪族把持。根据杨溥的奏疏，预备仓被乡之土豪大户侵盗私用，肆意捏造已死亡或逃亡的人户来借用，假立簿籍，欺瞒官府，以致南方官仓储谷十处九空，更有甚者，有的仓库不仅没有储量，连仓库都不存在了。此后，明代政府逐渐将预备仓的管理权收归地方政府，洪武二十四年（1391 年），取消由地方耆民籴米的规定。正德五年（1510 年），免除了天下预备仓仓官，由令州县正官或管粮官担任这项工作。

济农仓是一种特殊的预备仓，设立于宣德年间（1426—1435 年），由江南巡抚周忱主导建立，可以看作一种特殊的预备仓，它的存粮主要来源于地方政府征收的税粮在支付了解运及其他开支之后的剩余，还有相当一部分存粮来自平籴与劝分，在出纳管理上则与预备仓略同，因而在之后的沿革中，有一些地区将其更名为预备仓，如长洲县，也有一些地区将济农仓重新定名为预备济农仓，如华亭县。

因为南徽、苏州等地郡田赋税最重，贫民纳税和耕作时常常不得不向富户借贷，当地借贷利息高，经常造成农户倾家荡产，以致逃亡。从江南巡抚周忱的角度来看，民众逃亡的直接后果就是地方赋税的减少，要想从源头解决这个问题，需要减少农户的借贷负担，所以他上书请求从地方财政中划拨出粮食建立济农仓。把粮食借给贫困农户，秋季收成后再要求农户偿还。同时济农仓也可以在发生灾害时进行赈济，从而节约中央政府运粮到江南的成本。

为保证预备仓拥有充足的积粮，明政府曾将积粮是否达到额定标准作为考核各级官员的重要依据。定制始于弘治三年："命天下州县预备仓积粮，以里分多寡为差。十里以下积粮至万五千石者为及数，二十里以下者二万石，三十里以下二万五千石，五十里以下三万石，百里以下五万石，二百里以下七万石，三百里以下九万石，四百里以下十一万石，五百里以下十三万，六百里以下十五万石，七百里以下十七万石，八百里以下十九万石。"③这一标准决定了官

① 《大明会典》卷二十二，国家图书馆出版社，2009。

② 《大明会典》卷二十二，国家图书馆出版社，2009。

③ 《明实录》辑《大明孝宗敬皇帝实录》卷三十六，广陵书社，2017。

员的考核，达到指定数量算作称职，多积粮的授奖，未达到的予以惩罚。具体方法是：每三年一次查盘，如果储粮缺少三成，罚俸半年；缺少一半的，罚俸一年；缺少六成及以上的，九年考满之后降职使用。这一考察方式存在问题，如某地官员离任后，新到任的官员如果接手一个仓粮亏空的地区，上任不久就遇到考核，短期内无法筹齐储备就要受到责罚，因此，新到任官员往往不遗余力增加储粮。上级不问其所取的理由，而是机械地考核所积的粮食数量，使得一些地方官员不择手段积粮，造成民生问题。

弘治十二年（1499 年），应刑科给事中李举之请，停止实行弘治三年（1490年）所定以积粮数评判官员的政策。嘉靖二年（1523 年）二月，御史朱豹上书，他认为预备仓长期处于荒废状态，出现凶年将无所仰赖，他建议恢复宣德、天顺年间的制度，对地方官的考核中加入积谷多寡这一指标。户部经过商议，最终批准了这一建议，且惩罚的规定更为严厉。嘉靖三年（1524 年），规定各处抚按官，督察各司、府、州、县官在岁收的时候，多方设置预备仓粮。罪犯赎纳和罚款都折为谷米，加入粮仓。每季都上报抚按衙门，以积粮多少作为考核。如果地方官任内三年全无蓄积，考察期满到京师，由户部参送到法司问罪。结果，地方政府根本难以完成额定的储量，这让国家意识到额定数值可能与当地的实际生产能力不符，嘉靖后期积粮额数一再降低，隆庆四年（1570年）三月，应陕西巡按御史王君赏奏请，再减积粮数额。隆庆五年（1571 年）八月，长期通行的以积谷多寡为评价标准的政策发生了改变。当时葭州知州尹际可等二十五员、河南洛阳县知县鲍希颜等六名官员的仓粮储备不足，户部以工作不力，按规定降职任用。文书发往吏部，吏部认为积聚粮食以备荒年是一项临时分派的任务，而且各地的实际情况不同，富裕地方较为容易囤积粮食，诉讼多的地方罚款更多，并不应该仅凭粮食储粮一项就评价官员能力。

有司积谷备荒，虽亦急务，然较之正赋，轻重自是不同。况皆出于赃罚、纸赎及他设处所入之数，视地方贫富、狱讼繁简为差，不可以预定也。若必欲所在取盈，是徒开有司作威生事之端，于济民初意失之远矣。今宜稍从宽假，止治其侵渔无状者。若止怠玩，仍当分别轻重，明注考语，俟本部劣处，不必遽议降调。[1]

吏部的这一建议获得了皇帝的批准。积谷规定对地方官员的约束力大大降低。积粮标准一再降低，对完不成任务官员的惩罚力度也一再减轻。此后预备仓的各地储粮就开始下降，直到明朝末年，已经几近名存实亡。

---

[1]《明实录》辑《大明穆宗庄皇帝实录》卷六十，广陵书社，2017。

第二节 常平仓的发展

通过经济手段对灾害进行调节的仓储思想，在春秋战国时期就已经出现。齐国的管仲和魏国的李悝都提出了相关的政治主张（在本书第二章已进行了讨论），但真正形成常平仓制度还是在汉代。

汉宣帝五凤四年（公元前54年），耿寿昌建议设立常平仓。

宣帝即位，用吏多选贤良，百姓安土，岁数丰穰，谷至石五钱，农人少利。时大司农中丞耿寿昌以善为算能商功利，得幸于上，五凤中奏言："故事，岁漕关东谷四百万斛以给京师，用卒六万人。宜籴三辅、弘农、河东、上党、太原郡谷，足供京师，可以省关东漕卒过半。"又白增海租三倍，天子皆从其计。御史大夫萧望之奏言："故御史属徐宫家在东莱，言往年加海租，鱼不出。长老皆言武帝时县官尝自渔，海鱼不出，后复予民，鱼乃出。夫阴阳之感，物类相应，万事尽然。今寿昌欲近籴漕关内之谷，筑仓治船，费值二万万余，有动众之功，恐生旱气，民被其灾。寿昌习于商功分铢之事，其深计远虑，诚未足任，宜且如故。"上不听。漕事果便，寿昌遂白令边郡皆筑仓，以谷贱时增其贾而籴，以利农，谷贵时减贾而粜，名曰常平仓。民便之。[①]

宣帝即位后，农业生产很顺利，民间谷价约每石五钱，农民利益很少。当时大司农中丞耿寿昌建议取消以往由关东水运而来的粮食，改为买入三辅、弘农、河东、上党、太原郡等地农民的粮食，以供应京师，这样既可以增加农民收益，还可以减少大量的运粮花费，他还建议将海租增加三倍。

御史大夫萧望之对此提出反对意见，认为增加海租，将直接影响渔业生产，同时耿寿昌的建议需要建筑仓库和船只，会劳民伤财，但皇帝还是认同了耿寿昌的建议。后来事情发展顺利，耿寿昌提议将之前的成功经验进行推广，在边郡都建筑仓库，在谷价低时增价买入，让农民得利，谷贵时减价出卖，减轻百姓压力，这一制度称作常平仓制度。

元帝即位后，发生严重水灾，关东十一郡都受到影响。元帝初元（公元前47年）二年，齐地又发生饥荒，谷价达到一石三百余钱，有很多百姓被饿死。此时儒生大多认为这是同百姓争夺利益的恶果，建议停止经营常平仓。汉元帝采纳后，最终于初元五年（公元前44年）明诏废弃常平仓制度。

常平仓从公元前54年试行，到公元前44年正式宣布废除，在西汉只实行

---

① 《汉书》卷二十四上《食货志上》，中华书局，2007。

了十年左右。从实际效果来看，这段时间内的常平仓制度并没有真正起到救灾的效果。常平仓的功能需要以国家对经济的控制为基础，汉宣帝更倾向于继承汉武帝时期国家掌控经济的管理思路。但经济干预不当，使得民间财富在商业空间被挤压之后转向投资土地，这也加深了土地兼并问题的严重性。汉元帝则更倾向于儒家思想，认为重利是小人行为，经济政策也发生了转变。可惜的是这次经济政策调整并没有思考如何发挥常平仓在救灾方面的有利作用，而是直接废弃了。可以说西汉常平仓制度设置的逻辑是合理的，但在执行中存在问题。

王莽主政时期，曾尝试在汉平帝元始四年（4年）恢复常平仓制度。

莽奏起明堂、辟雍、灵台，为学者筑舍万区，作市、常满仓，制度甚盛。[1]

这里的常满仓与常平仓功能类似，从后来的效果看，并没有达到预期效果。

西晋泰始二年（266年），晋武帝下诏：

夫百姓年丰则用奢，凶荒则穷匮，是相报之理也。故古人权量国用，取赢散滞，有轻重平籴之法。理财钧施，惠而不费，政之善者也。然此事废久，天下希习其宜。加以官蓄未广，言者异同，财货未能达通其制。更令国宝散于穰岁而上不收，贫弱困于荒年而国无备。豪人富商，挟轻资，蕴重积，以管其利。故农夫苦其业，而末作不可禁也。今者省徭务本，并力垦殖，欲令农功益登，耕者益劝，而犹或腾踊，至于农人并伤。今宜通籴，以充俭乏。主者平议，具为条制。[2]

晋武帝希望能实行平籴之法，减少粮食浪费，增加粮食储备，避免商人控制物价给农民造成损害，希望相关管理部门能够具体制定出条例制度，但当时全国还没有统一，没有落实这一政策。

（泰始四年）乃立常平仓，丰则籴，俭则粜，以利百姓。[3]

泰始七年（271年），匈奴帅刘猛反叛，针对边境地区的安全问题，杜预提出的建议中包括在边境地区设置常平仓，这既可以加强军队的粮食供给，又可以保障发生灾害时边境居民的粮食安全。

预乃奏立藉田，建安边，论处军国之要。又作人排新器，兴常平仓，定谷价，较盐运，制课调，内以利国外以救边者五十余条，皆纳焉。[4]

咸宁二年（276年）八月，朝廷在首都城东建设太仓，在东西市设立常

①《汉书》卷九十九上《王莽传》，中华书局，2007。
②《晋书》卷二十六《食货志》，中华书局，1974。
③同上。
④《晋书》卷三十四《杜预传》，中华书局，1974。

平仓。

隋唐时期的常平仓沿袭了汉代的功能设定，主要作用是在灾害发生后平抑物价。丰年的时候按平价买入，灾年的时候以平价卖出。常平仓通常选择在较为重要的地区设置，隋朝的时候曾在陕州设置，唐朝的时候在长安、洛阳设置，管理机构为常平署，后其他州府也有设立。根据州府规模的不同，运营成本也不相同，启动资金方面：上州三千贯，中州两千贯，下州一千贯。安史之乱后，常平仓遭到破坏，中央财政能力有限，无力重建。从广德二年（764年）起，中央政府将筹建的仓本和日常运营的权力下放给各州县。唐德宗继位之后，拿出官米十万石、麦十万石，在京城东西两市重新设置了常平仓，作为试点。其随后几年在灾害应对中效果显著，因此计划推广到全国，以商税的一部分作为本金，但由于赋税不足，没有实现。元和元年（806年），为了推行常平仓的建设，唐宪宗下令将全国州府每年税收的百分之二十填充到常平仓和义仓中。这样，常平仓的主要功能也由灾害后平抑物价变为赈贷灾民，功能趋同于义仓。

常平义仓斛斗，每年检勘，实水旱灾处，录事参军先勘人户多少，支给先贫下户，富户不在支给之限。[①]

五代期间常平仓遭到破坏，宋太宗时期恢复了唐朝常平仓的制度，淳化三年（992年）六月，朝廷下令在京城四门设置常平仓采购人员，以比市场更高的价格采购粮食，令相关部门空出附近的仓库来储存粮食，作为常平仓，设置专门官员进行管理，如遇歉收年景，降价卖出粮食给贫民。这是首先在首都设置常平仓作为试点，后救灾效果显著，逐渐推行至全国。真宗景德三年（1006年）下诏：按各州的户口多少，留下部分应上交的赋税，大州留下一二万贯，小州留下二三千贯，交于司农寺作账，三司不问出入，委托转运司与本州清廉的县官专门负责这项工作。每年夏季加价收购粮食，如果遇到市场粮食上涨，就降价出粜，加价和降价的范围在三至五文钱，定价不能低于本钱。每三年作为一个周期，所得盈利由司农寺掌管，三司及转运司不得挪用。这标志着宋代常平仓制度体系化的形成。政府对常平仓仓本的来源、管理人员、补充办法、仓库储量，都进行了较为详细的规定。大中祥符六年（1013年）十一月，司农寺建议将存粮更新的时间缩短为两年。

以开封、祥符两县常平仓并为在京常平仓，其在京及诸路常平仓斛斗，若

---

① 《旧唐书》卷十八《宣宗本纪》，中华书局，1975。

经二年，即支作军粮，以新者给还。①

同年七月，判司农寺盛度建议将收粮的数额纳入常平仓官员的考核范围之中。天禧二年（1018年）正月，朝廷又对各地常平仓的籴米数额进行了具体规定。

诸州常平仓斛斗，其不满万户处许籴万石，万户以上不满二万户籴二万石，二万户以上不满三万户籴三万石，三万户以上不满四万户籴四万石，四万户以上籴五万石。②

天禧四年（1020年），国家对常平仓再次进行广泛设立，此时，各路均设置了常平仓。董渭对此评价说：

汉之常平止立于北边，李唐之时亦不及于江淮以南，本朝常平之法遍天下，盖非汉唐所能及也。③

宋代的常平仓制度执行中，一些地方依然存在问题。庆历六年（1046年）二月，中书、门下上奏益州地区本没有常平仓，自康定二年（1041年）益州路提刑司计划创立以来，实际效果并不好，通过调查发现州县收籴大多是分派，最终导致物价上涨，人民生活艰难。川陕地区的常平仓摊派的方式使得地方粮价反而上升。中央的应对办法是停止益、梓、利、夔四州的常平仓使用，将所储存的粮食安排在省仓管理，并强调常平仓的粮食是应对灾害专用，不允许用作别处。

至和二年（1055年），张方平知益州时上奏：益、梓、利、夔四州的粮食田产价格飞涨，建议将这四州的粮食储备拨入提刑司管理，重新实行常平制度。至此，益、梓、利、夔四路的常平仓被恢复使用。

常平仓属于国家储备仓库，由大司农主管日常工作，各州县的常平仓选拔廉洁的官员管理，通常为转运使或县官兼任。针对常平仓在管理上存在的问题，范仲淹提出过三条意见：一则是官员与地方豪强和大商人勾结，乘时贱价收购，导致贫民粮食匮乏。等到水旱灾害发生时，大商家高价出售粮食，百姓困于凶年。二则是以补充军粮为名而假借成风，致使仓空本竭。三则是司农寺管辖权限小，没有执法权，应以提点刑狱司配合管理。前两条是管理问题，第三条是制度问题，认为主管部门的权限不足。

熙宁二年（1068年）王安石变法，其中一项就是将常平仓的粮食放贷给农

---

① 《宋会要辑稿》辑《食货》，上海古籍出版社，2014。

② 同上。

③ 《救荒活民书》卷上，中华书店出版社，2018。

民，将旧有的常平仓制度与青苗钱制度相结合，形成的青苗法在本质上是一种农业贷款形式。在粮食丰收之前，政府将钱借给农民，以避免农民由于缺乏资金购买生产资料而造成的农业生产规模萎缩。在粮食收获之后，农民归还贷款时，如果粮食价格较低，允许农民以谷物缴纳贷款；如果粮食价格很高，则允许农民以现金的形式返还贷款；如果遭遇严重灾害导致歉收，则允许农民延后还贷。这一制度的本意在于保护农业生产，避免商人在农业生产中进行利润盘剥。这种国家对农业进行放贷的行为，使宋代民间高利贷利益群体受损，主要是地方地主阶层，因此受到了激烈反对。在王安石变法期间，青苗法及常平仓制度得以实现。由于常平仓的功能增加，管理上需要更多人员，因此设提举常平官，每路安排四人，均为兼职，又增加一两名档案管理官员，由京官充任。从灾害应对的角度来看，这与常平仓设立的初衷相悖，常平仓的主要功能在于平衡灾后的物价，是一种保障性制度，而非经济制度。王安石的这次变法对于世界农业立法有一定的借鉴价值。在美国大萧条时期，美国农业经济学家亨利·华莱士借鉴了王安石变法，推动农业经济改革，获得积极成效。

宋代也存在类似其他具有平抑物价，防备灾荒功能的粮食储备仓库，如北宋的惠民仓和南宋的平止仓、平籴仓。

北宋的惠民仓承袭了后周的制度，其作用和常平仓类似，资金来源是从各项补助中拿出一定比例，用这笔钱购买粟米进行储存，在歉收的年份以较低的价格出售。北宋时，惠民仓一般隶属于各路转运司，并由其管理。南宋时，由于惠民仓多由地方官员奏准建立，所以地方上具有较多的支配权，多直接为地方官员管理。

平止仓是嘉定十七年（1224 年）建康留守余嵘规划创立的救灾仓库。"平止"取名于战国李悝"使民适足，价平则止"。其特点是不接受其他政府部门的赊借请求，籴米地区不仅限于当地，也可以在邻近的米价较低的地区进行。籴米的时候把运输费成本加入粮价中，严格进行仓储管理，定期检查，如果发生灾害造成米价上涨，就进行赈济。功能和常平仓有重叠，但粟米买卖更为灵活和频繁。

平籴仓是南宋时期出现的仓种，嘉定八年（1215 年）建康府设置平籴仓，此后在南宋境内推广。建康府仓本为一万石，江南东路其他八郡各五千石作为仓本。平籴仓功能和常平仓类似，都是为了平抑米价，主要区别在于平籴仓更重视购买，每年九月开始买进，到第二年二月为止，储备充足。在二月之后平价售出，每石加价不许超过二百文。此外，在发生灾害的时候，可以亏本经营。

占领北方的金政权也推行了常平仓制度。金世宗大定十四年（1174 年），曾经试图制定常平仓制度，短暂试行后就废止了。章宗明昌元年（1190年）八月，有御史请求复设常平仓，金章宗下令各省大臣进行商议。

省臣言："大定旧制，丰年则增市价十之二以籴，俭岁则减市价十之一以出，平岁则已。夫所以丰则增价以收者，恐物贱伤农。俭则减价以出者，恐物贵伤民。增之损之以平粜价，故谓常平，非谓使天下之民专仰给于此也。今天下生齿至众，如欲计口使余一年之储，则不惟数多难办，又虑出不以时而致腐败也。况复有司抑配之弊，殊非经久之计。如计诸郡县验户口例以月支三斗为率，每口但储三月，已及千万数，亦足以平物价救荒凶矣。若令诸处，自官兵三年食外，可充三月之食者免籴，其不及者俟丰年籴之，庶可久行也。然立法之始贵在必行，其令提刑司各路计司兼领之，郡县吏沮格者纠，能推行者加擢用。若中都路年谷不熟之所，则依常平法，减其价三之一以粜。"①

从此，金代的常平仓制度得以实行，之后的几年中，常平仓的制度细则逐渐完善。明昌三年（1192年）八月，明确了常平仓的监督机构。

常平仓丰籴俭粜，有司奉行勤惰褒罚之制，其遍谕诸路，其奉行灭裂者，提刑司纠察以闻。②

实际操作中，地方官员为了完成国家的政令，机械地建设常平仓，存在有名无实的情况，一些常平仓位置偏僻，灾民也只会就近前往州县粮仓进行交易。因此对于常平仓的设置位置和数量、管理机构及惩处又有了明确规定。

县距州六十里内就州仓，六十里外则特置。旧拟备户口三月之粮，恐数多致损，改令户二万以上备三万石，一万以上备二万石，一万以下、五千以上备万五千石，五千户以下备五千石。河南、陕西屯军贮粮之县，不在是数。州县有仓仍旧，否则创置。郡县吏受代，所余粟无坏，一月内交割给由。如无同管勾，亦准上交割。违限，委州府并提刑司差官催督监交。本处岁丰，而收籴不及一分者，本等内降，提刑司体察，直申尚书省，至日斟酌黜陟。③

金朝的常平仓设置较为顺利，到明昌五年九月，尚书省奏：

明昌三年始设常平仓，定其永制。天下常平仓总五百一十九处，见积粟三千七百八十六万三千余石，可备官兵五年之食，米八百一十余万石，可备四年之用，而见在钱总三千三百四十万贯有奇，仅支二年以上，见钱既少，且比年稍丰而米价犹贵，若复预籴，恐价腾踊，于民未便。④

---

①《金史》卷四十《食货五》，中华书局，1975。

②同上。

③同上。

④同上。

短短两年，常平仓就储备了足够的粮食，此时储备的货币相对较少，不再适合收购粮食，因此将常平仓制度废止了。

元宪宗七年（1257年）初立常平仓，不久停废。元世祖至元八年（1271年）再次下令在各路建立常平仓，由地方正官兼管，按户数收贮米粟，加价十分之二进行收籴，不得摊派百姓。当时收贮达八十余万石，后仓粮被频繁挪用，储备渐空，却不再籴米，以致常平仓名存实亡。至元十九年（1282年），再次设立常平仓，其仓官人选都是从上户内选差，免其杂役，地方官按月将籴米及现存本金情况上报户部，但因官吏多不尽责，实际上或存或亡。至大二年（1309年），命路府州县皆置，并定设仓官三员，于流官中选任，然而同年御史台即以年岁不登奏请罢去。文宗天历二年（1329年），复命各地设立。元末常平仓的弊端更甚，行省所发的籴本被各级官吏层层克扣，发到乡都已所剩无几，于是摊派民间领钞纳谷，胥吏与里正等管理者又从中作弊，或籴本被贪污挪用，官吏为应付上司检查，临时收籴劣谷充数，不久即腐变，或减价发粜时，被贪吏、奸商、权豪势要者抢购一空，贫民反不能受益。

明代初期将正仓和常平仓结合为一种仓储类型，太祖洪武三年（1370年），下诏命州县各置预备仓，这时预备仓的管理方式与常平仓是一致的，平年出官钞籴粮储存起来，灾年时向灾民赈贷，等到收获时偿还。正仓吸纳了常平仓的部分运作机制，而地方上的常平仓还继续存在。

（成化）十八年正月壬辰，命南京粜常平仓粮。时，岁饥，米价踊贵，而常平所储粮八万六千余石，南京户部请减价粜以济民，候秋成平籴还仓。其粜于民，多不过五斗，务使贫民得蒙实惠。奏可。[①]

此时，南京还有常平仓，这是少数从元代遗留下来的仓库，在灾年仍发挥着作用，其余元代的常平仓大多毁于战火。

明代的常平仓的重新设立还是在弘治年间。弘治五年（1492年）九月，兵科给事中吴世忠上书：

常平宜因今日义仓之旧，更以常平之名，因民数之多寡以储粟，酌道里之远近以立仓，每县二、三十里，各立常平仓一所，丰年而籴，委之富民，以计其数，凶年而粜，临之廉吏，以主其事。此皆救荒之急务也。户部覆议谓，世宗言俱可行。[②]

万历时，朝廷的主流观点认为常平仓既可克服预备仓有出无收、费用甚巨

① 《江苏省通志稿》载《大事志·成化二》，方志出版社，2010。
② 《明实录》辑《大明孝宗敬皇帝实录》卷六十七，广陵书社，2017。

的弱点，又可避免社仓散易敛难之弊。各地多有常平仓兴建，如乌程县、秀水县、平湖县等。万历二十四年（1596 年），嘉兴府所属嘉兴县、嘉善县、海盐县、平湖县、石门县、桐乡县等都建有常平仓。万历二十九年（1601 年），福建长官陈长祚等倡议建立常平仓于官，劝义仓于民。熹宗天启间令各堡用常平法来买卖粮食，汪道亨在陕西时亦曾令各府州县推行常平仓制度。

清代时，常平仓系统是国家赈灾粮食储备的主体。顺治年间，各府、州、县都设置了常平仓，由道员专管，每年造册呈报户部。顺治十七年（1660 年）时，明确了仓谷籴粜的规则办法，春夏出粜，秋冬籴还，平价出息，如果遇到灾害荒年，开仓赈济。康熙年间，又定春借秋还，每石取息一斗等规则，各地常平仓储粮不必上缴，留在本地备赈，并规定了大、中、小州县应储粮数。清代常平仓制度的发展，主要表现为输入的渠道监管更为严密。其中最主要的渠道是用财政专项资金进行采购粮食。每年秋季粮价较低，按常规买进新粮，次年春夏青黄不接时将存粮卖出，通常卖出仓储总量的百分之三十，此外，还接受捐纳，包括纳粮捐监生等形式鼓励捐献。在某地严重缺粮的情形下，朝廷还常下令截漕弥补各地常平仓收贮之不足。一般而言，每年秋天各地常平仓都要采买粮食，以补足仓额。为了避免领款后拖延不买之弊，清政府规定了采买期限。

常平仓的仓储管理方面，规定由专门人员进行定期盘查，如发现有腐败和玩忽职守行为，进行严厉处罚，根据不同数额处以刑罚。存粮数量的规定几经变化，清初规定粮食储备的规模要根据各地人口数量、繁荣程度和交通状况来制定，地方政府根据属地原则进行储备。其后，常平仓的储备政策开始注重地区的特殊性。乾隆年间，各地粮食价格持续上扬，舆论开始指责常平仓大量购买和储备粮食造成了粮价上升。乾隆十三年（1748 年），朝廷下令将常平仓的储量降低，参照雍正年间的储备定额，削减部分省份常平仓的储额。

常平仓的地点设置也存在争议，常平仓通常设于州县的县城或其附近，便于官员进行管理，但在灾害发生后，农村及边远地区人口实则受到的损害更大，然而由于距离较远，难以得到常平仓的实惠。另外，常平仓的管理制度严格，程序繁琐，当发生灾害时，地方官员需要层层上报请求开放常平仓，加上详细制定灾民名单等工作，最终开仓可能需要几个月的时间，复杂的规定非但没有起到遏止腐败的效果，反而影响了救灾的效率。至嘉庆以后（1796 年），国内外多事纷扰，用兵更多，常平仓常被军队征用，清代后期常平仓储大多已经有名无实。

第三节　社仓与义仓的发展

建在州县的叫义仓，建在乡村的叫社仓。

古有义仓，又有社仓。义仓立于州县，社仓立于乡都，皆民间积贮，储以待凶荒者也[1]。

汉代开始，以防灾为目的的民间仓储开始普遍存在。汉宣帝时，魏相上书建议鼓励民间储粮备荒。

臣谨案王法必本于农而务积聚，量入制用以备凶灾，亡六年之畜，尚谓之急。元鼎二年，平原、勃海、太山、东郡溥被灾害，民饿死于道路。二千石不豫虑其难，使至于此，赖明诏振救，乃得蒙更生。今岁不登，谷暴腾踊，临秋收敛犹有之者，至春恐甚，亡以相恤。[2]

这期间的民间备灾仓储还处于分散化、小规模的状态，仓储设施简陋，甚至只是堆积在平地或墙角，北齐时代建立富人仓。

诸州郡皆别置富人仓。初立之日，准所领中下户口数，得支一年之粮，逐当州谷价贱时，斟量割当年义租充入。谷贵，下价粜之；贱则还用所粜之物，依价籴贮。[3]

北齐的富人仓是在国家的组织下，社会参与灾害防范的一种仓储模式，运营上与常平仓类似，本质上是民间备灾仓储。

当时北齐的税收制度中就包括义租，义租是为专门防灾准备的。官租的税赋是一斗，义租是五升，官租交于府台，义租交给郡县，来防备水旱灾害。

隋代的义仓最开始是由一些地方贵族、富商、地主设立的，在发生灾害时用以救济灾民。开皇五年（585年），工部尚书长孙平认为这种形式对于灾害救助非常有效，于是奏请皇帝批准，在各地建立义仓。

平见天下州县多罹水旱，百姓不给，奏令民间每秋家出粟麦一石已下，贫富差等，储之间巷，以备凶年，名曰义仓。[4]

粮食来源于百姓收获和军队的屯田。这时义仓的管理权多由基层乡社承

---

[1] 《中国荒政全书》辑《社仓考》，北京出版社，2003。

[2] 《汉书》卷七十四《魏相丙吉传》，中华书局，2007。

[3] 《隋书》卷二十四《食货志》，中华书局，1982。

[4] 《隋书》卷四十六《长孙平传》，中华书局，1982。

担，但实际上一些地方百姓不愿缴纳粮食备灾，义仓缺乏管理效率，地方的义仓并没有起到预期的效果。开皇十五年（595年），义仓的管理权被划归给州县管理，交纳方式也从半自愿变为按户摊派：上户不超过一石，中户不超过七斗，下户不超过四斗。义仓制度对于隋代的灾害防备起到了显著的效果。后在隋炀帝时期，常以国用不足为名，赊贷义仓粮食，造成义仓空虚。

唐代武德元年（618年）九月四日，设置社仓。诏曰：

特建农圃，本督耕耘，思俾齐民，既康且富。钟庾之量，冀同水火。宜置常平监官，以均天下之货。市肆腾踊，则减价而出；田穑丰美，则增籴而收。庶使公私俱济，家给人足，抑止兼并，宣通壅滞。①

这是以民间仓储为基础，按照常平仓的管理形式经营，设置了常平监官。武德五年（623年）十二月，这一制度被废止。

贞观二年（628年）四月，戴胄上书建议重新设置义仓：

水旱凶灾，前圣之所不免。国无九年储蓄，《礼经》之所明诫。今丧乱之后，户口凋残，每岁纳租，未实仓廪。随时出给，才供当年，若有凶灾，将何赈恤？故隋开皇立制，天下之人，节级输粟，多为社仓，终于文皇，得无饥馑。及大业中年，国用不足，并贷社仓之物，以充官费，故至末涂，无以支给。今请自王公已下，爰及众庶，计所垦田稼穑顷亩，至秋熟，准其见在苗以理劝课，尽令出粟。稻麦之乡，亦同此税。各纳所在，为言义仓。若年谷不登，百姓饥馑，当所州县，随便取给。②

唐太宗认同戴胄的想法，并推进义仓制度化建设。

太宗曰："既为百姓预作储贮，官为举掌，以备凶年，非朕所须，横生赋敛。利人之事，深是可嘉。宜下所司，议立条制。"户部尚书韩仲良奏："王公已下垦田，亩纳二升。其粟麦粳稻之属，各依土地。贮之州县，以备凶年。"③

唐代沿袭了隋代的做法，再次制定了义仓制度，要求王公之外的开垦的田地，每亩缴纳两升粮食加入义仓。与隋代不同的是，义仓的缴纳以土地为标准，而不是以户收取。从此各州县开始设置义仓，唐高宗永徽二年（651年）六月，对义仓的收税方式进行了改革，由原来的按地收取变为按户收取。

义仓据地收税，实是劳烦。

宜令率户出粟，上上户五石，余各有差。④

---

① 《旧唐书》卷四十九《食货下》，中华书局，1975。

② 同上。

③ 同上。

④ 同上。

到唐高宗、武则天等朝，都明确规定，义仓的储备只为灾害应对准备，不允许被挪用。此后由于国家财政紧张，义仓开始被充官禄及诸司粮料。到中宗神龙年间，义仓几乎消耗殆尽。开元二十五年（737年）唐玄宗下令，王公以下，每户按照自己土地面积每年每亩交纳粟米两升，作为义仓粮食。商人按照户别进行缴纳，上上户交纳五石，上中及以下递减。如果农户种的不是粟米，按照规定换算，比如，缴纳稻谷的话，一升半等于粟米一斗。有田地的臣民按亩征收义仓谷，无田地的商人则按户征收义仓谷。

安史之乱后，义仓再次被用尽和破坏。宪宗元和元年（806年），义仓再次被兴建。在天下州府每年所交纳的赋税中，拿出百分之二十，存入常平仓及义仓，根据实际情况进行枭籴。这时不再单独专门去征收义仓谷，而是改为从各州府的地税中分出一部分充作义仓储备。纵观唐朝的义仓管理，主管部门都是户部，发放赈灾粮食时也是有由朝廷下令，义仓始终归中央财政部门统一管理。

北宋时期朝廷对义仓制度的争议很大，先后四次兴废，直到宋哲宗绍圣元年（1094年）第五次恢复，义仓制度才最终确定。起争议在于义仓是当时农民在征税之外的另一种上缴粮食的活动，缴纳的数额是按田地比例进行的。这样，拥有田地较多的富户需缴纳给义仓的粮食就更多，拥有土地少的贫农缴纳的少，一旦发生灾害，义仓赈灾的规则是根据灾民生活状况发放。富农家中往往有余粮，并不需要救济，而贫困的农户往往领取了最多的救济。这其实是一种将富户的粮食转移支付给贫农的制度。这种制度的立意很好，但也更容易受到地主阶级的反对。北宋时，义仓是由提举常平司管理的，南宋时，由提举常平茶盐司管理。两宋期间，义仓的支借挪用现象屡禁不止，即使到第五次恢复义仓的时候，仍然没有解决。绍圣初年，义仓复立。但大臣普遍认为义仓应当留在乡里，以备水旱灾害。之前并入县仓的，大多被官吏移用，后来还有输郡仓，转充军仓，或挪为他用的，凶年时没有救民的作用，也就失去了古人立法的本意。南宋初年，由于和金人的战斗不断，行军队伍时常需要就地补充粮食，多次出现开义仓补充军粮的行为，因处于在特殊状况，往往不予追究。宋金议和前后，战事减少，高宗在绍兴十一年（1141年）下诏说明设置义仓以待水旱，是祖宗传下来的好制度，但州县奉行不力，常有挪用，失去义仓建立的本意。因此，令监司考核粮仓实数，如果有侵失情况，责令补还，但在具体落实上收效不大，最终义仓在南宋的救灾作用也越来越小。

广惠仓是宋代开始建设的仓储系统，其功能特点是以社会福利为目的，救助孤儿、贫民和灾民。宋代招募农民耕种一些没收的田地，然后将所收的租税储存起来，救济难以生存的老弱病残群体。广惠仓最开始由提点刑狱司管理，后改为司农寺管理，由其所在州派出两名官员作为出纳，每年十月进行调查贫困人口，作出账册后，从十一月开始，每三天进行一次发放，每人一升米，幼儿半升，一直发放到第二年二月结束。广惠仓除了养济作用之外，也会在青黄不接时为贫民提供粮食；也可在灾年出售粮食，这相当于常平仓的作用。王安石变法后，将广惠仓并入常平仓，也用于青苗法放贷，失去了其作为社会保障的作用。元祐三年（1088年），范祖禹上书建议恢复广惠仓原来的作用。他认为恢复广惠仓的重要意义在于引导行政风气，广惠仓是朝廷表现对百姓关心的象征，会更好地让地方官吏知道国家的政策导向，这样地方官吏才可能爱护贫苦百姓，同时也有利于社会稳定。每年广惠仓的花费对于国家税收来说很少，但是对于贫困之人是可以救命的。这一建议得到了宋哲宗的认同，广惠仓因此恢复。但绍圣元年（1094年）再一次被废除，直到北宋灭亡。南宋乾道五年（1169年），成都再次建设广惠仓，宁宗年间（1195—1224年），广惠仓开始在南宋大规模重建，直到宋末。

丰储仓起源于南宋，出现于绍兴二十六年（1156年），董煟《救荒活民书》记载，户部尚书韩仲通建议从上供之米所余之数中拿出一百万石另行贮存，命名为丰储仓。主要功能是在荒年为军队提供军粮，这样可以很大程度上减轻民众在灾年的负担。在实际发生灾害时，丰储仓也常用于直接赈济灾民。咸淳六年（1270年）九月，台州发生水灾，十月宋度宗下诏台州发义仓米四千石并发丰储仓米三万石，赈济遭受水灾的难民。那时的南宋政权已经岌岌可危，丰储仓仍一次能拿出三万石米赈灾，可见丰储仓在南宋仓储中的重要性。

宋徽宗政和年间（1111—1117年），提举福建路常平黄静建立永利仓。后因兵乱废止，绍熙五年（1194年），知浦城县事鲍恭叔请求恢复永利仓事，夏季发贷，冬季收藏，属于季节性的赈灾仓种。永利仓仓本出于常平仓，后又转用县仓的仓储，因此属于地方自筹经费的仓种。

宋理宗淳裕十一年（1251年），湘乡县令令狐震在统计县内仓储时发现，用于救灾囤积的常平仓粮食已经大量腐败，无法充分起到救灾的作用，所以筹措资金，重新建立了仓储，取名为平济仓。为了避免之前的问题重演，新仓规定将米存储于当地最富裕的二十三家之中，每家存放十万钱，共计二百三十万钱，这些钱在当时可以买约一千石的粮食。这二十三家自己安排籴米。粜米的时候，地方政府不派官吏接管，完全由商家自营，但是规定价格不能超过市场价太多，由地方官员进行监督。银钱不在官府储存，减少了地方官员可能侵移的弊端，也减少了行政成本，提升了赈灾效率，形成一种官督民办的仓储系统。在当时来看，这是一次藏富于民的实践创新。

五代时期地方社仓遭到破坏之后，北宋并没有重建社仓系统，直到南宋乾道四年（1168年），朱熹正在崇安县为母丁忧，春末夏初福建北部地区发生水灾，由于地方政府并不积极救灾，朱熹感叹当时的权贵漠然无意于百姓，难以与他们共成利民的大事，因而开始寻求组织民间力量进行救灾。他劝说富户捐献余粮，赈济灾民，同时上书建宁知府，请求发放常平仓存粮，救济灾民。建宁知府徐嘉随即指使有关人员，调派船只，运米六百斛。

朱熹以这六百斛米建设了崇安县开耀乡的社仓，这也是南宋社仓的开始。开耀乡社仓的借贷规则是：贫农在夏季可以向社仓赊贷粟米，冬季返还，利息为百分之二十，如果收成不好，就收百分之十利息，如遭到水灾，则不收利息。后来，开耀乡社仓取得了相当的成功，朱熹遂将其法上书请求朝廷推广。自此，社仓在南宋各地普遍建立起来。仅福建北部地区，建设起的社仓就有百余所。此后推广的朱子社仓法具体内容为：由地方官府向常平司借贷粟米作为底本，同时接受慈善人士的捐赠，社仓的管理由当地乡社选举一名德行高尚者与官吏一起掌管出纳。乡社居民自愿向社仓进行借贷，秋后偿还本息，利息为百分之二十。社仓经营如果获得的利息达到底本的十倍，将底本归还官府，此后仅利用其余息米进行放贷，并且减少利息，每石米仅收三升利息，灾年免利息。

朱熹以其个人的影响力作为信用担保，在地方建了社仓，社仓的管理精神也与其个人的思想有着密切联系。社仓的主要精神就在于社会保障，朱熹认为常平仓设立的意义在于保障人民生活，但实际的效果并不够好，行政过程过于繁琐，官吏常为了避免承担责任，不愿意救济灾民。因此社仓的一个重要特点就在于审批环节少，利于快速救济灾民。针对社仓容易出现的赊贷不还的情况，采用保甲制度，以十家为一甲，自愿加入。每五十家选出一人作为社首，进行审核，当地居民彼此知根知底，且有直接的经济关系，因此很少出现借贷不还的情况。在当时，朱熹的做法遭到了很大争议，有人认为朱子社仓并不是一种彻底的慈善，百分之二十的利息过高，且非灾年也照样放贷，有牟利的嫌疑。从当时的环境来看，虽然百分之二十的利息并不算少，但是相对于灾后会普遍出现的高利贷，这已经算是很合理的价格了。而朱熹认为如果社仓不能在平年积累仓米，也就无法再发挥更大的作用。其坚持以一种经济管理的思维方式进行慈善，这在当时的社会保障实践上算是一个进步。

元代义仓的建立时间为至元六年（1269年），其法如下：

社置一仓，以社长主之，丰年每亲丁纳粟五斗，驱丁二斗，无粟听纳杂色，歉年就给社民。①

具体操作为：每年丰收之后，乡社居民按照各家人口交纳粮食到义仓，每人一斗，可以是谷物，也可以是杂粮。在乡社中选择诚实守信的富裕人家，将粮食存入其中，让其好好保存。遇到荒年，按照交纳粮食的记录，分发粮食，没有义务配合官府和军队进行支取。义仓建立的较为普遍，就《元史》提供的材料来看，全国各地基本都有。但是在实际的运作中，百姓被政府和地主剥削之后，所剩无几，所以义仓规模都不大。遇到大型灾害的时候，义仓并不能起到决定性作用。元朝末年，腐败与战乱令义仓名存实亡。

明代社仓最初是由地方官提议申请在辖区建立。正统元年（1436年），顺天府推官徐郁建议按照朱子社仓的模式建立地方灾害储备仓。

乞令所在有司增设社仓，仍取宋儒朱熹之法，参酌时宜，定为规画，以时敛散。庶凶荒有备而无患，帝以其言甚切，命有司速行之。②

地方官员申请获得批准后只在当地设立社仓，并没有形成国家制度。

成化九年（1473年），都察院司务顾祥请求批准在山东建立社仓，得到许可。

自今宜行朱文公社仓之法，编定上、中、下三等人户，每于丰年征收之余，劝令小户出粟五斗，中户一石，大户二石，收贮官仓。如遇荒歉，足可赈济。③

之后由于预备仓的衰落，明代中央政府也开始倡导各地建立社仓，明中后期社仓得到了极大发展，对基层救灾起到了积极作用。嘉靖八年（1529年）三月，兵部侍郎王廷相建议，社仓具体的管理人员从地方民众中选取，各府设立社仓，规定民二三十家为一社，推举公认的道德典范一人为社首，能书写计算的一人为社副。为保证社仓不成为地方官员腐败的温床，明令地方官员不得干预管理，如果在仓库建立和运营中有腐败行为，提倡举报，对腐败行为进行严厉惩处。社仓的仓本来源包括社民分担、罚没所得、自愿捐献，社民分担，如：

本社集社长社副社众会议，各量贫富家口为多寡，户分三等，等列三则，其输谷之法，每月一会，约定会期，上上户每会六斗，上中户每会五斗，上下户每会四斗，以次至中下户一斗，下户不与。对家道颇殷、绝无斗谷入仓者，即书某人名，加以"顽客"二字，贴社仓内。④

<hr>

① 《元史》卷四十四《食货志四》，中华书局，1976。

② 《续文献通考》卷二十七，浙江古籍出版社，2000。

③ 《明实录》辑《大明宪宗纯皇帝实录》卷一百一十六，广陵书社，2017。

④ 《荒政丛书》辑《社仓考》，中国书店出版社，2018。

　　万历十八年（1590年）十一月，吏部主事邹元标上言，凶年很多农民流离失所，饿殍遍地，而国家的赈济却无法照顾到，应当多建社仓，将抚、按所留的罚赎款项作为买谷的本钱。另外，生员、监生、吏典、富民交纳一定数量的粮食，朝廷可以给他们的祖、父辈加封荣誉称号。对于自愿捐献粮食给社仓的居民，视捐献多少可以免除徭役，朝廷对其祖上追赠一些荣誉头衔等。各地情况不同，其中难免有强制分派的成分。明代社仓多由地方殷实大户掌管。一个社仓的赈济范围最多为附近几个村，受地域限制，实际的救灾效果主要只是对预备仓的补充。

　　清代前期虽然都曾经多次颁布谕旨，令各地于州县设置义仓，但是在官员考核中，还是以常平仓的建设来评价官员政绩，所以直到乾隆朝，地方的义仓建设还不普及。清代的社仓在康熙、雍正、乾隆、嘉庆年间有所发展。由于各地常平仓建设较为完善，地方对社仓的需求并不强烈。康熙十八年（1679年）开始设立社仓。

　　户部题准乡村立社仓，市镇立义仓，公举本乡之人，出陈易新。春日借贷，秋收偿还，每石取息一斗，岁底州县将数目呈详上司报部。[①]

　　和常平仓本地备灾类似，义仓留在所在村进行备灾。春天出借，秋天归还，由地方官员负责监察。由于社仓离百姓生活关系更近，百姓更容易从社仓得到实惠。清代前期，国家诸多制度都处于草创时期，对社仓亦没有明确的管理办法。雍正年间，朝廷号召全国各地兴建社仓，经河南、山东巡抚奏请中央，户部则对民间社仓的管理作出了详细、具体的规定。

　　户部等衙门遵旨议覆、积贮备荒事。将河南巡抚石文焯、山东巡抚陈世倌条奏内，酌议六条。一民间积贮，莫善于社仓。积贮之法，务须旌劝有方。不得苛派滋扰。其收贮米石，暂于公所寺院收存。俟息米已多，建廒收贮。设簿记明，以便稽考。有捐至三四百石者，请给八品顶戴。一社长有正有副。务择端方立品、家道殷实之人，以司出纳。著有成效，按年给奖。十年无过，亦请给以八品顶戴。一支给后，每石将息二斗。遇小歉之年，减息一半。大歉，全免其息。十年后，息倍于本。祗收加一之息。一出入斗斛，官颁定式。每年四月上旬依例给贷。十月下旬收纳。两平交量。不得抑勒。一收支米石，社长逐日登记簿册，转上本县。县具总数申府。一凡州县官，止许稽查，不许干预出纳。再各方风土不同。更当随宜立约，为永远可行之计。应令各督抚于一省之

──────────

① 《清史稿》卷一百二十一《食货二》，中华书局，1998。

中，先行数州县。俟二三年后，著有成效，然后广行其法。[①]

上述规定包括以下几个方面。第一，制定了捐输粮谷的奖励措施及收贮办法。第二，正式设立了管理社仓的人员和褒奖制度。第三，明确了社仓日常借贷、管理的各项办法。第四，明确了州县官只具稽查的责任，不许干预日常出纳。雍正三年（1725 年），江苏巡抚何天培又对上述规定做了相应补充，亦得到了朝廷的批准。在社仓借贷的人员方面，规定不务农业、游手好闲的人，不能获得社仓的借贷。社仓管理人员方面，除正、副社长外，推举一位家境殷实之人总司其事。重申州县官不许干预社仓出纳，如有抑勒挪借，允许社长据实呈告。至于日常办公所需纸张笔墨，或由民间募捐而得，或由官拨罚项充用。

地方实行过程逐渐滋生了一些弊端，严重影响了它的积极意义。一方面，一些省份的督抚为急于向朝廷表功，严令督促各地大力兴办社仓，充实仓储，并将落实情况与州县官员考绩相联系。然而自愿捐输者毕竟有限，这使得一些州县正印官将社仓所需之粮谷摊入民间赋税之中征收，反而给百姓增添了新的负担，失去了社仓兴建之初通过富户自愿捐输扶助困苦的本意。另一方面，不管是负责稽查的州县官员，还是直接管理的正、副社长都经常趁机侵占社仓谷物，导致一些社仓在账面上贮有粮谷，实际上却空无一石。这都导致很多贫苦百姓并不能在需要时真正得到必要的帮助。

社仓经营中的难处在于：第一，借出的米谷收回难。由于出借米谷中的偿还约束机制较弱，社仓运作中存在借出米谷很难收回的问题，致使社仓经营的可持续性面临挑战。第二，社仓的管理者选择难。社仓的管理者由纯朴敦实之人担任，方可减少监守自盗现象。但借出之米，敦实之人难以催还，结果，米石亏空，众人势必令管理者赔偿，致使管理者因无故赔偿而破产，因而人人都不愿做社仓的管理者。第三，收贮米谷难。富民在灾荒时期能自给自足，因此对社仓没有需求，所以不肯输谷，而贫者即使在正常年份也只能勉强糊口，他们没有多余的米谷交纳，所以米谷的收贮也是个难题。第四，持续经营难。州县官员认真督促实行者少而又少，社仓积弊日久，最后名存实亡。虽然社仓经营中存在这些难处，但由于农村灾荒频发，没有社仓无以实施有效的救济，所以社仓自产生直到民国都在兴衰交替中变化。

---

① 《清实录》辑《雍正朝实录》卷二十六，中华书局，2008。

第六章
工程技术防灾

▼
▼
▼

第一节　水灾预防工程

我国在大禹治水时期就开始了水灾预防工程的建设，但由于当时史料记录限制，具体的工程方案和兴建过程缺乏记载，大禹治水的水利工程更多是在思想精神层面给予后世鼓舞。

西周时期的农田沟洫系统是一种常见的水灾预防工程。《礼记》中有："修利堤防，导达沟渎。"①《周礼》中所载的农田沟洫系统包括多个部分，按规格分为遂、沟、洫、同、浍、川等。自春秋战国时期起，北方旱地农业中防灾抗旱工程已经成为农业生产活动之一。

桓公曾问管仲说："请问勘察地势建立都城的工作，应如何进行为好？"管仲回答说："就我所知，能成王霸之业的，都是天下的圣人。圣人建设都城，一定选平稳可靠且肥饶的土地，靠着山，左右有河流或湖泽，城内修砌完备的沟渠排水，随地流入大河。这样就可以利用自然资源和农业产品，既供养国人，又繁育六畜。"

《管子》中对防灾工程建设的时间方面有详细探讨。在谈到什么时间开始实施防灾水利工程时，《管子》中记载最佳时间是周历中的三月。"周以仲冬月为正"，黄帝、周、鲁三种古历以子月为岁首，包含冬至的那个月份，相当于以当今阴阳历法的十一月为岁首，所以《管子》中所说的三月相当于现在公历的二月。

春三月，天地干燥，水纠列之时也。山川涸落，天气下，地气上，万物交通。故事已，新事未起，草木荑，生可食。寒暑调，日夜分，分之后，夜日益短，昼日益长。利以作土功之事，土乃益刚。②

──────────

① 胡平生、张萌译注：《礼记》第六《月令》，中华书局，2017。
② 黎翔凤校注：《管子校注》第七十五《度地》，中华书局，2009。

《管子》的这段记载被证实并不是管仲的言论，而是后人托管仲而言，但确实是春秋战国期间齐国在应对黄河水患时进行工程建设的实际经验。在春季三月份里，河流干涸水少，天气渐暖，寒气渐消，万物开始活动。旧年的农事已经做完，新年农事尚未开始，草木的幼芽已经可以食用。天气的寒热逐渐调和，昼夜的长短也开始均分。昼夜均分后，夜间一天比一天短，白天一天比一天长，这时有利于做土工工事，因为堤土会日益坚实。

夏天的时候，农事较多，这时修建堤防会影响农业生产。夏天自然界变化强烈，大暑来到，万物茂盛，应做好农田除草。政令不要干扰农事，征发劳役也不可时间过长。这时不利于做土工工事，因为会妨害农事，白白花费工费，也无成就。秋天雨水多，湿度大，土质堤坝不容易坚固，而且秋季还要收获粮食，不适合实施防灾工程建设。

当冬三月，天地闭藏，暑雨止，大寒起，万物实熟，利以填塞空郄，缮边城，涂郭术，平度量，正权衡，虚牢狱，实廥仓，君修乐，与神明相望，凡一年之事毕矣，举有功，赏贤，罚有罪，颉有司之吏而第之。不利作土工之事，利耗什分之七。土刚不立。昼日益短，而夜日益长，利以作室，不利以作堂。四时以得，四害皆服。①

冬天的时候需要对房屋、城防、道路等进行修缮，处理总结一年中的政事，进行祭祀，而这时土地因为被冻住而过于坚硬，不容易修建堤坝。明确了防灾的季节，下一步就是实施具体操作和维护所需的人。

令甲士作堤大水之旁，大其下，小其上，随水而行。地有不生草者，必为之囊，大者为之堤，小者为之防，夹水四道，禾稼不伤。岁埤增之，树以荆棘，以固其地；杂之以柏杨，以备决水，民得其饶，是谓流膏。令下贫守之，往往而为界，可以毋败。②

士兵负责修筑堤坝，堤坝的横截面是一个上边短、下边长的梯形，沿着河流的曲度修建，在河道周围不适合种植粮食的区域挖水库，并在水库四周修筑堤坝，堤坝要每年进行修补。堤身上种植荆棘灌木来加固堤土，还要间种柏树、杨树等高大树木，以防止洪水冲毁堤坝，派贫民做守堤工作，每人划好地段，来维护河堤安全。

战国时期，防灾水利工程建设技术更为完善，既做到了防患水旱灾害，又起到农业灌溉作用，典型工程如都江堰和郑国渠。

---

① 黎翔凤校注：《管子校注》第七十五《度地》，中华书局，2009。
② 同上。

冰乃壅江作堋，穿郫江、检江，别支流双过郡下，以行舟船。岷山多梓、柏、大竹，颓随水流，坐致材木，功省用饶；又溉灌三郡，开稻田。于是蜀沃野千里，号为"陆海"。旱则引水浸润，雨则杜塞水门，故记曰：水旱从人，不知饥馑，时无荒年，天下谓之"天府"也。[1]

秦蜀郡太守李冰建造都江堰不止于防水灾。为了更好发挥河流的作用，促进农业经济发展，李冰让人堵住江水并修筑了分水堤，让分水堤穿过郫江、检江，并分出了支流，形成的两股水流从郡下流过，既可以充当木材的运输通道，又可以在干旱时灌溉两侧的农田。雨水多的年份可以关闭水闸，起到防洪堤坝的作用。这一工程思路在当时已经非常先进，也为后代沿江、沿河的城市建设提供了重要经验。

战国时期另一个规模较大的水利工程是郑国渠。

韩闻秦之好兴事，欲罢之，毋令东伐，乃使水工郑国闲说秦，令凿泾水自中山西邸瓠口为渠，并北山东注洛三百余里，欲以溉田。中作而觉，秦欲杀郑国。郑国曰："始臣为闲，然渠成亦秦之利也。"秦以为然，卒使就渠。渠就，用注填阏之水，溉泽卤之地四万余顷，收皆亩一钟。于是关中为沃野，无凶年，秦以富强，卒并诸侯，因命曰郑国渠。[2]

战国末期，秦国已经对韩、赵、魏等国形成压倒性优势，韩国为了阻止秦国向东侵略，安排一个叫郑国的水利专家作为间谍劝说秦国建筑工程浩大的水渠，以起到消耗秦国国力的作用。计谋暴露后，郑国依旧说服秦王建造了这一工程。由于秦国所处的中国西北地区主要灾害为旱灾，所以郑国渠的主要功能在于应对干旱，渠道两侧并没有建造防洪堤坝。实际上，郑国渠既起到了灌溉的效果，又通过泥沙沉积作用，降低了砂土层的盐碱含量，起到了改良土壤、增收粮食的效果。

隋唐时期由于首都在中西部地区，尤其重视漕运和水利工程建设。黄河泛滥造成灾害会直接影响首都附近的经济，黄河支流灾害也会直接影响到两京的物资输送，因此，唐代朝廷多次对黄河及其支流的河堤进行维护，对河道进行疏通。

由于渭水泥沙过多，水流中充满危险，从事漕运的人员难以顺利完成将地方粮食运送到京师的任务。隋代开皇四年，隋文帝下诏：

京邑所居，五方辐凑，重关四塞，水陆艰难，大河之流，波澜东注，百川

---

① 《华阳国志》卷三《蜀志》，齐鲁书社，2010。

② 《史记》卷二十九《河渠书》，中华书局，2006。

海渎，万里交通。虽三门之下，或有危虑，但发自小平，陆运至陕，还从河水，入于渭川，兼及上流，控引汾、晋，舟车来去，为益殊广。而渭川水力，大小无常，流浅沙深，即成阻阂。计其途路，数百而已，动移气序，不能往复，泛舟之役，人亦劳止。朕君临区宇，兴利除害，公私之弊，情实愍之。故东发潼关，西引渭水，因藉人力，开通漕渠，量事计功，易可成就。已令工匠，巡历渠道，观地理之宜，审终久之义，一得开凿，万代无毁。可使官及私家，方舟巨舫，晨昏漕运，沿泝不停，旬日之功，堪省亿万。诚知时当炎暑，动致疲勤，然不有暂劳，安能永逸。宣告人庶，知朕意焉。[①]

朝廷派遣宇文恺率领水工凿渠，引渭水，自大兴城东至潼关三百余里，名曰广通渠。这一水利工程既可以使粮食运输更为安全和高效，又可以通过水路给沿渠两岸发生水旱灾害的地区及时运送救灾粮食。从隋代的广通渠开始，隋唐历代皇帝不断疏通旧渠，开凿新渠。唐玄宗一朝最多，修筑的水利工程多达63项。

隋唐时期前所未有地对海堤进行了创新性的建设。史料记载：

八月，始筑捍海塘。王因江涛冲激，命强弩以射涛头，遂定其基。复建候潮、通江等城门。初定其基，而江涛昼夜冲激，沙岸板筑不能就。王命强弩五百以射涛头，又亲筑胥山祠，仍为诗一章，函钥置于海门。其略曰："为报龙神并水府，钱塘借取筑钱城。"既而潮头遂趋西陵。王乃命运巨石，盛以竹笼，植巨材捍之，城基始定。其重濠累堑，通衢广陌，亦由是而成焉。[②]

吴王钱镠开始下令使用沙土作为海堤的主要材料，但很快海堤被海浪冲垮，于是采用竹子、树木、巨石、粉砂土等按一定工程设计结合的方式作为堤坝。这种技术后来被称为竹笼石塘。具体操作是用破开的大竹做成器具，长几十丈，中间填入巨石，取罗山上几丈高的大树植入海岸作为海塘，然后安排工匠做成防御造型，内里填上土，外侧用木头立在水边，离岸二丈九尺，反复六重，排列成《易经》里的"既济"和"未济"二卦的造型。这一技术创新为后代海堤的建设提供了重要参考。

唐代随着人口增加，城市规模的扩大，城市防灾的要求更为迫切，城市排水渠和桥梁在建筑工艺上都有了明显进步。考古发现，长安城早期的水沟宽度为底宽0.75米，上口0.9米，横截面是个梯形。晚期排水沟渠横截面为长方形，沟底和上口宽均为1.15米，以增大排水量。建筑材料方面也从早期的木板变为

---

① 《隋书》卷二十四《食货志》，中华书局，1974。
② 《吴越备史》卷二《武肃王下》，中国书店出版社，2018。

长方砖，有效降低了强降雨造成的城市灾害问题。桥梁作为重要的交通设施，在水灾发生时经常被冲毁，这直接影响了人员避灾和救灾物资的运输。为预防水灾，石桥的建造工艺也有了重大变化，其中最突出的代表是隋代所建的安济桥，又称赵州桥，其创新性地在大拱圈的两端制作了四个小拱圈。这在河水暴涨的时候，可以减少桥体受到的冲击。如今安济桥依然完好，仅两边桥基下沉五厘米左右。

元代设有专门的水利工程管理机构：都水监和行都水监，负责兴建水利。中书省、浙西都设立过行都水监，职责包括每年修理河渠、堤岸、道路、桥梁等公共设置，如果主要水运路线出现问题，影响运输交通，就派遣当地工作人员进行修理。如果出现大的水毁工程，经国家核实后，会派专门的官员和机构进行治理。对于国家重要区域和水网密集地区，专设河道提举司，而在江南地区，专门设立都水庸田使司。元泰定帝二年（1325年）六月，成立都水庸田使司，负责疏浚吴江和松江，具体职责包括：灾害发生后督促官吏百姓积极救灾、修复水毁工程和兴修水利。如果由于雨水造成洪涝灾害，就派人使用水车排灌，干旱时使用水车进行灌溉救灾。在围田损坏或使用水车救灾的过程中，地方官员会派人检验围田灾害情况，无论田地归属，都日夜不停地全力救灾。在救灾过程中存在懈怠行为造成灾害损失的，由都水庸田使司依据相关法律进行处置，追究相关人员的责任。《吴中水利记》中记载了设都水庸田使司署理浙西水利的权力，包括调度地方官，筹集工程费用等方面。

都水监、河渠司、行都水监和都水庸田使司的实际功能相对于宋朝在体制上是一种进步。在时效性和灵活性上，元代的属地水利工程管理机构可以根据国家的整体需要，跨行政区划实施水利建设。

元代在水利工程相关制度的设计上较为详细，水利工程的申报、预算、组建机构、选定人员、拟定机构权力、工程方案、工程物资的来源、佣工的方法和施工时间等都有具体规定，使用役夫必须给工钱，给役夫配医生，使他们乐于工役，还提出不要妨碍农时等。但在实际落实过程中，相关机构并不能完全按照规定执行，这极大影响了水利工程建设的速度和质量，监察御史在监督过程中发现很多问题，却并没有从制度上提出一个更好的解决办法。泰定帝时，监察御史亦怯列台卜答曾以都水庸田使司扰民为由，请求撤销都水庸田使司。

元朝所修水利主要集中在中书省、陕西行省、江浙行省和四川行省等产粮集中的地区。中统年间，西北地区的水利工程得到了很大的发展，典型代表是陕西三白渠、洪口渠。

元太宗时修建的三白渠是针对陕西地区人口较多，但土地荒芜严重的问题进行的水利工程，建成之后，既解决了当地驻军的军粮问题，又增加了税赋。洪口渠是为了应对陕西大旱而进行的补救工程，解决了灾后重建问题的同时对水灾的防护起到了重要作用。随着元代版图的扩大，江南地区成了国家重要的粮仓。大德五年（1301年）七月，浙西地区出现长时间降雨，造成严重的洪涝灾害，元世祖下诏，派遣民夫两千人疏通河道，完善水利工程。这一工程一直延续到明朝。

元朝政府对传统儒家的学者并不重视，而更重视技术人才。元代出现了专门的水利工程培训学校，培养了一批水利专家，比如郭守敬、赡思、贾鲁、王喜等，这对防灾技术的提升有直接的影响。防洪技术的更新最为显著，其表现是在防洪工程的设计、施工安排、人力物料的调度、岸堤修筑、堵口技术等多个方面的提高。《元史》收入翰林学士欧阳玄《至正河防记》中记载：

治河一也，有疏、有浚、有塞，三者异焉。酾河之流，因而导之，谓之疏。去河之淤，因而深之，谓之浚。抑河之暴，因而扼之，谓之塞。疏浚之别有四：曰生地，曰故道，曰河身，曰减水河。生地有直有纡，因直而凿之，可就故道。故道有高有卑，高者平之以趋卑，高卑相就，则高不壅，卑不潴，虑夫壅生溃，潴生埋也。河身者，水虽通行，身有广狭，狭难受水，水益悍，故狭者以计辟之；广难为岸，岸善崩，故广者以计御之。减水河者，水放旷则以制其狂，水骤突则以杀其怒。[1]

不同情况下使用疏、浚、塞，主要根据河流自身的特点。生地是指河道有的比较直，有的弯曲，比较直的河道就可以直接开凿进行疏通。故道是指河道底部有高有低，这就需要将高处铲平，将低处填高，以使水流通畅，也就是需要浚。河身是指水能够正常通行，但是河流有宽有窄，窄的地方水流难以通过，当水势大的时候，那里很容易形成灾害，对于这种情况应该在狭窄地区进行拓宽。河流宽的地方不容易修筑堤岸，修筑的堤岸也更容易崩溃，所以在河流宽的地方应当采取更为灵活的防御措施。减水河是指水量很大或流速很快的情况，这需要因地制宜减少水流强度。

筑堤方法可以分为创筑、修筑、补筑。堤坝的类型分为刺水堤、截河堤、护岸堤、缕水堤、石船堤等。埽是用秫秸修成的堤坝或护堤，其较为详细的分类有岸埽、水埽、龙尾埽、栏头埽、马头埽等。治河时用来护堤堵口的器材和材料也有标准，塞河方面也有固定的设计：

有缺口，有豁口，有龙口。缺口者，已成川。豁口者，旧常为水所豁，水

---

[1]《元史》卷六十六《河渠志三》，中华书局，1976。

退则口下于堤，水涨则溢出于口。龙口者，水之所会，自新河入故道之溙也。[①]

元朝水利学家郭守敬被元世祖任命为"提举诸路河渠"。他于至元元年修复了黄河灌区唐来、汉延及其他十条干渠、六十八条支渠，灌田九万顷。至元二年，郭守敬任都水监，主持重开金口引永定河水的工程。他亲自从龙门循黄河故道数百里测量地平，规划防洪灌溉的水利工程，并加以绘图说明。这一工程使黄河流域水运通畅，使京城周围的水路运输效率得到显著提升。京城大都附近区域的水路治理之后，水路治理开始向周围的重镇延伸。原本通州至大都使用陆路运送官粮，每年都需要千万担，如果遭遇霖雨天气，驴畜死者不可胜计。至元二十八年，郭守敬勘察滦河卢沟，提出水利十一事，其中之一就是开凿通惠河，他建议建设大都运粮河，不用田地旧有水源，别引北山浮泉水，西折后向南，经瓮山泊，自西水门入城，环汇于积水潭。然后河道东折再向南，出南水门，入原来的运粮河。每十里设置一个水闸，从大都到通州一共七座。朝廷同意复置都水监，由郭守敬主持规划通惠河工程，一年以后完成。此后元朝中书省仍然发生过多次水灾，郭守敬上书说水灾多因河道狭窄而产生，应在金口西预开减水口，使其深且广，以防涨水突入之患。大德二年，他又上奏：山洪连年爆发，只能大建渠堰，开口要达到五十到七十步。可见他已经能够根据河流的水量来计算泄洪所需要的河道容量，从而防灾和救灾。后来管理工程的官员由于吝惜经费，没有达到郭守敬预计的宽度，第二年新修河堤就被洪水冲垮，形成严重的水灾。成宗对大臣感叹："郭太师神人也，可惜没有听他的建议。"

元代另一位水利学家赡思，其先祖是大食国人。他曾搜集了金朝和北宋两种版本的《河防通议》（宋代沈立版本今失传），并进行考证和修订，重新编撰出元代版的《河防通议》。全书上下两卷六门六十八目，分为河议、制度、料例、功程、输运、算法六门。第一门河议，共十目，介绍治河起源、堤塌利病，信水、波浪的名称，辨土脉及河防令等。第二门制度，共六目，介绍开河、闭河、水平测量、修岸的方法。第三门料例，十一目，有关修筑堤岸、安设闸坝及卷塌、造船的用料定额。第四门功程，共十八目，有关修筑、开掘、砌石岸、筑墙及采料等的计工方法。第五门输运，共十八目，有关船只装载量、运输计工、物料体积及历步减土法的计工等。第六门算法，共五目，有关各种土方体积、工程分配及物料的计算方法。其中将天元术用于治河工程，对工程的设计规划及施工安排、人力物料的调度等做了详细说明，尤其是河道容

[①]《元史》卷六十六《河渠志三》，中华书局，1976。

量的计算。

南宋以前，历史上黄河下游河道变迁的主流范围基本在今黄河河道以北摆动。南宋建炎二年冬，为阻止金兵南进，东京留守杜充决开黄河南堤，自泗入淮，黄河主流河道南徙，开始了长达七十余年泛淮夺淮入海的流势。之后，由于治理不力，黄河在黄淮平原泛滥，大致以荥泽为顶点向东，在今黄河和颍水之间呈扇形扩展，灾患累及豫东南、鲁西南、皖北和苏北广大地区，大片的沃野被流沙掩埋，土地普遍盐碱化，湖泊河流淤塞埋废，积水无出路，又造成一系列新的湖泊，使原来这里发达的农业经济迅速衰落。

至正四年，黄河在山东曹县向北冲决白茅堤，平地水深二丈有余。六月，金堤也出现决堤，沿岸的州县都遭遇水灾，百姓流离失所。河南、山东、安徽、江苏交界处一片泽国。元顺帝为保证京杭大运河通航以及黄泛区百姓生活，派遣使臣访求治河方略，特命贾鲁行都水监。贾鲁沿黄河河道进行了实地考察，往返几千里，将沿途重要位置和水害要点一一记载，并做成图纸。上书陈述治河方略。贾鲁提出的方略主要包括两个内容：一是建议修筑北堤，以防止黄河泛滥造成的大范围洪涝；一是建议疏塞并举，恢复黄河泛滥前的旧有水道路线，疏浚流入大海的河道。贾鲁后迁右司郎中，再调都漕运使，又上表对漕运提出二十条建议，元朝政府采纳了其中八条："一曰京散和籴，二曰优恤漕司旧领漕户，三曰接连委官，四曰通州总治豫定委官，五曰船户困于坝夫，海运坏于坝户，六曰疏浚运河，七曰临清运粮万户府当隶漕司，八曰宣忠船户付本司节制"。[1]

黄河北侵安山，沦入运河，延裹济南、河间，并冲毁了山东、河北沿海地区的盐场。元朝政府中的官员对治理黄河有不同的意见。贾鲁认为必须对河流进行彻底的治理，他建议疏通南河，堵塞北河使河水恢复旧有河道，只有加大力度进行工程建设，才能使以后的水灾不再泛滥。

工部尚书成遵偕大司农图噜自济宁、曹、淮、汴梁、大名，行数千里，亲自掘井考察地形，对沿岸的水质深浅都进行了详细的调查，通过对史籍和当地舆论的资料采集，他们认为黄河沿岸连年遭受灾害，民不聊生，并不具备进行大规模工程建设的条件，如果在此情况下聚集二十万工人，有形成民变的风险。而这种风险比水患的威胁更大，因此坚决反对贾鲁的计划。

最终，元朝政府还是采用了贾鲁东行故道的建议，并命贾鲁以工部尚书、总治河防使，领河南、北诸路军民，征发汴梁、大名十三路民工十五万，庐州

---

[1]《元史》卷一百八十七《贾鲁传》，中华书局，1976。

等戍军两万，治理黄河。四月开工，七月凿河成，八月决水故河，九月舟楫通，十一月诸埽堤成，水土工毕，河复故道。贾鲁的创新之处在于用船堤障水法进行堵口，逆着河流将二十七艘大船用大桅或长桩连在一起。用大麻索、竹制粗索加以固定，形成大方舟。船身也用大麻索和竹制粗索上下缠绕，使其更为坚固，然后将铁锚沉入水中。两岸定有大型木桩，将方舟与木桩捆绑牢靠，船腹铺放一些稻草，船内填满小石子，再用木板紧紧钉牢。在桅杆前面绑上三根横木，将竹子编成篱笆，里面夹杂稻草和石头立在桅杆之前。这种桅杆长度大约一丈，称作水帘桅。然后挑选水性好的民工，每船各两个人，执斧凿，站在船首船尾，只要听见岸上击鼓，便同时开凿，沉船阻塞决河口。

这次治理黄河的行动在历史上争议颇大。整个工程动用了大量的人力资源和材料，加之工期苛酷，参与的工人也常怀有不满情绪。在治河之初，就有童谣："石人一只眼，挑动黄河天下反。"贾鲁治河时，果然在黄陵冈挖出一眼的石人，而红巾军趁机揭竿而起，因此自元末至今，不管是其治河的技术手段还是实际效果都争论不休。元代欧阳玄在《河平碑》中称赞贾鲁"竭其心思智计之巧，乘其精神胆气之状，不惜动瘁，不畏讥评"；但同时代的叶子奇在《草木子》中却讽刺"丞相造假钞，舍人做强盗，贾鲁要开河，搅得天下闹"。贾鲁对黄河的治理的长期效果和技术尝试都是成功的，但由于时机不佳，反而加速了元朝的灭亡。

《元史》专门总结贾鲁治河：

议者往往以谓天下之乱，皆由贾鲁治河之役，劳民动众之所致。殊不知元之所以亡者，实基于上下因循，狃于宴安之习，纪纲废弛，风俗偷薄，其致乱之阶，非一朝一夕之故，所由来久矣。不此之察，乃独归咎于是役，是徒以成败论事，非通论也。设使贾鲁不兴是役，天下之乱，讵无从而起乎？今故具录玄所记，庶来者得以详焉。[1]

明代河流引发灾害相当严重，其中尤以黄河、淮河和大运河最为严重，因此对于大河流治理成为明代的重要工程。明代政府治黄大致可以分为"固堤减灾""建闸疏淤"和"束水攻沙"三个阶段。"固堤减灾"是在明朝建立之后确立的恢复黄河流域的重要举措，其工作重点是维护前朝旧有堤坝，堵住决口，恢复农业生产。洪武初期，黄河河道已经混乱不堪，汛期下游多条河道同时交汇，南北跨度很大。洪武八年，开封决口被堵塞。此后洪武年间又先后修复归德、阳武等地堤坝。永乐至成化时，黄河下游仍处于南北漫流状态，治黄工作

---

[1]《元史》卷六十六《河渠志三》，中华书局，1976。

只在局部地区修防。永乐四年，修阳武黄河决岸。永乐八年，开封附近堤坝再次决口，朝廷派遣宋礼主持治河，发民丁十万修治，并开黄河分支，自祥符县鱼王口开河，至中滦以下接黄河故道。宣德六年，疏浚从祥符至仪封黄陵冈淤道四百五十里。以上可以看作明代黄河治理的第一阶段，主要是对沿河堤坝进行巩固，起到了防止洪灾危害扩大的效果。

"建闸疏淤"是明朝中期在巩固堤防的基础上开始的河道治理。景泰初年，黄河屡修屡决，朝臣共同推举徐有贞前往专治。徐有贞本名徐珵，土木堡之变发生后曾建议南迁，遭到明代宗的鄙视，后改名为徐有贞。景泰四年，明代宗请群臣推荐治水人才，徐有贞被推荐任左佥都御史，奉命到张秋（在今山东阳谷）治理黄河。徐有贞经过实地考察，提出治水三策：设置水闸、开凿支河、疏浚运河。计划得到批准后，徐有贞督率工程建设：

> 起张秋以接河、沁。河流之旁出不顺者，为九堰障之。更筑大堰，楗以水门，阅五百五十五日而工成。名其渠曰"广济"，闸曰"通源"。方工之未成也，帝以转漕为急，工部尚书江渊等请遣中书偕文武大臣督京军五万人往助役，期三月毕工。有贞言："京军一出，日费不赀，遇涨则束手坐视，无所施力。今泄口已合，决堤已坚，但用沿河民夫，自足集事。"议遂寝。事竣，召还，佐院事。帝厚劳之。复出巡视漕河。济守十三州县河夫多负官马及他杂办，所司趣之亟，有贞为言免之。[①]

景泰七年，山东地区发生洪灾，境内河堤多有毁坏，唯有徐有贞负责修筑的河堤依然完好，明景帝便命徐有贞再到山东治理水患。徐有贞修复旧堤决口，在临清到济宁之间设置多处减水闸，成功平息水患，后参与夺门之变，冤杀忠良，被后代所不齿，但仅从黄河治理来看，其确实起到了重要作用。

弘治六年春，黄河在张秋戴家庙决口，吏部尚书王恕等推举刘大夏前往治理。当时水流湍急凶猛，决口宽九十余丈，刘大夏察看决口后说："下游不能治理，应当治理上游。"于是就在决口的西南开凿越河三里左右，使运粮河道可以畅通，疏通仪封黄陵冈以南贾鲁旧河道四十余里，从曹州流出到徐州，以减缓水势。沿着张秋两岸，在东西两岸修筑平台，竖立标记，贯穿绳索，连接大船，船中洞先堵塞，用土填实大船。船行至决口，去其堵塞物，使船沉没，再用大埽重压，这样一边合拢一边溃决，一边溃决一边堵塞，昼夜连续不停。决口完全堵塞，再用石堤围绕，隐约如长虹一般，工程宣告完成。皇帝派遣使者携带羔羊美酒前去犒劳他们，改张秋之名为安平镇。刘大夏等说："安平镇决口

---

① 《明史》卷一百七十一《徐有贞传》，中华书局，1976。

已被堵塞，黄河下游往北流入束昌、临清到天津入海，漕运河道已经畅通，然而必须筑堤于黄陵冈河口，引导黄河上游往南流到徐、淮，也许可以成为漕运河道长久安全之计。"朝廷议定依照他们的主张。

明代黄河在进入河南以后，经常改道，其入海通道主要有三条：一为北路，从封丘荆隆口东北经曹州、濮阳、沙湾、张秋，合大清河入海；二为中路，由开封东经徐州、那县、宿迁、清河，会淮入海；三为南路，走阳武、中牟一带南下，入涡河，经亳县，会淮入海。因为治理黄河与治理大运河及保持潜运通畅关系密切，这三条通道中只有中路对治理大运河最为有利，因此明代的治河者大多想尽办法让黄河走中路。

刘大夏对中路进行了考察，在塞住张秋决口之后，于弘治八年正月又组织了筑塞黄陵冈及荆隆等七口的工程。经过这一番治理，黄河北决自张秋冲毁运河的危险大大减少了。

明代之前，淮河流域自然灾害的记载并不多，但在明代成为灾害频发的地区。南宋高宗建炎二年，东京留守杜充为了阻止金兵南下，决开黄河，这使得黄河向南改道，直接影响淮河的稳定。此后，在黄河发生水灾时，淮河也受到直接影响。淮河在明代流至清口（今江苏淮阴市）与黄河交汇，而后转向东北流经安东，至云梯关入海。明代淮河水患发生的地区多集中在中下游地区，即今安徽、江苏及豫东南境内。明政府对淮河的治理集中在万历年间，这一时期淮河发生的水灾最为密集。到万历三年，黄河、淮河交相漫涨，危及明祖陵，引起了明统治者的重视，也成为黄河治理方式转变的一个原因，此后便将淮河与黄河的治理结合起来。

万历六年，朝廷派遣潘季驯治理黄河及淮河，"束水攻沙"是这一阶段的主要方针。当时黄河造成沿岸多处堤坝决口，淮河也受到影响而向南改道。他提出束水攻沙的指导思想，认为黄河和淮河汇流后会造成急流，急流将河床冲得更深，应该将黄河和淮河进行分流，这样水流减缓后，泥沙更容易沉积下去。潘季驯发现之前疏浚过的黄河旧河道的深度不如黄河入淮的河道深，奏议修筑崔镇堤坝用来堵塞决堤的口子，修筑遥堤用来防溃堤决口。淮水清澈，黄河水浑浊，淮河水弱小，黄河水强大，黄河水一斗，黄沙占其中的六成，夏秋之间黄沙要占八成，没有极其湍急的河水，泥沙会在河底停滞。应当借助淮河的清澈流水来冲刷黄河的浑浊流水，修筑高堰约束淮河水进入清口，来抵挡黄河水的强势。让二水一并流淌，那么入海口自然就得以疏浚。潘季驯提出其治水的具体措施为：

惟修复陈瑄故迹，高筑南北两堤，以断两河之内灌，则淮、扬昏垫可免。

塞黄浦口，筑宝应堤，浚东关等浅，修五闸，复五坝，则淮南运道无虞。坚塞桃源以下崔镇口诸决，则全河可归故道。黄、淮既无旁决，并驱入海，则沙随水刷，海口自复，而桃、清浅阻，又不足言。此以水治水之法也。①

高家堰是永乐年间平江伯陈瑄总管漕运时为了使"淮不东侵"而修筑的。洪泽湖大堤由于年久失修已经严重受损，削弱了抗洪能力。他总结出六条治河办法：

于是条上六议：曰塞决口以挽正河，曰筑堤防以杜溃决，曰复闸坝以防外河，曰创滚水坝以固堤岸，曰止浚海工程以省糜费，曰寝开老黄河之议以仍利涉。②

这六条办法付诸实施后，此后数年再没有大的河患。潘季驯于万历七年著成《河防一览》，全书共九卷八十余篇，此外，他还编著有《总理河漕奏疏》十四卷，他的治河基本原则概括起来就是"束水攻沙"，这一治河原则科学性很强，因为黄河水泥沙含量相当大，水流慢的话就会造成淤积，这就是黄河下游特别是郑州以下形成地上悬河的原因。在潘季驯"束水攻沙"的治河原则中，河堤的修建是其中非常重要的一环，为此他提出了很多办法，主要的有三个："筑缕堤以束其流""治遥堤以宽其势""修滚水坝以泄其怒"。缕堤筑于接近河滨的地段，这是平时用来约束河水使之奔流于河床之中的。洪水到来之时，由于流量太大，河床往往不能容纳，为此必须在离河二三里外另筑一堤，以防洪水泛溢，这就是遥堤所起的作用。而滚水坝则是选择地势低洼且地基坚实的地段，用石头筑成，当洪水涨到一定高度时，洪水会通过减水坝宣泄一部分，贮水于低洼地带，避免河床里水量过多，实际上是起到了分洪、泄洪的作用。由于滚水坝是石头做成的，非常坚固，因此不会有被冲毁的危险。

潘季驯的另一项贡献是提出了一套系统的堤坝修守制度，包括铺夫（堤坝修守专业队伍）制度、堤坝每年加固制度、四防二守制度（四防为昼防、夜防、风防、雨防；二守为官守、民守），此外，还建立了岁办物料制度和防汛报警制度等。

明代虽然对淮河进行了大规模的治理，但在当时的历史条件下不可能完全根除淮河及黄河的水患。首先，对淮河水患及与之相关的黄河水患治理是一项很复杂的系统工程，特别是黄河中上游的水土保持工作是治理的关键。囿于历史条件，潘季驯只能采用"束水攻沙""蓄清刷黄"的方法来冲刷下游的泥沙。

---

① 《明史》卷八十四《河渠二》，中华书局，1976。
② 同上。

但由于中上游泥沙源源而来，含量又大，仅靠缕堤增加流速和蓄积淮河水来冲刷泥沙，是根本不可能将泥沙全部输送入海的。

永乐元年，工部尚书夏原吉奉命治理太湖水利。他主张疏浚吴淞江南北两岸安亭等浦港，用来引太湖诸水入刘家、白茹二港，使其注入江海，并设置石闸调节水位。

黄浦原为吴淞江支流，明初黄浦江下游淤塞，夏原吉认为难于疏浚，而上海浦东旁有范家洪，夏原吉把这一段开阔到三十余丈。于是，范家洪下游就上接黄浦江，直接导淀柳的水经黄浦入海。黄浦江下游经此次改道由范家洪入海后，逐渐深广，形成了今天宽阔的黄浦江，成了太湖下游最主要的出水河道，而原来主要河道吴淞江反倒成为黄浦江的支流。

正德年间，白茹河和吴淞江都淤塞严重。工部尚书李充嗣开凿从夏驾口到吴淞江旧江口的河段，又凿白茹河从常熟双庙到东仓的河段及其他一些工程，在嘉靖元年完工，取得很好的治理效果。

隆庆三年，江南又遭遇水灾，巡抚金都御史海瑞主持江南治水。海瑞认为疏导吴淞江是排除江南水患的关键，亲至吴淞江水道查勘，认为吴淞下游水道"潮泥日积，通道填淤"，急需开浚，上报后批准开工。经过这次施工，吴淞江下游现在的河线确立。海瑞主持的这次治水，成效十分显著。这次治河是明代对太湖水利体系的最大规模治理，兴百年之利，分毫无取于民，而水道畅通却维持了八十年之久。海瑞治水得到人们普遍的赞扬，即使是对海瑞颇有成见的大地主何良俊，在其著作《四友斋丛说》中也对此做了高度评价。

运河是明代重要的交通线路，大运河更在南北方物质运输上有重要作用。由于黄河的灾害问题，相关的运河，尤其是大运河也受到严重影响。明代前期运河治理的突出成果包括重新利用会通河。会通河开凿于元朝，是大运河的一部分，在山东境内。会通河的引水线路不是最佳方案，水源少，地势高，河道窄，河水浅，不能通行吨位较大的船只，在元代并未起到很大的实际作用。明代建立不久后，由于受黄河决口的影响，大运河又进一步被淤塞。明成祖建都北京后，需要将大批南粮北运，只能采用河海兼运之法。海运路途遥远而且容易受气候和海洋灾害的影响，曾经出现过较大的损失。陆地河运需要绕路山西，需要调集人力多，距离远。

明成祖于永乐九年任命工部尚书宋礼主持重开会通河。宋礼治理会通河，主要解决了引水路线问题，并对其中的水闸设置做了周密的安排。宋礼之后，陈瑄对大运河进行了又一次的治理，着重修治济宁至长江北岸这一区域的运河，开辟了泰州白塔河航线。这主要是为了船只更好地渡过长江。明初长江北岸的运河入口共有三个：一是仪真运口，是湖广、江西及上游其他地区来船的进运河之路；二是瓜洲渡口，是江南运河北上的船只过江后进运河的通道；三为白塔河口，是江南苏、松、常诸地及浙江诸处通过孟渎过江的船只过江后开向运河的线路。陈煊对这三个入口都曾整治过，开辟白塔河航线使自孟渎过江的船只，不用再沿江溯流至瓜洲，航行条件大大改善。

明代中后期治理大运河的工程，主要是开凿南阳新河和开凿泇河运河。开凿南阳新河是对会通河南段的一次改造。南阳是山东鱼台县境内的一个镇子，会通河从此通过，到徐州北的茶城口，与黄河相会。明中叶以前，会通河由南阳镇起沿着昭阳湖的西岸经沛县西北而南下。这里地势很低并且靠近黄河，这样就存在两个隐患：一是黄河极易在单、丰、沛一带决口，一旦出现水患，黄河水就会冲坏运河的河堤；二是黄河带来的泥沙容易在此堆积，壅塞运河的河道。

嘉靖六年（1527 年），黄河水溢入运河，沛县以北被壅塞了数十里。盛应期被任命为右都御史前往治理，他提议在昭阳湖东开浚百四十余里的河道，北进江家口，南出留城口，和疏浚旧河道相比更能长久。他的这个提议开始实施后，原计划需要六个月，但进行四个月就因故中止了，不过这一工程为之后的治理活动提供了良好的基础。嘉靖四十四年秋，黄河在沛县飞云桥决口，河水向东注入昭阳湖，运河河道被淤塞百余里，朱衡受命以工部尚书兼右副都御史总理河漕。他到决口处调查研究，发现盛应期之前开凿的旧河道，于是在此基础上开辟了新河。第二年，新河顺利通航。隆庆元年，新河受到上游多条河流的汇入影响，水涨很多，造成灾害。给事中吴时来建议开凿四条支河，将满溢的河水引进赤山湖。这也完成了南阳新河的开凿工程。

开凿泇河运河是为了解决徐州附近河漕决口的问题，特别是百步、吕梁地区灾害频发的问题。隆庆至万历年间，开凿泇河运河自夏镇向南经韩庄（今山东枣庄峰城区西南六十里左右）、台庄，到郑州直河口入黄河，长二百余里，代替了原来自夏镇经徐州到达直河口的长三百三十里的黄河运道。此后，黄河只有邢州直河口以下至淮安的一段作为河漕，绕过了百步、吕梁二地，行船也更为安全。

明代针对运河的治理发展了漕运工程技术，也降低了河流造成灾害的风险。当时的人们还对治理运河的实践进行总结，留下来很多有价值的专著，为当时的水文研究和水利技术研究提供了重要资料，如王琼的《漕河图志》、吴仲的《通惠河志》、谢肇淛的《北河纪》、游季勋等著的《新河成疏》、李化龙撰写的《治河奏疏》，都是明代关于运河的重要著作。

明代自开国之初就十分重视兴修农田水利灌溉工程。

明初，太祖诏所在有司，民以水利条上者，即陈奏。越二十七年，特谕工部，陂塘湖堰可蓄泄以备旱潦者，皆因其地势修治之。乃分遣国子生及人材，遍诣天下，督修水利。[①]

江南地区不仅是明初的政治中心，更是经济命脉之地，这一地区江湖浦港交错，地势很低，历来是水灾多发之地，一旦水利失修便会造成严重后果。因此这一地区是明代政府进行水利兴修的重点区域。江南东部沿海地区自古就是海潮灾害频繁的地区，此地区的先人们在长期与海潮灾害的斗争中摸索出修筑海塘来抵御海潮的办法。明成化十三年（1477 年），浙江按察副使杨暄认为以前的塘石叠砌，太过陡峭容易被大浪冲毁，就仿王安石在鄞县所筑塘型，改直立式为斜坡式的"破陀塘"，即在土坡上垫块石，再用条石顺坡势平砌。但实际上，坡面平砌条石并不耐冲击，先后全毁。弘治元年（1488 年），海盐知县谭秀复改为叠砌型式塘石结构，即将临潮面纵叠条石逐层向内"渐收"，以消杀潮势，内侧则用石横叠后填土。弘治十二年（1499 年），海盐知县王玺又将石料的砌筑改为每层纵横交错，上下叠压。

嘉靖二十一年（1542 年），佥事黄光升吸取上述各种结构型式的优点，创建成"五纵五横鱼鳞石塘"，是海塘结构的一大改进，成为明清以来海盐、平湖以至海宁、仁和一带海塘的基本型式。明代的海塘修筑技术，也在不断的实践中取得了不少进步，主要是能够根据不同的地质情况，设计不同的型式，以适应不同情况。明代海塘的修筑为后人积累了丰厚的经验。

明代地方官的评价中包括水利建设，正统年间更是明令将水利建设成绩作为官员升降的考核指标之一。正统二年（1437 年），"令有司秋成时，修筑圩田，疏浚陂塘，以便农作。仍具疏缴报，俟考满以凭黜陟"[②]。正统五年（1440 年），杨士奇上书将地方水利建设和仓储情况作为官员考核的重要内容。他认为如果粮仓充实，水利工程完整，可以认为属地的主官履职尽责，是合格的人选，反之，则是地方主官能力不足。他建议州县官员考察期满到吏部报道时，必须将预备仓的储粮数量以及水利工程建设情况上报，由吏部进行考核是否属实，以此作为其晋升和降职的依据，这一建议得到了采纳。明代政府后又多次重申水利建设在考核中的地位。弘治十八年（1505 年），"令各府州县治农官，

---

① 《明史》卷八十八《河渠六》，中华书局，1976。

② 《大明会典》辑《河渠四》，国家图书馆出版社，2009。

不得别项差占年终，具所辖水道通塞浚否缘由，造册奏缴，考核黜陟"①。嘉靖七年，"令陕西、河南、山东抚按等官，严督守令，疏浚河水、设法堤防、以备旱潦。能修举者、照例旌擢"②。但在未遭遇灾害的年份，很难考核水利工程的防灾效果，且明代中后期发生水灾时，很多地区的水利工程仍然存在问题。

第二节　农业防灾工程

我国历代以农业立国，一直在探索改良种植技术的方法，历代政府也积极推进农耕技术革新。由于自然灾害频发且对农业危害较大，古代劳动人民在同自然灾害斗争的过程中，抵御自然灾害影响的方式和方法通常来自经验，也有一些有识之士提出田地耕种的技术革新。汉代农业生产上使用代田法、区种法等抗旱耕作方法。代田法推行于耕地面积广阔之地，轮流耕作，既利于恢复地力，对风灾和旱灾也有积极的防灾效果。民间的技术进步也提高了农作物抗旱能力。区种法实施于小面积之耕地，相当于园艺耕作，主要是通过精耕细作来提高抗灾能力和粮食产量。三国时期的邓艾曾以区种法屯田。

是岁少雨，（艾）又为区种之法，手执耒耜，率先将士，所统万数，而身不离仆隶之劳，亲执士卒之役。③

邓艾的屯田方式是令百姓利用区种技术增强抗旱能力以提高粮食亩产量。后世的农业建设中也多次谈及此法，前秦苻坚曾根据境内水旱让百姓进行"区种"。

此外，魏晋时期在农耕技术、防治病虫害、霜冻等方面有突破性进展。据《氾胜之书》记载，当时已采用拉绳的物理方法防治霜冻。魏晋时还进一步发展垄作法、墒种法、措种法等，都能够保持土壤水分，从而达到抗旱保墒的目的。保墒指保持住土壤里适合种子发芽和作物生长的湿度。为保持水分不蒸发、不渗漏，在播种后要将地压实，减少孔隙，让上层密实的土壤保住下层土壤的水分。北方对耙田工具进行革新，形成了一套完整的耕、耙、耱的生产工具，耕后耙地，耙后耱地，进一步提高了抗旱保墒的效果。成书于公元 6 世纪三四十年代的《齐民要术》，生动地记载了这一技术要领。其中记载了精耕细作、防旱保墒的田间管理方法，并使用粪便做肥料以提高地力，同时还在田间

---

① 《大明会典》辑《河渠四》，国家图书馆出版社，2009。

② 同上。

③ 《晋书》卷四十八《段灼传》，中华书局，1974。

种植红花草以施肥，或种植豆科植物做绿肥。这些抗旱保墒的农业耕作体系，是我国北方干旱、半干旱地区发展农业生产的基础和前提，也是北方地区在此后继续成为封建国家的政治经济中心的保证。

在生产过程中，人们还注意利用害虫的天敌进行生物防治害虫。魏晋南北朝时期有：

> 交趾人以席囊贮蚁，鬻于市者，其窠如薄絮，囊皆连枝叶，蚁在其中，并窠而卖。蚁赤黄色，大于常蚁。南方柑树，若无此蚁，则其实皆为群蠹所伤，无复一完者矣。[①]

根据上述记载可以看出，当时我国南方果农已经知道利用一种"赤黄色，大于常蚁"的蚁来防治柑橘害虫。南方柑橘若无此蚁，则"其实皆为群蠹所伤"。所谓"赤黄色，大于常蚁"的蚁，即为现今的黄掠蚁，又称红树蚁，常于柑橘树上网丝筑巢，"其窠如薄絮"，能蚕食柑橘害虫。从此记载来看，当时已经有专门捕捉和贩卖黄掠蚁的商贩，他们以"席囊"或"布袋"贮蚁，售给果农，放养于果树上，以捕食害虫。这种利用捕食性昆虫防治害虫的方法是很先进的。

元代强调对农业技术的推广，政府主导下，吸取北方汉族与金朝的农业经验，编辑和印发农业技术书籍，让官员依据书中的农业技术来督导地方的生产。元代流传下来的农书和救荒书共有五部，即大司农司的《农桑辑要》、王祯的《农书》、鲁明善的《农桑衣食撮要》、张光大的《救荒活民类要》、欧阳玄的《拯荒事略》。

五部书各有特点，《农桑辑要》注重作物栽培技术；《农书》注重田制和工具；《农桑衣食撮要》注重时令；《救荒活民类要》和《拯荒事略》是救荒的专著。《农桑辑要》和《农桑衣食撮要》注重安排生产，《农书》《救荒活民类要》和《拯荒事略》倾向于对付灾害。五部书的共同特点是注重实用技术，都体现了以精耕细作提高农业产量来防灾救灾的思想，但是《农桑衣食撮要》多沿袭《农桑辑要》，《救荒活民类要》和宋朝董煟的《救荒活民书》类似，《拯荒事略》多是引用前代的救荒故事和方法。因此本书以《农桑辑要》和《农书》为主要论述对象。

元朝初年，政府命令大司农司编写《农桑辑要》，目的在于推广先进的种植技术。该书被认为是我国古代的五大农书之一，影响很大。即使是现代，在我国农村依然可以见到该书中的耕作技术被应用。该书充满了以先进的耕作技术

---

① 《南方草木状》卷下《果类》，广东科技出版社，2009。

对付灾害的思想和方法，在今天仍值得借鉴。《农桑辑要》对于灾害应对的思想主要包括以下两个方面：第一是粮食储备防灾，这点与历代防灾思想一致，其储备标准按照《礼记·王制》制定："国无九年之蓄曰不足，无六年之蓄曰急，无三年之蓄曰国非其国也。三年耕，必有一年之食；九年耕，必有三年之食。以三十年之通，虽有凶旱水溢，民无菜色，然后天子食，日举以乐。"[1]国家的粮食储备达到可以应付三十年一遇自然灾害的标准，强调粮食储备和治理灾害的关系。

第二是耕作技术防灾，这部分内容很细，包括耕地的具体操作，如翻地时的次数，如何更好地保持土地的水分，减少旱灾，避免病虫害等问题。土地规划方面要避免荒芜土地带来的病虫害，强调间种一些作物。当无法判断来年的气候时，提倡沿用《汉书》中"种谷必杂五谷，以避灾害"的思想，依靠杂种多种作物来躲避灾害。如果只种一种作物，一旦气候不适宜这种作物生长，农业减产幅度大，就会出现农业灾害；若多种几种庄稼，那么获得收获的概率要大些，从而减小灾害损失，增强社会抵抗灾害的能力。将农作物和经济作物按照其特性进行搭配，也有助防灾。此外，还研究了不同作物的间种、套种时可能带来的灾害和收益。

桑间可种田禾，与桑有宜与不宜：如种谷，必揭得地脉亢乾，至秋桑叶先黄，到明年桑叶涩薄，十减二三；又致天水牛，生蠹根吮皮等虫。若种蜀黍，其梢叶与桑等，如此丛杂，桑亦不茂。如种菉豆、黑豆、芝麻、瓜、芋，其桑郁茂，明年叶增二三分。种黍亦可。[2]

有的作物和桑树混种，会与桑树争夺水，导致干旱，还招害虫，进而减产；如果种高秆的高粱等作物，会与桑树争夺阳光和空间，也会导致桑树不旺；而混种特定作物有利于桑树的生长，可提高产量。这是生态学的农业应用，在当时来看，属于先进的农业技术。为了达到避灾的目的，该书提倡杂种五谷，其实包含着提倡增加作物种类的思想。为了增加作物种类，该书提倡依靠耕作工艺尽量将某一地区的作物推广到全国各地。比如作者极力提倡将南方的木棉、苎麻、水稻等作物和水果推广到北方。在元朝时这些作物也确实在北方得到了推广，有关论述如下：

以周公土圭之法推之，洛南千里，其地多暑；洛北千里，其地多寒。暑既多矣，种艺之时，不得不加早；寒既多矣，种艺之时，不得不加迟。又山、川

---

[1] 胡平生、张萌译注：《礼记》第五《王制》，中华书局，2017。
[2] 《农桑辑要》辑《栽桑》，中国书店出版社，2007。

高下之不一，原、隰广隘之不齐，虽南乎洛，其间山原高旷，景气凄清，与北方同寒者有焉；虽北乎洛，山隈掩抱，风日和煦，与南方同暑者有焉。东西以是为差。[①]

《农桑辑要》的主要内容是针对作物种植的经验，侧重于从技术上进行防灾，并没有涉及自然灾害的救助。

王祯所著《农书》的着眼点比《农桑辑要》更为宏观，对救荒也有单独的阐述，针对不同类型的灾害，《农书》从政府的角度提出了应对办法：

盖闻天灾流行，国家代有，尧有九年之水，汤有七年之旱，虽二圣人亦不能逃其适至之数也。春秋二百四十二年，书大有年仅二，而水旱蝝虫，屡书不绝，然则年谷之丰，盖亦罕见。为民父母者，当为思患预防之计。[②]

王祯提出的办法中也包括祈祷和祭祀活动，但着重论述了灾害是一种自然现象，在任何朝代都会发生，不强调其特定的道德意义。他认为应对自然灾害的关键在于防灾意识和手段，同时提出的救灾手段也是一种农业技术，提倡使用合理的田制、耕作技术，兴建水利和先进工具，这与《农桑辑要》有很多类似。

王祯认为选择恰当的耕作田制和技术是预防与抵抗灾害的前提，因为恰当的田制能够充分适应当地水热条件和地形地质条件。而农业的水旱灾害一般就是水热条件没有利用好，或者地形地质条件恶化导致的。王祯认为预防旱荒的方法最有效的是区田法，预防水灾的办法最有效的是柜田法。

区田由汉代赵过发明。在我国北方水分条件差、土壤比较薄的地方，这种方法现在还广泛被使用。其法是犁地时将田地的土壤犁到一起，形成宽窄不等的长方形。天旱可以浇种，雨水多时，水可以渗到田地的地沟里，有利于下渗，从而增加抗旱的能力。

柜田出现于金元时期，因为黄河河道南迁，另外当时我国气候进入了暖期，东部降雨增加，水灾增加，所以人们就创造了这一田制和其他类似的田制以防水灾。王祯在其《农书》里提出了诸多田制，在北方平原提倡区田；在两淮江南水泽比较多的地方提倡围田、柜田；在湖泊海滨岸边提倡涂田、架田、沙田；在丘陵山地提倡梯田。

王祯提倡大力发展水利，而且提倡使用先进的灌溉工具。他在《农书》里有一节是专门论述灌溉的。他认为，灌溉是务农的重要工作，当时的农田并没有得到充分开发，还有很大发展空间，如果把已有的湖河通为沟渠，用来灌

---

① 《农桑辑要》辑《论九谷风土时月及苎麻木绵》，中国书店出版社，2007。

② 《农书译注》卷十《备荒论》，齐鲁书社，2009。

溉，可以有效应对水旱灾害。

《农书》记述的水利工具和方法有二十一种。基本上，我国的各种地形都可以从中找到合适的灌溉工具和水利措施。

> 若田高而水下，则设机械用之，如翻车、筒轮、戽斗、桔槔之类，挈而上之。如地势曲折而水远，则为槽架、连筒、阴沟、浚渠、陂栅之类，引而达之。此用水之巧者。若下灌及平浇之田为最，或用车起水者次之，或再车、三车之田，又为次也。其高田旱稻，自种至收，不过五六月，其间或旱，不过浇灌四五次，此可力致其常稔也。①

书中很多工具在当时是比较先进的，比如将下面的水提到上面，利用水力磨面等，《农书》中记载了将水经垂直方向转变为水平方向的机械方法和设备。李约瑟在《中国科学技术史》中指出这一技术大大提升生产效率，西方直到瓦特发明蒸汽机时才解决了这一问题。王祯记载的这一技术要比西方领先三百多年。站在提倡利用先进技术的立场上，王祯认为水田要比旱田好。因为水田人力可以控制，旱田只有听天由命。王祯还提出利用作物的生长周期来躲避灾害的办法，如在叙述架田时，他认为一些作物整个生长过程大约六七十日，可以避开水灾。

王祯的粮食储备思想也比较先进。他认为粮食储备当分两部分，即不但国家要建立自己的储备制度，达到《礼记·王制》中提出的能够抵抗三十年一遇灾害的战略防灾能力，而且老百姓还要通过勤劳和节俭建立自己的粮食储备。他批评当时的山东百姓没有远虑，不知道节俭，没有防灾意识。这也让我们联想到元朝政府的过分剥削，必然不利于百姓的粮食储备。王祯不敢直接批评政府的剥削，但是在《农书》里他曾赋诗，表达自己对政府的婉讽，其诗为：

> 富国何如富在民，乡间是处有高囷。只知不负英雄谒，遇歉能倾一济贫。②

为了有效地储备粮食，王祯还提倡利用先进的储藏技术和设备，根据南北不同特点选择不同的储藏设备和技术，提出北方储藏当防冻，所以可以窖藏等。

总之，与《农桑辑要》相比，王祯更加注重工具和方法，认为救灾防灾关键在人事和技术。王祯还将灾害提高到国家战略的高度，提倡全社会从政府到百姓都要重视，都要为之尽力。

元代生产实践中的突出特点是农田的细分。"圩田"亦称"围田"，是中国古代农民发明的改造低洼地、向湖争田的造田方法。围田法就是在田地四周筑

---

① 《农书译注》卷九《灌溉篇》，齐鲁书社，2009。
② 《农书译注》卷十六《祈报篇》，齐鲁书社，2009。

围堤，遇霖雨水灾时，将水排出围堤，旱时就引水入围堤。主要分布在江淮、太湖、浙西的水网密布河湖交错地区。柜田是四周筑土围护的低洼田，围岸较高，外水不易入，两淮浙西多霖雨，水灾较多，当地柜田就比较多。江淮的柜田、围田的外墙具有挡风的作用，可以有效减轻风灾的影响。

架田又名"葑田"，吸取了宋代陈旉《农书》卷上记载："若深水薮泽，则有葑田，以木缚为田丘，浮系水面，以葑泥附木架上而种艺之。其木架田丘，随水高下浮泛，自不淊溺。"① 这类方式既可以减少水旱之灾，又能增加土地使用面积。

涂田是指开海潮所积淤沙为田，是需要淡化改良的滩涂耕地。庆元路昌国州（今浙江定海）在元大德二年（1298 年）有涂田四百九十八顷。余姚州开元、孝义二乡有海涨涂田二百四十余亩。此外，还有沙田、淤田，是江淮以南地区河流湖泊沙淤而成的耕地。

---

① 《陈旉农书校释》第一《财力之宜篇》，中国农业出版社，2015。

第七章

灾害预测

▼
▼
▼

第一节　预测机构设置

西周时期，保章氏是专门观察星象的。《周礼》记载：

保章氏掌天星，以志星辰、日月之变动，以观天下之迁，辨其吉凶。以星土辨九州之地，所封封域，皆有分星，以观妖祥。以十有二岁之相，观天下之妖祥。以五云之物，辨吉凶、水旱、降丰荒之祲象。以十有二风，察天地之和命，乖别之妖祥。凡此五物者，以诏救政，访序事。[①]

"五云之物"按照郑玄注引用郑司农的说法是，根据云的颜色来预测灾害：青色预示虫灾，白色预示大丧，红色预示兵灾，黑色预示水灾，黄色预示丰收。

秦朝时，太史令的实际工作包括周代的太史、冯相、保章三个职位的内容，既负责记录史料（太史），又负责管理历法（冯相）和观察天象，预测灾害（保章）。汉代沿袭了这一官职，汉武帝时设立太史公，由司马谈担任，司马谈死后，司马迁继承了这一职务。汉宣帝时将太史公的两项主要职责划分，重新设置太史令，负责天文、历法两项主要工作，剥离了史官的职能。

宣帝以其官为令，行太史公文书而已。后汉太史令掌天时、星历；凡岁将终，奏新年历；凡国祭祀、丧娶之事，掌奏良日及时节禁忌；国有瑞应、灾异，则掌记之。[②]

由此可见，我国的史官和天文观察官员渊源之深，即使在汉宣帝将记录史料和观察天象两种职能分离后，历代的史官记录中仍然保留了对天象的记录，习惯将天象和灾异与现实的政治、民生、军事等情况进行对应，认为某些天象预示着特定的自然灾害发生。

汉代的灵台作为观测天文和气象的建筑，一定程度上起到了对灾害的预警

[①]《周礼》卷三《春官宗伯》，中华书局，2014。
[②]《通典》卷二十七《职官八》，中华书局，1988。

作用。西汉时期，灵台并不只有一处。汉灵台在长安西北八里地区，最开始叫作"清台"，后更名"灵台"。《三辅黄图校证》中记载，在长安宫南有灵台，上有浑仪（延熹七年造），是张衡所制，还有相风、铜鸟等测量风速和风向的测量工具。镐水北径的清灵台的名字是将清台和灵台二者合一形成的，《玉海》一书中也有汉灵台在镐水北径的记载，阿房宫的前面有磁石门，磁石的作用是避免四夷朝见者私藏武器，明堂北三百步，有灵台，是元始四年建立的。《水经注》记载灵台是光武帝所筑，高六丈，方二十丈。《后汉书》中有：

> （明帝永平）二年春正月辛未，宗祀光武皇帝于明堂，帝及公卿列侯始服冠冕、衣裳、玉佩、绚屦以行事。礼毕，登灵台。使尚书令持节诏骠骑将军、三公曰："今令月吉日，宗祀光武皇帝于明堂，以配五帝。礼备法物，乐和八音，咏祉福，舞功德，其班时令，敕群后。事毕，升灵台，望元气，吹时律，观物变。"①

当时的灵台除了祭祀还有天文台的作用。这一天文台一直被沿用，贯穿曹魏时期，直到西晋时期。东汉天文学家张衡在元初二年（115年）至永宁元年（120年）、永建元年（126年）至阳嘉二年（133年），先后两次出任太史令，进行观测，为预测预警地震，他亲自设计制造"候风地动仪"。汉代已有规定，各地方政府需要将固定时期降雨量上报中央。《后汉书》记载："自立春至立夏，尽立秋，郡国上雨泽。"②从立春开始降雨时起，到立秋为止，各郡国都要经常上报降雨量，以此作为灾害预测和评估的重要依据。

三国时期，魏蜀吴三国都设置太史监，受太常管辖。晋朝时太史监仍属太常，同时还设有太史丞、典历、灵台丞、望候郎和候部郎。人员设置方面，较汉代有所削减。东晋时期，史料中并没有灵台建设的内容。十六国时期，前赵、后秦、后凉和北燕监测体制上较为完整，设有太常和太史令。后秦灵台令张渊擅于占星和观测物候，著有《观象赋》，他在战乱时期曾出任多国的太史令。

> 张渊，不知何许人。明占候，晓内外星分。自云尝事苻坚，坚欲南征司马昌明，渊劝不行，坚不从，果败。又仕姚兴父子，为灵台令。姚泓灭，入赫连昌，昌复以渊及徐辩对为太史令。世祖平统万，渊与辩俱见获。世祖以渊为太史令，数见访问。③

---

① 《后汉书》卷二《显宗孝明帝纪》，中华书局，2000。
② 《后汉书》卷九十五《礼仪志中》，中华书局，2000。
③ 《魏书》卷九十一《术艺传》，中华书局，1974。

又如晁崇，也是出于太史官世家，并担任过太史令。

崇善天文述数，知名于时。为慕容垂太史郎。从慕容宝败于参合，获崇，后乃赦之。太祖爱其伎术，甚见亲待。从平中原，拜太史令，诏崇造浑仪，历象日月星辰。迁中书侍郎，令如故。[①]

北魏时期建有天文殿，作用和灵台类似。晁崇在北魏担任太史令时，负责制造浑仪，观察天象，作出预测。

北周与北齐时期也分别设有天象观测机构。北周主官为太卜，按杜佑《通典》的说法，北周的太卜掌管三兆之法，除太卜外还设有大夫、小卜、上士、龟占中士等。

北齐置太史令丞，隶属于太常。

太史掌天文地动，风云气色，律历卜筮等事。[②]

隋朝时期，天文机构负有灾害风险预测的职责，名为太史曹，后改名为太史监，隶属秘书省。正官有太史令、太史丞，其下属官员各司其职，分工明确。唐朝初年，天文机构的设置沿袭隋代，称太史监。武德四年（621年）改为太史局。

太史局：令二人，从五品下。丞二人，从七品下。令史二人，书令史四人。太史令掌观察天文，稽定历数。凡日月星辰之变，风云气色之异，率其属而占候焉。其属有司历、灵台郎、挈壶正。凡玄象器物，天文图书，苟非其任，不得与焉。[③]

太史局的最高长官为太史令，负责天文的变化，带有预测灾害的职责。其下属中，灵台郎负责具体观察天象变化。灵台郎的官名来自于周文王时设立灵台观察天象。

后汉又作灵台，掌候日月星气，而属太史；太史有二丞，其一在灵台。汉官云："灵台员吏十三人，灵台待诏四十二人。"魏太史有灵台丞，主候望、颁历。晋、宋、齐、梁、陈太史皆有灵台丞。隋太史置天文博士，掌教习天文气色。皇朝因隋，置天文博士二人，正八品下。长安四年省天文博士之职，置灵台郎以当之。天文生六十人。隋氏置，皇朝因之。年深者，转补天文观生。[④]

太史局除了观察天象进行记录，还需要对天文现象进行解释，并对政策提出一定的参考方向。因此唐代天文机构常常将天文现象与自然灾害相关联，并

---

① 《魏书卷》九十一《术艺传》，中华书局，1974。

② 《隋书》卷二十七《百官中》，中华书局，1982。

③ 《唐六典》卷十《秘书省》，中华书局，1992。

④ 同上。

进一步关联到朝廷的政策设置问题，唐代后几经改革：

> 龙朔二年，改为秘书阁局，令改为秘阁郎中；咸亨元年复旧。久视元年为浑天监，不隶麟台，其令监置一人，加至正第五品上，因加副监及丞、主簿、府、史等员；其年又改为浑仪监，长安二年复为太史局，还隶麟台，缘监置官及府、史等并废，其监依旧为令，置二人。景龙二年，又改太史局为太史监，令名不改，不隶秘书。开元二年，又改令为监；三年，加从第四品下，其一员改为少监。十四年，又改为局，复为太史令二员，隶秘书。[①]

太史局先后改为秘书阁局、浑天监、浑仪监和司天台，主要源于这一时期中央权力更迭，新登基的皇帝亟须来自上天的正统性支持。乾元元年（758年），唐肃宗对天文机构进行改革，司天台独立成署，并延续到五代时期。

北宋时期，天象及灾害预测机构为司天监，主官为司天监监，或判司天监事。其上一级的行政主管机构为提举司天监公事所。司天监的内部机构包括历算科、天文科和三式科。司天监内设机构中负责灾害预测的部门为天文院，天文院中的测验浑仪刻漏所直接负责对天象进行记录，将每晚的观测记录上报天文院进行分析，最终由司天监作出是否会出现自然灾害的预测。

大中祥符元年（1008年）十二月，司天监根据天文院上报观测信息，认为依照天象灾害对应的理论，扬州楚地将会有水旱灾害。宋真宗下诏命令江淮发运转运司部内各留两年的粮食储备，以预防水旱灾害。这在客观上加强了南方地区的灾害粮食储备。

宋初期时内廷也设置了天文院，隶属于翰林院，称为翰林天文院，其中也设有浑仪所，功能和司天监重叠。设立这一机构的主要目的是避免司天监出于政治目的有谎报行为，因而设立翰林天文院对司天监的信息进行对照。但实际很长时间内，翰林天文院的主官通常由司天监兼领，并不能起到参照的作用。天圣五年（1027年），宋仁宗下令将翰林天文院的管理与司天监分离，恢复其对司天监的参照作用。王安石变法时，司天监改称太史局，行政归属被划归为秘书省，内部机构和功能没有改变。

南宋初期，朝廷主要关注对金的战争，机构多为草创。高宗建炎三年（1129年），将太史局并入翰林天文院，绍兴元年（1131年）七月又复置。以后各朝皇帝的天文机构大体维持北宋局面，但其间也有所调整。

绍兴十四年（1144年），宋高宗命宰臣秦桧铸浑仪，直到绍兴三十二年（1162年），完成两座，一架设置在太史局，另一架放在宫中，以观测天象。淳

---

① 《唐六典》卷十《秘书省》，中华书局，1992。

熙七年（1180年），孝宗下诏调整太史局天文官人事编制，将四名天文官和一名内差调整到翰林天文局，以后天文官的管理人员编制为三名。作出这一调整的原因是当时的翰林天文官工作态度懈怠，业务能力不强，缺乏管理。此后，南宋的天文官编制逐渐扩大，宁宗庆元五年（1199年），又对天文机构重新制定编制，对人员编制进行精简。淳熙四年（1177年）时天文机构九十三人，庆元五年（1200年）时为一百二十五人，多出三十二人。朝廷认为如果不加限制，将来又恐人数扩大，所以将太史局、天文局、钟鼓院、官至局的学生总数控制在百人以内。

宋代对天文机构的管理十分严格，禁止民间进行天文解读和学习。北宋初年，太平兴国元年（976年）十一月，宋太宗要求各地将具有天文知识的人才送到中央，如有隐匿，直接处死。太平兴国二年（977年）十二月，对各地送往中央的人才进行筛选，能力突出的留在天文局的司天台工作，没有录取的发配海岛。景德元年（1104年）正月，宋真宗下诏，民间存有的相关天文、占星等器具和书籍要上交相关机构，集中焚毁，如有私藏则处死。宋仁宗时，要求天文局官员不得与其他官员私交。天文官员如果对灾害和预兆判断失误，会受到降级甚至刑罚。出于天文世家的王熙元，于开宝年间补为司天历算，景德年间担任司天少监，多年之后升为司天监，后由于择日的差谬问题降为少监。

元朝时，太宗（窝阔台）八年（1236年）三月，已诏令在和林城复修孔子庙及司天台，但并未对中原的灾害预测予以重视。元世祖忽必烈开始设立司天台、司天监，继承了宋、辽、金的灾害预测体系。中统元年（1260年），开平设立汉司天台，至元元年（1264年）八月，元迁都于燕京，至元八年（1271年），又在上都置回回司天台。至元十三年（1276年），设太史局。至元十六年（1279年），改称太史院，并建立司天台，这就是对应于上都的回回司天台和大都南司天台，而前者史称北司天台。

太史令王恂等言："建司天台于大都，仪象圭表皆铜为之，宜增铜表高至四十尺，则景长而真。又请上都、洛阳等五处分置仪表，各选监候官。"从之。[1]

从此元朝存在南、北两处司天台，至元二十三年（1286年），大都置行司天监。仁宗延祐元年（1314年）升司天台为司天监。

司天监，秩正四品，掌凡历象之事。提点一员，正四品；司天监三员，正四品；少监五员，正五品；丞四员，正六品；知事一员，令史二人，译史一人，通事兼知印一人。属官：提学二员，教授二员，并从九品；学正二员，天文科

---

[1]《元史》卷十《世祖七》，中华书局，1976。

管勾二员，算历科管勾二员，三式科管勾二员，测验科管勾二员，漏刻科管勾二员，并从九品；阴阳管勾一员，押宿官二员，司辰官八员，天文生七十五人。中统元年，因金人旧制，立司天台，设官属。至元八年，以上都承应阙官，增置行天监。十五年，别置太史院，与台并立，颁历之政归院，学校之设隶台。二十三年，置行监。二十七年，又立行少监。皇庆元年，升正四品。延祐元年，特升正三品。七年，仍正四品。[①]

明朝洪武元年（1368 年）改元代太史院为司天监，后改名钦天监，有北京和南京钦天监，下设四科：天文、漏刻、大统历、回回历，其中天文和漏刻有预测自然灾害的职能。

明代对于天文及灾害预测人才管理严格，禁止民间存在天文和灾异解释，这也导致了明代前期天文相关人才的匮乏。明朝钦天监规定工作人员世袭，享有官员俸禄和民差减免的特权。医官和天文官都是世家的专官，称是根据《周官》制定的古意，如果工作人员的子孙不能学习天文历法计算等，将被发配到南海充军。

明代初年，强调专业技术人员固定于原来的专业中，以免出现专业人员不足的情况，拥有天文、算历专业知识的官员也按照这一规则进行。由于天文关系到统治者的正统性舆论，明代规定除钦天监子弟之外的国民不得学习天文，这也造成了民间天文知识的匮乏，而长期世袭的官员不利于专业技术的提升和发展。明朝末年开始，有西洋传教士参与国家的天文历法测算和灾害预测的工作。

清代的钦天监大体沿袭明朝体制。清代司天监的一大特点是吸纳了一些西方传教士在钦天监任职。

顺治元年，设立钦天监，分天文、时宪、漏刻、回回四科；置监正、监副、五官正、保章正、挈壶正、灵台郎、监候、司晨、司书、博士、主簿等官，以汉人充任，隶属于礼部。顺治元年（1644 年）五月，神圣罗马帝国的传教士汤若望（Johann Adam Schall von Bell）上疏摄政王多尔衮，请求保护天文仪器和已经刻成的《崇祯历书》书版。同年十一月，任汤若望为钦天监监正。康熙三年（1664 年）九月，汤若望因"历法之争"被判处凌迟。后因京师地震，汤若望遇赦，康熙五年（1666 年），汤若望病死于寓所。比利时人南怀仁（FerdinandVerbiest），因"历法之争"入狱，次年释放。康熙七年（1668 年）复被起用，掌钦天监，制造天文仪器。清代康熙年间，钦天观象台负责观测降雨。此时记录雨量成为政府的专项工作之一，并形成"晴雨录"进行统计。目

---

① 《元史》卷九十《百官六》，中华书局，1976。

前，我国存有的北京地区"晴雨录"是古代气象的珍贵资料，收藏于北京第一历史档案馆。其记录年代直到清朝末年，观测间隔时间为一个时辰。记录内容包括晴、雨、雪三项，如有雨雪，须准确标明起止时间，降雨（雪）量并未进行量化，而是以大、小、细、微四个等级进行衡量。雷、晕、虹、雹等特殊天气现象也须记录在案，记录文字为汉、满两种。

道光六年（1826年）十月，西洋"监正"及左、右监副三人一起去职，至同年十一月二十七日，取消西洋监正、左监副、右监副的位置，改为设立汉监正，并把满汉监副各一人改为满汉左、右监副各一人。这是由于在钦天监中任职的最后一位传教士、葡萄牙人高守谦于道光六年因病回国，此后，清政府不再聘用西洋人，钦天监的工作从此脱离了传教士的影响。

第二节　预测理论方法

一、占卜与观星

以占卜的方式进行自然灾害预报预警通常不具有科学性，但其在灾害预警的传播性上具有一定的优势，形成了特定的理论体系，并对民众具有较好的解释效果。

先秦时代用龟甲和蓍草进行占卜，卜用龟甲，筮用蓍草。《礼记·曲礼上》载："龟为卜，策为筮。"龟策应用的范围很广泛，从国家兴衰到个人疾病，其中较为常见的就是对灾害的占卜。已出土的殷商时代文字中，对于灾害的占卜非常多，天气情况细化到雨量的大小，但准确性不详。按照现代科学的理解，这种方式的预测并无实际的灾害预测意义，只能起到一定的心理影响。周代之后，以《周易》进行系统化参考的灾害预测开始兴起，其中融合了朴素的观察经验，用阴阳理论解释和预测自然灾害的理论逐渐成为主流。《春秋公羊传》认为大臣专政会造成阴阳失衡，引发地震。

我国观星预测灾害的历史较为悠久，可以追溯到周代，周代以星象预测自然灾害在《左传》中有大量记录，占星作为一种知识体系已经成为预测自然灾害的手段。周代占星学说将太阳、月亮、太白、岁星、辰星、荧惑和镇星称为"七政"。其中，岁星也就是木星，被认为是吉祥之星，观察岁星每年出现的位置，其对应的地面区域便会平稳富足。荧惑即火星，被认为是不祥之星，它的位置对应的地面区域将遭受到灾害。春秋时，以占星学说配以阴阳调和理论，对一定区域进行预警，成了灾害应对过程中的一部分。

二十八年，春，无冰。梓慎曰："今兹宋郑其饥乎，岁在星纪，而淫于玄枵，以有时灾，阴不堪阳。蛇乘龙。龙，宋郑之星也。宋郑必饥，玄枵，虚中也。枵，耗名也，土虚而民耗，不饥何为？"①

梓慎通过观察气候上的反常现象，预测郑国和宋国即将面临灾荒，他的理论依据是岁星不在指定位置，春天没有冰，证明天气反常的暖，这是阴阳失调的表现，这是基于观察的判断，但仅凭现象进行预测，说服力有限，借助占星理论对预测进行理论支撑，更符合当时崇敬天命的思想意识。由于当时的人们无法正确认知日食和月食，这一"反常"的天文现象也与灾害联系起来。

冬季，彗星在大火星旁边出现，光芒西达银河。申须说："彗星是用来除旧布新的，天上发生的事常常象征凶吉，现在对大火星清扫，大火星再度出现必然散布灾殃，诸侯各国恐怕会有火灾吧！"梓慎说："去年我看到彗星，就是灾害的预兆。去年大火星出现时能看到那彗星，今年它还在大火星附近出现，而且更加明亮了，这说明它在大火星附近潜伏很久了。大火星出现，在夏正是三月，在商正是四月，在周正是五月。夏代的历数和天象相适应，如果发生火灾，恐怕由四个国家承担，在宋国、卫国、陈国、郑国。宋国是大火星的分野，陈国是太皞的分野，郑国是祝融的分野，都是大火星所居住的地方。彗星到达银河，银河代表水。卫国是颛顼的分野，所以是帝丘，和它相配的星是大水，水是火的阳姓配偶，恐怕会在丙子日或者壬午日发生火灾，水火是会在那个时候配合的。如果大火星消失而彗星随之潜伏，一定在壬午日发生火灾，不会超过发现它的那个月。"郑国的裨灶对子产说："宋、卫、陈、郑四国将要在同一天发生火灾。如果我们用瓘斝玉瓒祭神，郑国一定不发生火灾。"子产不肯给。郑国的申须根据彗星出现的位置预测火灾发生，梓慎更是根据国家的分野与天空星辰的对应原理，预测宋国、卫国、陈国、郑国会发生火灾，他的理论是宋国、陈国、郑国、卫国的地理位置都有对应的分野，通过观察彗星在不同的分野出现，可以预测相应灾害的发生时间，具体到丙子日或者壬午日。由此可见，当时预测体系已经初具规模。郑国的裨灶提出应对方案，如果用瓘斝玉瓒祭神，郑国可以避免火灾。瓘斝玉瓒是郑国国宝，因此子产并没有同意裨灶的请求。

夏，五月，火始昏见。丙子，风。梓慎曰："是谓融风，火之始也。七日其火作乎？"戊寅，风甚。壬午，大甚。宋、卫、陈、郑皆火。梓慎登大庭氏之库以望之，曰："宋、卫、陈、郑也。"数日，皆来告火。裨灶曰："不用吾言，

---

① 《左传》卷十八《襄公二十八年》，上海古籍出版社，2016。

郑又将火。"郑人请用之。子产不可。子大叔曰："宝，以保民也。若有火，国几亡。可以救亡，子何爱焉？"子产曰："天道远，人道迩，非所及也，何以知之。灶焉知天道？是亦多言矣，岂不或信？"遂不与，亦不复火。①

到了第二年五月，如梓慎预测，宋、卫、陈、郑四国果然在壬午日起火。四国在同一日起火，这也验证了神灶的预测，因此他再次提出使用瓘斝玉瓒进行祭祀，郑国百姓和子大叔等士大夫也劝子产拿出国宝进行祭祀。子产的回应可以看出其将天道和人事分离的观点，他认为天道和人事并不相关，神灶的预测很多，这次恰好说中了，只是巧合。子产没有拿出国宝，火灾也没再发生，可见当时预测灾害的人准确率并不高，但是一旦预测对了，很容易获得其他人的信任，但以子产为代表的一些士大夫对预测和祭祀的效果并不认同，他们更倾向于灾害与人的活动无关，但是在治理国家时，并不反对祭祀行为。

秋七月壬午朔，日有食之。公问于梓慎曰："是何物也？祸福何为？"对曰："二至二分，日有食之，不为灾。日月之行也，分，同道也；至，相过也。其他月则为灾，阳不克也，故常为水。"②

梓慎并没有将所有的日食都与灾害相联系。他认为，冬至、夏至、春分、秋分的时候，即使有日食，也不会形成灾害，这与当时实践有关，现实观察到日食，之后不会真的都有灾害发生。但如果日食完全与灾害无关，那占星理论又等于承认了自身的体系缺陷，梓慎认为除了二至二分之外的其他时候出现的日食，通常是水灾的预警，因为从阴阳理论来看，日食代表了阳不能战胜阴。从现代天文学角度来看，这显然是主观臆断的解释。由于这一体系的主观性，当时对于同一天文现象存在截然不同的预测。

夏五月乙未朔，日有食之。梓慎曰："将水。"昭子曰："旱也。日过分而阳犹不克，克必甚，能无旱乎？阳不克莫，将积聚也。"③

梓慎继续坚持只要不是二至二分的日食就是水灾的预警的理论。昭子认为，阳气一直没有战胜阴气是阳气还在聚集，这样下去，阳气过剩就会引发旱灾。春秋时代，周王室的权力衰微，让诸侯国更加怀疑礼法所述的天道，此时由禳灾而发展的占星等预测思想也更为体系化。

两汉时期，通过星象预测灾害的理论体系更为成熟。1973年，湖南马王堆汉墓中出土的文献中存有通过占星预测自然灾害的记录。占星的预测不止包

---

① 《左传》卷二十《昭公十八年》，上海古籍出版社，2016。
② 《左传》卷二十《昭公二十一年》，上海古籍出版社，2016。
③ 《左传》卷二十《昭公二十四年》，上海古籍出版社，2016。

括天灾，还包括人祸，历代记载中恒星的命名也是直接与统治阶级相关联。其中最直接的对应就是"三垣"，即紫微垣（Purple Forbidden Enclosure）、太微垣（Supreme Palace Enclosure）和天市垣（Heavenly Market Enclosure）。紫微垣又称紫微宫，象征皇宫。传说上天有紫微宫，是天帝的居所，所以在人间对应象征着帝王的皇宫。

这一星座体系中包括北极五星，北极一代表太子；北极二既代表帝王，也代表帝王的宝座；北极三代表皇帝的庶子；北极四代表后宫嫔妃。由于北极二一星二用，所以这四个名号代表了五颗星。紫微左垣共由八星组成，每颗星由文官武将的官职命名，在现在通用的八十八星座中分别属于天龙座、仙王座和仙后座。紫微右垣共由七星组成，每颗星由文官武将的官职命名，分别属于天龙座、大熊座和鹿豹座。如果紫微垣附近行星异常运行，就预示有相应的自然灾害，太一星离位即预示有水旱灾害。

太微垣代表朝廷官员，太微即政府的意思，星名亦多用官名命。如太微左垣五星，分别为左执法、东上相、东次相、东次将、东上将。太微右垣五星，分别为右执法、西上将、西次将、西次相、西上相。这些星座相应的位置作为"门"，左执法的东边是左掖门，右执法的西边是右掖门。东蕃的四颗星中，南边的第一颗星叫上相，上相的北边是东太阳门；第二颗星叫次相，次相的北边是中华东门；第三颗星叫次将，次将的北边是东太阴门；第四颗星叫上将，以上称为四辅。西蕃的四颗星中南边的第一颗星叫上将，上将的北边是西太阳门；第二颗星叫次将，次将的北边是中华西门；第三颗星叫次相，次相的北边是西太阴门。一些主要行星出现在"门"所对应的位置，就预示着相应的自然灾害。按历代《天文志》的灾害预测，木星进入南门，再从东门出去，预示将有干旱。土星进入西门，预示有大的水患。月入南门，出东门是旱灾预警。

天市垣是"三垣"的下垣，位居紫微垣之下的东南方向，以帝座为中枢，成屏藩之状。天市即集贸市场，故星名多用货物、星具，经营内容的市场命名，同样有预测自然灾害的功能，如"天纪九星散绝"预示地震山崩。官方的预警方式还是以占星理论为基础。

太一星在天一南，相近，亦天帝神也，主使十六神，知风雨水旱、兵革饥馑、疾疫灾害所在之国也。

其西南角外三星曰明堂，天子布政之宫。明堂西三星曰灵台，观台也，主观云物，察符瑞，候灾变也。①

---

① 《晋书》卷十一《天文上》，中华书局，1974。

汉代二十八星宿的理论得到进一步发展。当时通过天文观测，认识到更多天体运行规律，以太阳和月亮所经的天区黄道为范围，将恒星分为二十八个星座。这些星座的行星变化被赋予一定的象征意义。如果出现反常的运行或有其他行星进入相应的星座区域，都被视为灾害的预警。《汉书·艺文志》中所言："天文者，序二十八宿，步五星日月，以纪吉凶之象，圣王所以参政也。"[1] 通过二十八星宿的变化预测吉凶，为朝廷政策提供参考意见，通过一些星宿的位置变化来预测水灾旱灾。

唐代时，二十八星宿的理论成为自然灾害预警的官方观测理论，将二十八星宿分为十二次，对应唐代版图内的相应地区。

凡二十八宿，分为十二次：寅为析木，燕之分；自尾十度至斗十一度。卯为大火，宋之分；自氐五度至尾九度。辰为寿星，郑之分；自轸十二度至氐四度。巳为鹑尾，楚之分；自张十七度至轸十一度。午为鹑火，周之分；自柳九度至张十六度。未为鹑首，秦之分；自井十六度至柳八度。申为实沈，魏之分；自毕十二度至井十五度。酉为大梁，晋之分；自胃七度至毕十一度。戌为降娄，鲁之分；自奎五度至胃六度。亥为嫁訾，卫之分；自危十六度至奎四度。子为玄枵，齐之分；自女八度至危十五度。丑为星纪，吴、越之分；自斗十二度至女七度。所以辨日月之缠次，正星辰之分野。凡占天文变异，日月薄蚀，五星陵犯，有石氏、甘氏、巫咸三家中外官占。凡瑞星、祆星、瑞气、祆气，有诸家杂占。凡测候晷度，则以游仪为其准。[2]

李淳风在《乙巳占》中对灾害的预测也是根据对月亮的观察，认为月升起时小，但随后形状变大就预示水灾要发生。李筌所著《太白阴经》通过对五星的颜色进行灾害预测。

五星者，昊天上帝之使也。禀受帝命，各司其职，虽幽潜深远，冈不悉及之。故福德佑助，祸淫威刑，或顺轨而守常，或错乱而表异，光芒角变，色动衰盛，居留干犯，勾冲掩灭，所以告示下土。

凡五星色变常者，青忧，白兵，赤旱，黑丧，黄则天下大熟。[3]

灾害也并不是与天象一一对应，而是在各种异常下都可能产生同类型的灾害，比如说水灾可能的原因包括：

火入亢，有兵，水灾。

① 《汉书》卷三十《艺文志》，中华书局，2007。

② 《唐六典》卷十《秘书省》，中华书局，1992。

③ 《太白阴经》卷八《杂占·占五星篇》，军事科学出版社，2007。

水犯角，大水，舟航相望。

水犯亢，大水。[1]

历代正史史书在《天文志》中都有星象异动的记录，尤其以日食、月食、流星等作为灾异现象为国家进行预警，天命论的盛行更使朝廷和民众对这种预警怀有较深的信任。到唐代时，观星理论与历法的发展让一些自然规律的观测具有一定的科学意义。

古代观星使用的观测仪器为浑仪。它是由一重重的同心圆环构成，整体看起来就像一个圆球，浑仪的最基本构件是四游仪和赤道环。占星者通过浑仪观测到待测量的天区或星座，并得出该天体与北极间的距离，称"去极度"，以及该天体与二十八宿距星的距离，称"入宿度"，去极度和入宿度是表示天体位置的最主要数据。从汉代到北宋，浑仪的环数不断增加。首先增加的是黄道环，用以观测太阳的位置，接着又增加了地平环和子午环，地平环固定在地平方向，子午环固定在天体的极轴方向，浑仪便形成了二重结构。唐代起，浑仪又发展成三重结构。最外面的一层叫六合仪，由固定在一起的地平环、子午环和外赤道环组成，因东、西、南、北、上、下六个方向叫六合；第二重叫三辰仪，由黄道环、白道环和内赤道环组成，可以绕极轴旋转，其中白道环用以观测月亮的位置；最里层是四游仪。北宋时，又增加有二分环和二至环，即过二分（春分、秋分）点和二至（夏至、冬至）点的赤经环。多重环结构的浑仪虽是一杰出的创造，在天文学史上也起过重要的作用，但其自身存在两大缺陷：一是要把这么多的圆环组装得中心都相重合，十分困难，因而易产生中心差，造成观测的偏差；二是每个环都会遮蔽一定的天区，环数越多，遮蔽的天区也越大，这就妨碍观测，降低使用效率。为解决这两个缺陷，从北宋起即开始探索浑仪的简化途径。浑仪改革由北宋的沈括开辟，元代的郭守敬完成。沈括在两个方面进行改革：一是取消白道环，借助数学方法来推算月亮的位置；一是改变一些环的位置，使遮蔽的天区尽量减少。郭守敬取消了黄道环，并把原有的浑仪分为两个独立的仪器，即简仪和立运仪。《梦溪笔谈》对于浑仪的发展有较为详细的记载：

天文家有浑仪，测天之器，设于崇台，以候垂象者，则古机衡是也。浑象，象天之器，以水激之，或以水银转之，置于密室，与天行相符，张衡、陆绩所为，及开元中置于武成殿者，皆此器也。皇祐中，礼部试《机衡正天文之器赋》，举人皆杂用浑象事，试官亦自不晓，第为高等。汉以前皆以北辰居天

---

①《太白阴经》卷八《杂占·占五星篇》，军事科学出版社，2007。

中，故谓之"极星"。自祖亘以机衡考验天极不动处，乃在极星之末犹一度有余。熙宁中，余受诏典领历官，杂考星历，以机衡求极星。初夜在窥管中，少时复出，以此知窥管小，不能容极星游转，乃稍稍展窥管候之。凡历三月，极星方游于窥管之内，常见不隐，然后知天极不动处，远极星犹三度有余。每极星入窥管，别画为一图。图为一圆规，乃画极星于规中。具初夜、中夜、后夜所见各图之，凡为二百余图，极星方常循圆规之内，夜夜不差。①

北宋时期，浑仪制造技术得到快速发展，从太平兴国四年（979 年）开始，朝廷多次建造浑仪。

二、天气与潮汐观测

先秦时代的灾害预警可以看作是由主观推测向客观观察转变的过程，周代出现对天气观测进行灾害预警的记录，这是基于以往经验积累作出的判断，具有一定的科学性。孟春时节如果出现夏季的气候特征，就会出现雨水不规律，植物过早凋落等自然灾害；如果出现了秋季的气候特征，会出现暴雨等灾害；如果出现冬季的气候特征，会出现洪水、大雪等灾害。《礼记·月令》还详细列出：其他四季的各个月出现与时节不符的气候现象会引发的各种自然灾害。这种观察虽然无法保证绝对的准确性，但也为当时的农业生产和防灾减灾提供了现实的参考，其判断来源于常年的农业生产经验，具有数据参考价值。这在灾害预警的信息来源上是重大的进步。秋天如果早寒，冬天就会较暖，春天多雨，夏天必然出现旱灾。这种长期的预警机制在实践中不断被验证，最终得以保留的结论具有更高的准确性。

先秦时期，具有较强即时性的预警机制主要集中于对云的观察：

水平而不流，无源则速竭。云平而雨不甚，无委云，云则速已。②

这里将水与云进行观察，水流如果没有高度差，就会趋于平静，云的形状如果扁平，那么带来的降雨就不会太大。云没有聚集，雨下得就会很快。这一观察在一定程度上符合了气象学的客观规律，其预测的准确性也就比较高。

山云草莽，水云鱼鳞，旱云烟火，雨云水波，无不皆类其所以示人。③

这里是根据云的形状对天气进行预测，像草一样的云含水量不大，鱼鳞状的云含水量大，而像烟火的云不容易下雨，像水波一样的云容易下雨。这种通

---

① 《梦溪笔谈》卷七《极星测量》，上海书店出版社，2003。

② 黎翔凤校注：《管子校注》第三十五《侈靡》，中华书局，2009。

③ 张双棣等译注：《吕氏春秋译注》第十三《有始览》，北京大学出版社，2011。

过观察自然界事物总结规律对灾害预测的方式，在程序上更接近现代灾害预测的原理。

汉代时，气象仪器的发展使灾害的预测更具科学性。《淮南子》认为风雨之变，可以通过音律进行预判。这是通过琴弦预测晴雨的记载，其科学依据在于空气湿度的变化。东汉的王充也认为"琴弦缓"是天将下雨的预兆。琴弦松动是因为空气湿度加大使木质琴身发生变化，而琴弦受湿度影响较小，造成了琴弦松动。

《淮南子》中有"悬羽与炭，而知燥湿之气"[1]，这是利用木炭和羽毛制作的湿度计。由于炭吸湿性强，其中的水分也易蒸发，极易随空气湿度大小而产生重量变化，羽毛的重量受温度影响的可能性较小，将羽毛和炭悬挂在天平的两端，使之处于平衡状态，当湿度发生变化时，炭随湿度大小而产生重量变化，而羽毛不发生明显变化，空气中的湿度变大时，天平失去平衡，通过天平倾斜角度的大小来衡量湿度的大小，其作用主要是用于测雨。除了羽毛，也有用土或铁等物质的。

汉代对风的观测也有一定的发展，专门为测定风向而制作的测风旗主要用于实时观测风向变化，旗帜材质选用绸类轻质织物，高悬于木杆之上。汉代灵台设置相风鸟，沿袭秦代观台的相风铜鸟，鸟身多为铜制，悬在杆头。相风鸟身下为转枢，随风向扭转方向。汉、晋期间，这一设置逐渐在地方出现，现存地方出土文物中就有相风旗和相风鸟。晋代皇帝出行时，相风鸟处于队伍的最前列。

唐代时，黄子发著《相雨书》，其符合当代自然科学的原理，对通过天气观测进行自然灾害预警的准确性有显著的提升。《相雨书》包括九个方面内容："候气""观云""察日月并星宿""会风详声""推时""相草木虫鱼玉石""候雨止天晴""祷雨""祈晴"等。其中，"候气"篇是通过观察天地之间的"气"来进行预测，其实际的科学原理是通过观察大气光象来预测天气。大气光象是现代科学用语，指的是在太阳和月球等自然光源的照射下，由于大气分子、气溶胶和云雾降水粒子的反射、折射、衍射和散射等作用而引起的一系列光学现象[2]。《相雨书》中将气分为珥、晕、虹、色、光。珥是指在太阳或月亮两侧，并凸向太阳或月亮的光弧，直观感受就像太阳和月亮长了耳朵。当白天出现这种自然现象的时候，通常伴随着大风，夜晚出现时将会下大雨。晕是光圈，在

---

①《淮南子》卷十六《说山训》，中华书局，2009。

②何金海等主编：《大气科学概论》，气象出版社，2012。

古籍中常和珥连用，合称"晕珥"。晕通常伴随着大风，《相雨书》认为中午之前出现晕将会起北风，午后有晕，风力将会很大。虹就是彩虹，如果傍晚看到彩虹，那么将会半夜下雨。色和光是指太阳落下地平线之后，阳光仍然可以照射到大气高层，高层大气分子对日光的散射使地面有一定的照度，其中，在日出前称为曙光，日落后称为暮光①。历代都有通过对云的观察预测天气的记载，《相雨书》对云的描绘是以具体的形状划分：鱼鳞云、覆船云、跃鱼云、羊猪云、浴猪云、海涛云等。这里并非仅从形状来判断天气，还需将云的速度、颜色考虑其中。如果四方有跃鱼云，且飞行速度快，就会下雨；若速度慢，就不大可能下雨。如果云像羊群一样奔跑或像飞鸟一般，就预示五日内下大雨。其科学原理在于积雨云在快速移动中更容易出现雷雨天气。

《相雨书》对风的观察预测如："日出，无风而热者，至日中，则云雷作、风雨兴也。"太阳出来后没有风，而天气炎热，这样的天气通常大气湿度比较大，到中午的时候，地面温度升高，这时对流层的下部空气温度升高，向上移动形成对流，造成降雨。

《相雨书》还包括用植物预测天气："每夕取通草一茎，以火燃之，尽者，次日晴；不尽者，雨。"傍晚的时候拿一根通草点燃，如果能够燃烧完全，那么第二天应该是晴天；如果燃烧不完全，第二天会下雨。这里的通草，别名寇脱、离南、活苋、倚商、花草等，为五加科植物通脱木的茎髓，其特点是干燥而成球状。观察通草燃烧，可以判断出空气的干湿程度。通草不能完全燃烧是因为空气湿度大，因此第二天下雨的概率就大。

唐代李淳风在《乙巳占》中论述说：

凡风动，初迟后疾，其来远；初急后缓，其发近。（此以迟疾推风发远近）凡风动叶十里，鸣条百里，摇枝二百里，堕叶三百里，折小枝四百里，折大枝五百里。一云：折木飞砂石千里。或云：伐木施千里，又云：折木千里，拔木树及根五千里。（此鸣条已上，皆百里风也。此以势力推风远近）凡大风非常，三日三夜者，天下尽风也；二日二夜者，天下半风也；一日一夜者，万里风也。（此以时节多少推风发远近）凡风二日二夜，事及三千里外；一日一夜周时，事及二千里；或一日或一夜六时已上者，事及一千里；半日半夜三时已上，事及五百里；三时已下，事及百里。（此以时多少推灾及远近）凡大树拔根，事及三千里外；折大枝，事及二千里。（此以势力占灾远近）凡风近起城郭中者，有急事；卒起宫宅中者，为左右有变事。风自百里已上来者，皆谓其风时缓时

---

①何金海等主编：《大气科学概论》，气象出版社，2012。

急，条长垂索索然者是也。若蓬勃乍起乍止，卒缓卒急，势无常准者，并二百里以内，非远来，为灾乃重。若当时有云雨雷电者，不占。其应四时灾日兼雷雨而发者，并依别占。周成王偃禾之风是也。[①]

这里把风定为八个级别：动叶、鸣条、摇枝、堕叶、折小枝、折大枝、折木飞砂石、拔树及根。

凡候风者，必于高迥平原，立五丈长竿，以鸡羽八两为葆，属于竿上，以候风，风吹羽葆，平直则占。亦可于竿首作盘，盘上作木乌三足，两足连上而外立，一足系羽下而内转，风来乌转，回首向之，乌口衔花，花旋则占之。淳风曰：羽必用鸡，取其属巽，巽者号令之象。鸡有知时之效。羽重八两，以仿八风。竿长五丈，以仿五音。乌象日中之精，故巢居而知风，乌为先首。[②]

元代娄元礼所著《田家五行》收集了大量关于气象的民间谚语，这些谚语是劳动人民的经验总结，虽然不是完全根据科学原理形成，但其中有一些是符合地区气候的规律的，具有较高的准确性，是民间对灾害预测的有效工具。书中天文类根据日、月、星、云、风等现象的状态预测气象的内容：

日脚占晴雨。谚云："朝叉天，暮叉地，主晴，反此则雨。"日生耳占晴雨，谚云："南耳晴，北耳雨；日生双耳，断风截雨。"若是长而下垂近地，则又名曰"日幢"，主久晴。[③]

这是民间根据大气中的日光散射状况预测晴雨的经验。该书中更多是通过云的状况预测，其中尤其重视云出现的方位。

云行占晴雨："云行东，雨无踪，车马通；云行西，马溅泥，水没犁；云行南，水潺潺，水涨潭；云行北，雨便足，好晒谷。"

谚云："西南阵，单过也落三寸。"言云阵起自西南，雨必多。寻常阴天，西南障上，亦雨。谚云："太婆年八十八，未曾见东南阵头发。"又云："千岁老人，不曾见东南阵头雨没子田。"言云起自东南来者，绝无雨。[④]

简单依靠云出现的方向就对降雨情况作出预测，并不能保证准确，更多情况下，还是需要对云的状态进行细分。

凡雨阵起自西北者，必云黑如泼墨，又必起作"眉梁阵"，主先大风而后雨，终易晴。天河中有黑云生，谓之"河作堰"，又谓之"黑猪渡河"。黑云对起，一路相接亘天，谓之"雨作桥"。云阔，则又谓之"合罗阵"。皆主大雨立

---

① 《乙巳占》卷第十《占风远近法》，中华书局，1985。
② 《乙巳占》卷第十《候风法》，中华书局，1985。
③ 《古今图书集成·理学汇编》辑《田家五行》，广陵书社，2012。
④ 同上。

至，少顷必作"满天阵"，名"通界雨"，言广阔普遍也。若是天阴之余，或作或止，忽有"雨作桥"，则必有"挂帆雨"，却又是雨脚将断之兆也，不可一例而取之。

谚云："鱼鳞天，不雨也风颠。"此言细细如鱼鳞斑者。一云："老鲤斑云障，晒杀老和尚。"此言满天云，大片如鳞，故云"老鲤"。往往试验各有准。秋天云阴，若无风便无雨。冬天近晚，忽有老鲤斑云起，必无雨，名曰"护霜天"。谚云："识每护霜天，不识每着子一夜眠。"①

《田家五行》中的月占类是针对不同月份进行气象经验总结，以便预测自然灾害。

元日：有雷，主禾麦皆吉。有雪，主夏秋大旱。天微阴，东北风，主大熟。谚云："岁朝东北，五禾大熟。岁旦西北风，大水。南风及东南风皆主旱。"

（二月）初二是朝见薄冰，主旱。惊蛰前后有雷，谓之"发蛰"，起自北，主有水。②

气候类通常与季节和节气相关，我国各类文献和诗文中所提及的固定表述在《田家五行》中也进行了总结。

春雷和而反寒，必多雨，谚云："春寒多雨水。"

二月初有水，谓之"春水"。杜诗云："二月六日春水生。"又云："巴蜀雪消春水来。"桃开前后有水，谓之"桃花水"。芒种后雨为"黄梅雨"，夏至后为"时雨"。此时天公易变，谚云："黄梅天，日多几番颠。"六月有水，谓之"贼水"，言不当有也。八月十八日前后有水，谓之"横港水"。九月初有雨，多谓之"秋水"。

谚云"清明断雪，谷雨断霜"，言天气之常。夏四月，必作寒数日，谓之"麦秀寒"。③

鳞虫、鸟兽、草木等都可以作为气象预测的依据。

鱼跃离水面，谓之"称水"，主水涨，高多少，增多少。凡鲤鲫鱼在四、五月间得水暴涨，必散子，散不甚，水未止；盛散，水势已定。夏至前后得黄鲚鱼，甚散子时，雨必止，虽散不甚，水终未定，最紧。车沟内，鱼来攻水逆上，得鲇主晴，得鲤主水，谚云："鲇干鲤湿。"又鲫鱼主水，鲚鱼主晴。黑鲤鱼脊翼长接其尾，主旱。虾笼中张得（鱼掌）鱼，主有风水。

---

① 《古今图书集成·理学汇编》辑《田家五行》，广陵书社，2012。
② 同上。
③ 同上。

　　獭窟近水，主旱；登岸，主水，有验。圈塍上野鼠爬泥，主有水，必到所爬处方止。狗爬地，主阴雨；每眠灰堆高处，亦主雨。狗吃青草，主晴。狗向河边吃青草，主水退。猫儿吃青草，主雨。铁鼠，其臭可恶，白日衔尾成行而出，主雨。丝毛狗褪毛不尽，主梅水未止。

　　鹊巢低，主水；高，主旱。俗传鹊意既预知水，则云"终不使我没杀"，故意愈低。既预知旱，则云"不使晒杀"，故意愈高。《朝野金载》云："鹊巢近地，其年大水。"鹊噪早，报晴朗，曰"乾鹊"。①

　　唐人窦叔蒙所著《海涛志》是我国现存的最早的海洋潮汐学著作。《三国志·严畯传》中记载吴国严畯曾写过《潮水论》，但具体内容早已散佚。《海涛志》成书于唐代宝应、大历年间（762—779 年），全书六章，全唐文中仅收录一章。宋代欧阳修曾获得全本，他很喜爱，并把这本书陈列在自己座位右边的墙上，后来被夜间的风雨损坏，他又花了十五年求得一本。清人俞思谦编辑的《海潮辑说》将《海涛志》全文收录。作者窦叔蒙通过观察海洋的潮汐现象，发现了潮汐与月亮的关系。"晦明牵于日，潮汐系于月，若烟自火，若影随形。"他通过记录潮汐大小潮的时间分布，发现在朔（阴历的初一）与望（阴历的十五）的时候有两个大潮时期，在上弦（阴历的初七或初八）和下弦（阴历的二十二、二十三）有两次小潮，并以此循环。更为难得的是他推算在 28992664 日以内，潮汐循环的次数是 56021944 次，用后者除前者可以得出潮汐循环所需的时间。根据他的计算，换算成小时得出两个潮汐循环所需的时间是 24 小时 50 分 28.04 秒，也就是 24.8411207 小时，这与现代的计算结果 24.8412024 非常接近。窦叔蒙自己设计了一种图表计算方式，用于推算潮汐的大小，他以月相的变化为横轴、以时间为纵轴制定了一个坐标系，将观察到的数据记录在这一体系中，用以推算整个周期的潮汐规律。由于《海涛志》一书在当时的传播率不高，这种推算图没有原图记载，只有文字描述。

---

① 《古今图书集成·理学汇编》辑《田家五行》，广陵书社，2012。

第八章
救灾赈灾

第一节　先秦时期的救灾赈灾

我国古代发生自然灾害后，国家进行赈济的例子十分普遍，铸造货币用以救灾是其中的一种方式。

汤七年旱，禹五年水，民之无粮有卖子者。汤以庄山之金铸币，而赎民之无粮卖子者；禹以历山之金铸币，而赎民之无粮卖子者。故天权失，人地之权皆失也。①

《周礼》也认为当出现凶年、灾害等情况时，国家应当减少税收，并铸币进行赈济。按照现代经济学的知识，这是增加了国内货币的发行总量，在一定范围会起到缓解灾情的作用，实际上是利用了货币的转移支付功能，相当于国家用货币贬值的方式为灾区提供经济救助。

春秋之后，周王室力量衰微。诸侯国各自为政，受限于国力，各国的灾害赈济状况差异很大。诸侯国遭遇严重自然灾害，依靠自身国力难以应对，需要请求邻国救助。因此发生灾害后的相互救援，是诸侯国缔结同盟的重要条款之一。

凡我同盟，毋蕴年，毋壅利，毋保奸，毋留慝，救灾患，恤祸乱，同好恶，奖王室。②

同盟国之间除了无偿援助，还包括提供粮食买卖的援助。

冬，饥。臧孙辰告籴于齐，礼也。③

鲁国发生灾荒，向同盟国齐国购买粮食，这是符合礼法的。对于名义上的宗主国周，诸侯国有援助的义务。

---

① 黎翔凤校注：《管子校注》第七十五《山权数》，中华书局，2009。

② 《左传》卷十《襄公十一年》，上海古籍出版社，2016。

③ 《左传》卷三《庄公二十八年》，上海古籍出版社，2016。

冬，京师来告饥。公为之请籴于宋、卫、齐、郑，礼也。①

鲁国国君帮助周天子向其他诸侯国买入粮食，这些援助行为都是基于礼法和国君意志完成的，如果诸侯国国君无视道义，拒绝援助，会造成同盟国交恶，引发战争。

冬，晋荐饥，使乞籴于秦。秦伯谓子桑："与诸乎？"对曰："重施而报，君将何求？重施而不报，其民必携，携而讨焉，无众必败。"谓百里："与诸乎？"对曰："天灾流行，国家代有，救灾恤邻，道也。行道有福。"②

晋国饥荒，向秦国寻求援助。之前晋惠公求助于秦国时，曾许诺给秦国五座城池，但并没有兑现，因此秦穆公对于是否支援晋国有些犹豫，征求谋臣意见。子桑（公孙枝）认为，如果晋国再次违反道义，知恩不报，会失去国内民心，可以进行讨伐，所以赞成继续给予晋国援助。百里奚认为，天灾流行，总会在各国交替发生。救援灾荒，周济邻国，这是正道，按正道办事会有好的回报。最终秦穆公决定救援晋国。第二年，秦国遭受灾害求助于晋国，晋惠公却不给救济，晋国内部也针对利益与道义进行了一番争论。

冬，秦饥，使乞籴于晋，晋人弗与。庆郑曰："背施无亲，幸灾不仁，贪爱不祥，怒邻不义。四德皆失，何以守国？"虢射曰："皮之不存，毛将安傅？"庆郑曰："弃信背邻，患孰恤之？无信惠作，失援必毙，是则然矣。"虢射曰："无损于怨而厚于寇，不如勿与。"庆郑曰："背施幸灾，民所弃也。近犹仇之，况怨敌乎？"弗听。退曰："君其悔是哉！"③

庆郑认为知恩不回报，幸灾乐祸，贪图物质利益，使邻国愤怒，违背多种道德会影响国家的正义性，失去了保卫国家的道义因素。虢射认为物质利益就像是皮，而道义相当于毛，国家的物质利益比道义更实际，庆郑反驳说，丢弃信用，背弃邻国，遭遇灾害时将缺少支援，而失掉支援的国家必定会灭亡。虢射始终将秦国当作敌人而非盟友，认为给粮食不会降低秦国的恨意，反而使敌人增加实力，所以不应该给予秦国援助。庆郑顺着虢射把秦国当敌人的态度说，背弃恩惠，幸灾乐祸，是会被百姓所唾弃的。如此忘恩负义，即使是亲近的人也会因此结仇，何况是敌人呢？争论之后晋惠公还是没有援助秦国，反而对秦国发动战争，后晋国以失败告终。

先秦时代的经济是以粮食为核心的农业经济，因此自然灾害应对的经济调

---

① 《左传》卷一《隐公六年》，上海古籍出版社，2016。

② 《左传》卷五《僖公十三年》，上海古籍出版社，2016。

③ 《左传》卷五《僖公十四年》，上海古籍出版社，2016。

节机制也主要是针对粮食的生产和交易进行调控。防灾阶段强调粮食的均衡储备，控制交易，以保证各地备有足够应对灾害的粮食。

农廪分乡，乡命受粮，程课物征，躬竞比藏。藏不粥籴，籴不加均。赋洒其币，乡正保贷，成年不偿，信诚匡助，以辅殖财。财殖足食，克赋为征，数口以食，食均有赋。外食不赡，开关通粮，粮穷不转，孤寡不废。滞不转留，戍城不留，众足以守。出旅分均，驰车送逝，旦夕运粮。[①]

这里除了强调各地储备粮不准买卖，还提出了公家对于受灾农民的借贷机制，让乡正做借贷的担保，丰年时不催促农民偿还，目的不在于公家增利，而在于民众能够足食，人人足食之后再收税，且各地粮食输送要及时。边境城市留下守城量，其余运往后方，这是考虑到以此减少边城被攻占后造成的粮食损失。

春秋之后，各诸侯国的货币系统在经济中发挥的作用提升，开始通过货币金融的手段对灾害进行调节。

岁适美，则市粜无予，而狗彘食人食。岁适凶，则市籴釜十镪，而道有饿民。然则岂壤力固不足，而食固不赡也哉？夫往岁之粜贱，狗彘食人食，故来岁之民不足也。物适贱，则且力而无予，民事不偿其本。物适贵，则什倍而不可得，民失其用。然则岂财物固寡，而本委不足也哉？夫民利之时失而物利之不平也。故善者委施于民之所不足，操事于民之所有余。夫民有馀则轻之，故人君敛之以轻。民不足则重之，故人君散之以重。敛积之以轻，散行之以重，故君必有什倍之利，而财之櫎可得而平也。[②]

《管子》认为灾害造成粮食产量下降不是灾民挨饿的主要原因，粮食价格问题才是关键。丰年的时候，粮食价格很低，猪狗都跟人吃一样的食物；荒年时，粮食价格暴涨，很多人挨饿。这不是因为粮食产量不够，而是粮食出售价格太低，使农民收不回劳动成本，失去生产动力，之后产量自然就下降了。这一思想的核心就是经济学理论中的价值规律原理，在国家面临影响民生的粮食价格波动时，应该采取宏观调控手段，控制价格波动范围。这与现代我国设定国家粮食收购价的思想类似，不同点在于《管子》中的另一重点在于让君主得利，低价收购后高价抛售，以期获得十倍的盈利，并为此制定了价格。

岁凶谷贵，籴石二十钱，则大男有八十之籍，大女有六十之籍，吾子有四十之籍。是人君非发号令收啬而户籍也，彼人君守其本委谨，而男女诸君吾子无不服籍者也。一人廪食，十人得余；十人廪食，百人得余；百人廪食，千

---

① 《逸周书》卷二《大匡解》，浙江大学出版社，2021。
② 黎翔凤校注：《管子校注》第七十三《国蓄》，中华书局，2009。

人得余。①

凶年时，国家卖粮每一石加二十钱，可以得到比税收更多的财富，另外也会通过税收方面配合灾后恢复。

赋禄以粟，案田而税，二岁而税一。上年什取三，中年什取二，下年什取一，岁饥不税。②

这一做法与儒家"以民为本"的仁政思想相比，对受灾百姓的仁爱不足，但客观上好过不加干预，起到了控制灾后粮食价格的作用。对于灾后粮食价格区间的调整，范蠡农末俱利的思想更为细化。

夫粜，二十病农，九十病末。末病则财不出，农病则草不辟矣。上不过八十，下不减三十，则农末俱利，平粜齐物，关市不乏，治国之道也。③

范蠡认为粮食与货币的比价应该在三十到八十之间，国家有义务调节这一波动区间。对于灾害应对期间的粮食来说，这一价格波动区间看起来依然很大，范蠡这里强调的不是国家直接获利，而是留给商人盈利空间。

战国时，李悝提出：

善平粜者，必谨观岁有上、中、下孰。上孰其收自四，余四百石；中孰自三，余三百石；下孰自倍，余百石。小饥则收百石，中饥七十石，大饥三十石。故大孰则上粜三而舍一，中孰则粜二，下孰则粜一，使民适足，贾平则止。小饥则发小孰之所敛，中饥则发中孰之所敛，大饥则发大孰之所敛，而粜之。故虽遇饥馑水旱，粜不贵而民不散，取有余以补不足也。④

李悝"取有余而补不足"的思路对于受灾百姓来说更为有利，他首先评估这一年的粮食生产情况，丰年时根据产量进行收购，灾年时根据产量计算出粮食缺口，放出相应的粮食，理论上粮食价格保持不变。

第二节　秦汉时期的救灾赈灾

秦汉形成大一统的体制之后，救灾的思想有了较为系统的发展，但在体制机制上并没有形成专门的管理部门，中央和地方都没有成立专门的救灾机构。秦代中央政府官员中，负有赈灾职责的官员主要为置粟内史，汉代沿袭了秦代

---

① 黎翔凤校注：《管子校注》第七十三《国蓄》，中华书局，2009。
② 黎翔凤校注：《管子校注》第十八《大匡》，中华书局，2009。
③ 《史记》卷一百二十九《货殖列传》，中华书局，2006。
④ 《汉书》卷二十四上《食货志上》，中华书局，2007。

的这一官职，汉景帝时期改名为大农令，汉武帝时改为大司农，属于九卿之一，主要职责是财政管理，在救灾时负责救灾钱粮的调配。元光年间，黄河决口造成洪灾，大司农郑当时被汉武帝派遣前往灾区救灾。元延元年（公元前12年），黄河在馆陶和东郡决口。

凡灌四郡三十二县，水居地十五万余顷，深者三丈，坏败官亭室庐且四万所。御史大夫尹忠对方略疏阔，上切责之，忠自杀。遣大司农非调调均钱谷河决所灌之郡，谒者二人发河南以东漕船五百艘，徒民避水居丘陵，九万七千余口。[①]

在当时困难的交通环境下，政府派遣五百艘船迁徙灾民，救活近十万人，实属难得，可谓是一次成功的救灾活动。中央派到地方赈灾的实际官员由皇帝临时指派，汉代派遣的救灾官员包括光禄大夫、大中大夫、大司空、博士、谒者、常侍等。如果多位救灾的官员对救灾方案意见不统一，需要交由公卿进行商议决定。

鸿嘉四年（公元前17年），勃海、清河、信都黄河段发生水灾，淹没县邑31个，损坏官亭民屋四万多所。黄河堤都尉许商与丞相史孙禁一同巡视，孙禁认为此次黄河泛滥的危害比上一次平原地区决口厉害几倍，如今可以在平原金堤地区内开通大河，使河水流入以前的笃马河。到大海有五百多里，水路畅通无阻，又可使三郡的水地干燥，得到肥田近二十多万顷，足以抵偿开通大河所损坏的百姓的田屋，又省却官兵治堤救水。许商则认为，古代传说九河的名称有徒骇、胡苏、鬲津，现在在成平、束光和鬲地境内可见。从鬲津以北到徒骇间的距离是二百多里，如今的黄河虽然几次迁移，但没有离开这个地域。孙禁想要开凿的地方，在九河南面的笃马河，该地没有水流的路线，地势平坦，干旱时淤积断流，水多时会崩塌，不可取。后公卿商议，最终同意了许商的意见。同时，救灾中发放了生活用品，包括粮食、衣物、货币、布料等。

（光武六年春正月）辛酉，诏曰："往岁水旱蝗虫为灾，谷价腾跃，人用困乏。朕惟百姓无以自赡，恻然愍之。其命郡国有谷者，给禀高年、鳏、寡、孤、独及笃癃、无家属贫不能自存者，如律。二千石勉加循抚，无令失职。"[②]

其中食品救助是保障灾民生存的首要内容。汉代继承了从周代就有的施粥活动，王莽地皇三年（22年）二月，关东地区发生严重饥荒，王莽说：

惟阳九之厄，与害气会，究于去年。枯旱霜蝗，饥馑荐臻，百姓困之，流离道路，于春尤甚，予甚悼之。今使东岳太师特进褒新侯开东方诸仓，赈贷穷

---

① 《汉书》卷二十九《沟洫志》，中华书局，2007。
② 《后汉书》卷二《光武帝纪下》，中华书局，2000。

乏。太师公所不过道，分遣大夫调者并开诸仓，以全元元。①

除了汉朝中央政府会委托官员到地方开仓赈灾，郡县也有施粥行为来进行救灾。

时岁荒民饥，太守尹兴使续于都亭赋民饘粥。续悉简阅其民，讯以名氏。事毕，兴问所食几何？续因口说六百余人，皆分别姓字，无有差谬。②

对地区进行的物资援助还包括棺材，并赐予货币用以进行丧葬活动。这是对死者家属的心理慰藉，以孝治天下的汉代更强调对年长死者的尊重，暴露于外的尸体会大大增加恐慌，同时会引发瘟疫等公共卫生事件，因此对灾害中死亡人员的遗体处理是救灾中的重要环节。

（汉宣帝本始四年）关东四十九郡同日地动，或山崩，坏城郭室屋，杀六千余人。上乃素服，避正殿，遣使者吊问吏民，赐死者棺钱。③

安帝元初二年二月，遣中调者收葬京师客死无家属及棺椁朽败者，皆为设祭，其有家属尤贫无以葬者，赐钱人五千。④

汉代大规模运输的能力有限，通常由中央派出官员就近开放国家储备粮仓。从全国地方调集物资支援灾区的记录并不多，通常以运输粮食为主。

是时山东被河灾，及岁不登数年，人或相食，方二三千里。天子怜之，令饥民得流就食江淮间，欲留，留处。使者冠盖相属于道护之，下巴蜀粟以振焉。⑤

在大的灾害发生后，通常会造成严重饥荒，如果常规赈济不能解决问题，百姓为了生存将自发逃荒，这会造成政府控制户口的减少，影响国家税收和徭役的摊派。按照汉代政府规定，没有发生灾害的情况下，百姓是不允许擅自移民和脱籍的。灾害发生后，汉代政府本着宽仁的治国思想，对百姓自发的流动和移民予以认可与帮助，这是应对严重灾害时的一种救灾政策。

（汉景帝前元元年）春正月，诏曰："间者岁比不登，民多乏食，天绝天年，朕甚痛之。郡国或硗陿，无所农桑毄畜；或地饶广，荐草莽，水泉利，而不得徙。其议民欲徙宽大地者，听之。"⑥

（宣帝本始三年夏）大旱，郡国伤旱甚者，民毋出租赋。三辅民就贱者，且

①《汉书》卷九十九下《王莽传下》，中华书局，2007。

②《后汉书》卷八十一《独行侠传》，中华书局，2000。

③《汉书》卷七十五《眭弘传》，中华书局，2007。

④《册府元龟》卷四十二《帝王部》，中华书局，2003。

⑤《汉书》卷二十四上《食货志上》，中华书局，2007。

⑥《汉书》卷五《景帝纪》，中华书局，2007。

毋收事，尽四年。①

"就贱"就是移民到物价较低的地方，并对移民免除赋役。成帝阳朔二年（公元前 23 年）秋，关东大水，政府下令：

流民欲入函谷、天井、壶口、五阮关者，勿苛留。遣谏大夫博士分行视。②

除了允许灾民自发逃荒，政府也会组织灾民进行转移，政府派兵护送灾民到指定的地方度过灾荒时期，一般由国家与移入地政府共同发放衣物，安排生产就业等。

（汉武帝元狩三年）山东被水灾，民多饥乏，于是天子遣使虚郡国仓廪以振贫。犹不足，又募豪富人相假贷。尚不能相救，乃徙贫民于关以西，及充朔方以南新秦中，七十余万口，衣食皆仰给于县官。数岁，贷与产业，使者分部护，冠盖相望，费以亿计，县官大空。而富商贾或滞财役贫，转毂百数，废居居邑，封君皆氏首仰给焉。冶铸煮盐，财或累万金，而不佐公家之急，黎民重困。③

政府组织移民消耗很大，会给地方政府造成较大的经济压力，但对于救灾的效果来说要比灾民自行逃荒的生存状况好很多。即使对国家财政消耗较大，元鼎年间仍然进行组织移民。

是时山东被河灾，及岁不登数年，人或相食，方二三千里。天子怜之，令饥民得流就食江淮间，欲留，留处。使者冠盖相属于道护之，下巴蜀粟以振焉。④

对政府来说，统一组织移民相对于灾民分散逃荒的好处表现在可以保证户籍的完整，避免因为流民户籍变化而减少赋税和徭役。当自然灾害造成的危害减轻或解除之后，政府倾向于鼓励流民还乡或就地著籍，继续成为国家的编户齐民，继续成为税收和徭役的来源。

永平十八年（75 年），京师及三州大旱，汉章帝在冬十月初二大赦天下。赏赐天下男子爵位，其中流亡无户籍及想归乡重新入籍的每人一级，公爵以上级别可以入籍儿子家或兄弟的儿子家，以鼓励逃荒的农民重新加入生产。汉章帝又在第二年，建初元年（76 年）春正月下诏给三州郡国：

方春东作，恐人稍受禀，往来烦剧，或妨耕农。其各实核尤贫者，计所贷并与之。流人欲归本者，郡县其实禀，令足还到，听过止官亭，无雇舍宿。长

---

①《汉书》卷八《宣帝纪》，中华书局，2007。

②《汉书》卷十《成帝纪》，中华书局，2007。

③《汉书》卷六《武帝纪》，中华书局，2007。

④同上。

吏亲躬，无使贫弱遗脱，小吏豪右得容奸妄。诏书既下，勿得稽留，刺史明加督察尤无状者。①

这里强调想回本乡的逃荒的人，郡县要给足口粮，使他们能够回到本乡，让他们在驿站官亭免费投宿，可见对逃荒的农民在政策上的优待。汉和帝也于永元六年和十五年两次下诏，给予流民政策上的扶持。

（六年）三月庚寅，诏流民所过郡国皆实禀之，其有贩卖者勿出租税，又欲就贱还归者，复一岁田租、更赋。

十五年春闰月乙未，诏流民欲还归本而无粮食者，过所实禀之，疾病加致医药；其不欲还归者，勿强。②

汉代为保障灾民生存，鼓励灾民恢复生产，将属于国家的公田作为生产资料发放给灾民。土地所有权归于灾民，而灾民承担土地税。地节三年冬十月，汉宣帝下诏：

池籞未御幸者，假与贫民。郡国宫馆，勿复修治。流民还归者，假公田，贷种、食，且勿算事。③

章帝建初元年三月甲寅，山阳、东平地区发生地震后：

秋七月辛亥，诏以上林池籞田赋与贫人。④

类似的记载还有永初三年四月：

己巳，诏上林、广成苑可垦辟者，赋与贫民。⑤

这是直接将皇家土地赐给灾民，另一种是向百姓出租田地，土地所有权归属国家，百姓承担地租。

诏罢黄门乘舆狗马，水衡禁圉、宜春下苑、少府佽飞外池、严籞池田假与贫民。⑥

汉安帝时也曾租借皇家土地给灾民进行生产。

（永初元年春）二月丙午，以广成游猎地及被灾郡国公田假与贫民。⑦

①《后汉书》卷三《肃宗孝章帝纪》，中华书局，2000。

②《后汉书》卷四《孝和孝殇帝纪》，中华书局，2000。

③《汉书》卷八《宣帝纪》，中华书局，2007。

④《后汉书》卷三《肃宗孝章帝纪》，中华书局，2000。

⑤同上。

⑥《汉书》卷九《元帝纪》，中华书局，2007。

⑦《后汉书》卷五《孝安帝纪》，中华书局，2000。

第三节　唐宋时期的救灾赈灾

　　唐代的赋税制度称为租庸调制，"租"就是将国家所有的土地租给农民，租的期限通常为长期，到农民年老时交还给国家。租用期间需要交纳租额，唐代租税很低，仅为四十分之一。"庸"是指人民要为国家服义务劳役，每人每年服役二十天。"调"是指各地人民将本地特产贡献给国家，但通常上只征收丝织品和麻织品。唐朝律令规定，遭受水灾、旱灾、虫灾、霜灾等自然灾害的地区，根据损失情况减免租庸调。损失百分之四十以上的农户，免租；损失百分之六十以上的，免除租和调；损失百分之七十以上的，租庸调全免；桑麻都已损失的，免调；交完租庸调各项后遭灾的，免除下一年的赋税。

　　遭受灾害严重，即使免去赋税，生活仍然有严重困难的地区，需要对当地人民进行赈灾和赊贷。不仅赊贷粮食，还包括种子、耕牛等，粮食通常从正仓和义仓出。唐朝安史之乱以后，战争和灾荒使很多农户逃亡，大量土地变为荒地，唐武宗时规定，逃难农户两年没有回家的，土地没收，由政府重新分配。唐宣宗时这个规定由两年变为五年。

　　（贞观十一年）秋七月癸未，大霪雨。谷水溢入洛阳宫，深四尺，坏左掖门，毁宫寺十九所；洛水溢，漂六百家。庚寅，诏以灾命百官上封事，极言得失。丁酉，车驾还宫。壬寅，废明德宫及飞山宫之玄圃院，分给遭水之家，仍赐帛有差。①

　　唐太宗因水灾下诏让官员上书陈说自己的为政得失，这也是天人感应理论影响下修德政的表现。这次水灾发生后，唐太宗将明德宫的园林分给了遭受水灾的难民，并发放了布帛作为赈济。武则天时期，明堂发生火灾后，也下诏让官员直言。

　　（证圣元年春一月）丙申夜，明堂灾，至明而并从煨烬。庚子，以明堂灾告庙，手诏责躬，令内外文武九品已上各上封事，极言正谏。②

　　这次下诏要求全国九品以上的文武官员都要上书，这成了一种全国性的政府活动，此后成为惯例。神龙元年六月，河北十七州发生水灾，大水淹没房屋，后洛水暴涨，冲毁民房两千余家，死亡人数很多。八月时，唐中宗因为这

---

① 《旧唐书》卷三《太宗下》，中华书局，1975。
② 《旧唐书》卷六《则天皇后》，中华书局，1975。

次水灾令九品以上文武官直言极谏。唐德宗时发生严重的蝗灾和旱灾，关中地区的草木几乎消失，灞水接近枯竭，水井中也都干涸，中央储备的钱粮大约能支持七十天。唐德宗下罪己诏：

夫人事失于下，则天变形于上，咎征之作，必有由然。自顷已来，灾沴仍集，雨泽不降，绵历三时，虫蝗继臻，弥亘千里。菽粟翔贵，稼穑枯瘁，嗷嗷蒸人，聚泣田亩，与言及此，实切痛伤。遍祈百神，曾不获应，方悟祷祠非救灾之术，言词非谢谴之诚。忧心如焚，深自刻责。得非刑法舛缪。忠良郁湮，暴赋未蠲，劳师靡息。事或无益，而重为烦费；任或非当，而横肆侵蠹。有一于兹，足伤和气。本其所以，罪实在予，万姓何辜，重罹饥殍。所宜出次贬食，节用缓刑，侧身增修，以谨天戒。朕自今视朝不御正殿，有司供膳并宜减省，不急之务，一切停罢。除诸军将士外，应食粮人诸色用度，本司本使长官商量减罢，以救凶荒。俟岁丰登，即令复旧。[①]

先是陈述灾情的严重性，并反思祈祷不是救灾的办法，检讨了自己在政务上的不足，表态自己将不在正殿上朝，以示惩戒，同时减少自己的用度，下令全国除了军队都减少粮食用度，直到丰收。大和六年五月，由于水旱灾害加上瘟疫流行，唐文宗颁发诏书称："宵旰罪己，兴寝疚怀。"诏书中还说大凡政策教育没有普及到百姓，诚心未感动天地，政策法令出现偏差，官员胡作非为，其中任何一条都会影响天时反常，所以请内外官员们对上述情况一有所闻所见，务必及时反映。唐文宗表示会亲自批阅，对全家遭难的人家，由公家发给棺木安葬。其余按遭灾人口多少，减免税租。瘟疫还在流行的地区，由公家供应医药。宫中和各衙门的费用酌量削减，以利救灾。第二年，旱灾持续，大和七年闰七月乙卯朔，唐文宗再次下罪己诏称："有过在予，敢忘咎责。"具体行动包括不在正殿上朝，降低个人生活标准，停止娱乐歌舞，减少马匹饲料中的粮食部分。百官的伙食标准也暂时降低一些，同时宫中大量年轻宫女不能婚配是阴阳失调的表现，应放一些人出宫。五坊猎鹰、猎犬也酌量减放，宫内宫外一切土木建造不属急需的一律停止施工。这份诏令颁发不久，下了一场雨，百姓都欢欣鼓舞，认为是上天感到了皇帝的诚心。

唐代也有以防灾为名大兴土木的行为。郑注曾向文宗建议说，秦中发生灾荒，应搞些建筑来镇邪消灾，所以对昆明、曲江二池进行疏浚。文宗爱好写诗，读到杜甫《曲江行》"江头宫殿锁千门，细柳新蒲为谁绿？"的诗句，方才知道天宝以前，曲江沿岸都是行宫台殿、各部衙门。想见当年太平景象，于是

---

① 《旧唐书》卷十二《德宗上》，中华书局，1975。

也在曲江大兴土木建造亭台楼阁。这于防灾并无实际作用，只是以防灾为名满足私欲。太和九年"甘露之变"之后，文宗被宦官软禁，后又恢复一些权力。

开成四年，夏大旱，祷祈无应，文宗忧形于色。宰臣进曰："星官言天时当尔，乞不过劳圣虑。"帝改容言曰："朕为人主，无德庇人，比年灾旱，星文谪见。若三日内不雨，朕当退归南内，卿等自选贤明之君以安天下。"①

对此，群臣只能哭泣劝慰。当年七月，河南又发生大水。八月和十月又分别出现不利的天文现象，开成五年正月，文宗崩，仅三十一岁。

唐代一些帝王尤其重视灾害的舆论引导。

贞观二年六月，京畿旱，蝗食稼。太宗在苑中掇蝗，咒之曰："人以谷为命，而汝害之，是害吾民也。百姓有过，在予一人，汝若通灵，但当食我，无害吾民。"将吞之，侍臣恐上致疾，遽谏止之。上曰："所冀移灾朕躬，何疾之避？"遂吞之。是岁蝗不为患。②

唐太宗此时执政不久，前一年刚通过玄武门兵变杀死自己的兄弟，软禁自己的父亲，成为大唐帝国的皇帝。此时发生严重的蝗灾，民间很容易想到天人感应。唐太宗当即生吞蝗虫，以改变当时的舆论环境。这一做法至少有两个好处，其一是坚决表达站在百姓一边的态度；其二是选择的行为很有传播性，贵为皇帝，生吞蝗虫，很快就会在民间大范围传播。

唐代蝗灾较多，开元四年，山东发生大蝗灾，姚崇进言除灭蝗虫。他提出蝗虫夜间必定要扑火，可以晚上设置火堆，在火堆边挖坑，边烧边埋，蝗虫就可以除尽。当时的百姓认为蝗灾是上天的惩罚，因此只是祈祷，而不敢驱赶蝗虫。一些官员也持有这种观念，汴水刺史倪若水坚持进言说："蝗虫是上天降下的灾祸，自然应靠修养德行来消除。从前刘聪在位的时候捕杀蝗虫非但没有成功，反而更加厉害。"于是抵制御史，不肯从命。姚崇大怒，发公文告诉倪若水说："刘聪是伪皇帝，德不能压过邪；今日朝廷圣明，邪不能压过德。"姚崇在反驳倪若水的论据之后，以倪若水的观念进行了一番论述："若坐视蝗虫吃禾苗不顾，必将造成饥荒，这也不是有德行的行为。"倪若水无法反驳，按照烧埋法灭蝗，捕获蝗虫十四万石，扔进汴渠里流走的蝗虫更不计其数。

除了外任官员的反对，当时朝廷里也有质疑，都认为驱逐蝗虫是不利的。唐玄宗听到这些话后，问姚崇的看法。姚崇说："平庸的儒者拘守经书文字，不知变通。凡事有违背经书的说法而合乎道理的，也有违反常理而符合变通原

---

① 《旧唐书》卷三十六《天文下》，中华书局，1975。

② 《旧唐书》卷三十七《五行》，中华书局，1975。

则的。从前魏时山东有蝗虫伤害庄稼，由于没有立即除灭，致使庄稼被蝗虫吃尽，百姓饿到人吃人的地步；后秦时有蝗虫，庄稼和草木都被吃尽，牛马饥饿，到了相互咬毛吃的地步。现今山东蝗虫到处都是，且仍大量繁殖，实在罕见稀闻。河北、河南地区，粮食本就贮存不多，倘若庄稼没有收成，百姓哪能免于流离失所？事情关系到国家的安危，不可拘泥。即使蝗虫不能灭尽，也总比不灭强。陛下爱惜生灵，憎恶杀戮，这件事不须麻烦陛下发布敕令，请允许臣发公文处置。如果蝗虫不能除灭，请陛下将臣身上的官爵一律免除。"唐玄宗听完表示赞同。

黄门监卢怀慎对姚崇说："蝗虫是上天降下的灾祸，哪能用人力来控制？朝外议论都认为您这样做不对。杀虫太多，会妨害阴阳气的调和。现在改变还来得及，请您考虑。"姚崇说："楚王吞下蚂蟥，他的病就痊愈了；孙叔敖杀死两头蛇，上天降福给他；赵宣子十分贤明，憎恨晋灵公放恶狗咬他而杀死了狗；孔丘近乎圣人，不爱惜祭祀用的羊。现在蝗虫极盛，驱除它完全可能，如果放任它吃禾苗，那么蝗虫所到之地，庄稼都会被吃尽。山东百姓难道应当饿死吗？这事我已经当面报告天子并决定了，请您不要再说什么。如果为拯救百姓杀死害虫会因此招来灾祸，我愿独自承受，依据道义，决不会仰求您分担责任。"卢怀慎终究不敢违背姚崇的意志，在有效的捕杀下，蝗害逐渐被灭绝。

地方发生灾害后，中央政府会派出使者进行救灾，其目的有三个：其一是进行现场考察，核实地方上报的灾情是否属实；二是被遣使者所在部门与灾害相关，可以指导地方工作；三是代表皇帝对百姓表示恩泽。隋朝的时候，通常派遣户部和工部的主要官员进行赈灾。他们可以更高效地调配救灾物资，协调中央与地方的联系，进行水利工程的修复等。

唐朝派出的使臣称谓很多，包括赈给使、宣抚使、宣慰使、赈恤使等，这类称号是因灾而设的临时官称，其权限范围根据出行前皇帝发布的诏令为准。唐朝初年派出的使者在勘察灾情之后，将灾情回报京城，等待中央政府讨论后制定决策，告知使者，然后施行。这极大影响了灾害的应对效率。唐玄宗时所派使者大多具备了直接指挥应对的权利，无需再向中央请示。派遣使者救灾的区域通常为经济较为重要的地区，隋唐初期，遣使者救灾的主要地区在首都附近，其次是河南河北地区。这是唐朝前期经济水平较高的地区，所交纳的赋税最多，一旦在这些区域出现灾害，会直接影响到关中。安史之乱后北方受战乱影响，赋税大大减少，江南成为经济重心，因此中央政府对江南灾情的重视程度大大提升，遣使救灾的次数开始增多。

各州县地方政府是防灾和救灾的直接参与者。对于小规模灾害，仍然需要地方官员将灾情上报给朝廷，等待中央同意后才能开仓赈济灾民。如果遭遇较大规模的灾害，中央派遣使者到灾区，地方官员与使者商议决定应对行为。需要从其他地方调运粮食进行赈灾的，地方上的节度观察使按余户部的制度进行核算，就近调拨赈灾粮食，选派清廉的官员送到受灾地区。

在一些习俗不利于救灾的地区，地方开明官员起到了重要作用，例如崔俊任潭州刺史、湖南都团练观察使期间就改变了地方习惯做法。

湖南旧法，丰年贸易不出境，邻部灾荒不相恤。（崔）俊至，谓属吏曰："此非人情也，无宜闭籴，重困于民也。"自是商贾通流。①

宋代救灾的一个特点是将受灾男丁招募为士兵，拥有男丁的受灾家庭，可以领取军饷解决受灾生存问题，以避免灾民发生暴乱。这项制度在北宋初年就确立下来，宋太祖与宰相大臣商讨国家治理问题时，曾问什么样的政策有利于长期统治，大臣们一一回答之后，宋太祖总说有更好的办法，最后宋太祖自己认为："可以利一百代者，惟养兵也。方凶年饥岁有叛民而无叛兵，不幸乐岁而变生，则有叛兵而无叛民。"募兵的规模与灾害的程度相关，庆历八年（1048年），河朔地区发生严重水灾，朝廷派富弼前往赈灾，救活灾民50余万人，招募士兵上万人。政策设立之初，最重要的目的在于保持社会稳定，尤其是为了避免灾民变成起义军。

宋代这一政策大大增加了冗兵的规模，开宝年间（968—976年），宋朝的总兵力378000人，其中禁军为193000人，至道年间（995—997年），总兵数猛增到666000人，其中禁军358000人。为了保持强干弱枝的管理态势，保证中央军力对于地方的绝对优势，在地方募兵的同时，禁军规模也不断扩大，二三十年间总兵数增长了一倍，此后军队规模仍然不断扩大。天禧年间（1017—1021年），总兵数达到912000人，其中禁军432000人。庆历年间（1041—1048年），全国总兵人数达到1259000人，其中禁军达到826000人。由于宋代灾害较为频繁，在不断募兵救灾之下，等到皇祐初年（1049—1054年），全国总兵数已经超过140万人。

在如此快速的募兵之下，军队的战斗力难以保证，灾民多为病弱之人，将这些人补充到军队中，但不能积极训练，起到增强战斗能力的目的，很多地方对于灾民形成的部队并不进行系统训练，而军饷更像是一种社会福利保障。不断扩大的军队规模使国家财政负担加大，宋仁宗期间，政府收入的80%都用于供养军队了。在消耗了国家大量财政的同时，国家军队，尤其是地方军队的战

---

①《旧唐书》卷一百一十九《崔俊传》，中华书局，1975。

斗力极其薄弱，这在北宋末年表现得非常明显，这也直接导致了北宋的灭亡。

以工代赈是组织灾民进行劳动后发给灾民报酬的一种赈济方式，通常用来救济贫困，并不使用在救灾之中，因为灾民的身体状况往往不能承受较重的体力劳动。这最早出现在春秋时期，齐国出现灾荒，晏子请求齐景公为居民发放粮食，齐景公不许。晏子在为齐景公修建行宫的时候，雇用了贫困百姓，并降低劳动强度，延长工程时间，起到了救济贫民的效果。三年之后工程完成，齐景公在出行时对行宫感到满意，贫民也得到了救济。但这种方式并不常见，因为灾民建设能力非常有限，如果再受到官吏盘剥，很可能激化矛盾，形成民变。宋代由于有其他的灾后福利保障，因此具备以工代赈的条件。越州知州赵抃曾经雇用 38000 人修筑城墙 4100 丈，给予他们优厚待遇，收到良好的效果。范仲淹在担任杭州知州期间，吴中地区发生灾荒，由于当地人民喜好佛事，当地寺庙较为富裕，范仲淹召集各寺庙住持，以饥荒之年工程建设人工成本低为理由，说服各寺庙大兴土木，成功赈济了灾民。当时在浙江地区灾荒中，只有杭州灾后恢复良好，人民没有逃难。欧阳修担任颍州知州的时候当地发生灾荒，上书免除了黄河夫役，又雇用大量灾民修筑水利工程灌溉农田。尽管有大量的成功例子，但在实际操作中仍然存在一些问题。如有的地方招募灾民进行工作时，并没有告知用工人数，导致灾民聚集，最后又没有足够的岗位。熙宁六年，宋神宗发布诏书，要求以公代赈时要将修农田水利的用工人数上报，然后使用常平仓的钱粮进行招募，中央实施监管，不按此规定进行的官员将被弹劾。

宋代的赈济方法大体和历代相同，特点在于按照民户的划分，赈济政策上有所区别。宋代政府根据民户占田及拥有财富的多少将其分为主户、客户两类。主户一般指占有土地，拥有一定财产，并且缴纳赋税的民户；客户则指没有土地，不缴纳赋税的民户。主户根据财力的多少又分为五等：第一、二等为富裕之家的上户，第三等为中产之家的中户，第四、五等为贫困下户。赈济工作的一般原则是自下而上，即先赈济客户、下户，之后才到中户、上户。这一优先照顾弱势群体的救灾政策在封建王朝时代是十分难得的。

宋代最普遍的救灾方式是赈济，在灾害发生后，无偿向灾民提供粮食、货币或物资。赈济的数额标准一般是大人日给二升，小儿日给一升，通常由中央支付。如开宝六年（973 年）二月，朝廷运京师米两万石赈济曹州的饥民。地方军队因水灾可调用的粮食，后由中央进行补齐，如嘉祐元年（1056 年），中央补给河北路诸州军队因为水灾而转运的粮食，每人补发五斗米。如果有淹死的人，也对家属进行经济援助。

除了提供粮食，赈济还可以为受灾群众提供货币。天圣七年（1029 年）六月，河北发生水灾，冲毁了澶州的浮桥，七月，朝廷任命三司刑部郎中钟离瑾为河北安抚使，发放粮食救济灾民，并对被洪水冲毁房屋的家庭给予货币援助，家里有三口以上存活的发放 2000 钱，不到三口的发放 1000 钱。南宋时，绍兴在春天遭遇严重的雨雪天气，政府给各衙门的卫兵和处于行在的贫民发放钱与薪炭。

赈贷是将物品（多是粮、种）以借贷的方式给予受助人，以助其度过困难。相对于赈济针对较小范围内的灾害，赈贷通常是应对较大区域遭受灾害的办法。建隆三年（962 年），扬州、泗水遭遇灾害，当地饥民大量饿死，时任户部郎中的沈义伦上书请求将地方的军粮放贷给灾民。此后，荒年赈贷成为定法，灾民不限受损比例，都可以申请借贷，数额通常是每户三斗，不分门第高低，均不收取利息。如果此后赈贷遇到其他灾害，也会酌情蠲免。王安石变法为改善宋代政府的财政状况，规定第四等以上户借贷常平仓米必须出息，息额为二分；第四等以下户才能免息。变法失败后，新党失势，赈贷出息的措施被指责为与民争利，因此取消了出息之令，直至宋末。

宋代的赈粜之法也和历代类似，是为了平抑灾区物价的政策。宋代按户的等级划分进行的赈贷事实上有利于四等以下户，也就是贫民，对于富农而言，并没有得到什么救助，赈粜则有利于所有灾民。赈粜的数额一般是每人每日二升。赈粜的物资除粮食以外，还包括地方特产，如知成都府张咏曾经春季进行粜米，秋季进行粜盐，官方发放优惠给贫弱的百姓。这种赈济方法很容易形成权力寻租，官商勾结的行为。元祐六年（1091 年），监察御史虞上书，两浙地区灾害发生后，地方商人和官吏勾结，也去买进政府赈粜的平价米，抢购中身体强壮的将灾民挤倒，造成踩踏。后政府下令严查赈粜行为。

北宋立国之后，首先是蠲免了一些地区民众所欠前朝政府的钱物。至道二年（996 年），宋太宗免除了江南各州在南唐时欠下的 1248 万钱。此后，蠲免政策普遍实行起来，每遇灾荒或大赦之年均实行。大中祥符二年（1009 年）秋七月，宋真宗因水灾蠲免了京城、徐州、济州等七州的田赋。治平元年（1064 年），全国水灾严重，宋英宗蠲免了包括畿内、朱、亳、陈、许、汝、蔡、唐、颖、曹、濮、济、单、濠、泗、庐、寿、楚、杭、宣、洪、鄂、施、渝等各州。在蠲免政策落实的过程中出现了一些问题，如地方在接到蠲免指示后，欺瞒民众，仍然征收田税。中央政府在明令打击地方腐败的同时，自身也曾出现政策传达有偏差等问题。景定二年（1261 年），长洲发生水灾，中央提出蠲免，但只蠲免了十分之一，使地方民众认为是当地官吏腐败所致，险些造成民变。蠲免的范围包括税粮、丝料、包银、上供牲畜、商税、杂役等。朝廷在接到地方报灾后会派官员到地方体覆核实，定下灾伤减产的程度，然后下达减征赋税的比例：灾伤损失八成以上，全免税粮；损失七成到五成的，免去损失的部分赋税；而损失四成及以下的，则不免。如至元十四年（1277年）十二月，冠州及永平县发生水灾，免去一年的田租。至元二十四年（1287年），浙西诸路发生水灾，免去当年田租的百分之二十。为了帮助灾民恢复生产，政府首先要做的就是减轻农民的负担，使他们有财力恢复生产，最常见的措施就是减租免租。

两宋期间，一些地区为了预防荒年，地方所产粮通常只在本地流通，即使是丰收的年景，也不会向灾荒地区出售，这就造成了灾区的粮价持续升高，而附近地区粮价低却不能运往灾区，这直接影响了救灾的效率。另一方面，丰收地区也会出现谷贱伤农的情况。南宋时期，几代君主都曾下令，禁止遏籴行为，但民间仍然屡禁不止。其根本原因在于宋代强干弱枝的管理理念使地方没有或很少有存粮，遏籴行为也是地方人民应对自身灾害而形成的规则习惯。坚持遏籴的民众担心一旦遭灾，从其他地区无法运来粮食，也更加坚定了本地遏籴的态度。

倚阁在古文中的本意是搁置暂停的意思，在宋代救灾活动中，倚阁特指延缓征收赋税。景德二年（1005年），宋真宗曾发布诏令东海等县民补缴前一年的赈贷及倚阁的麦苗和米盐等。灾荒之年，进行倚阁措施在宋代较为普遍，如果没有特别说明，针对的人群通常不区分民户的种类和等级。淳熙二年（1175年），建康发生灾害，派去赈灾的刘珙上书请求以革三等户的夏税。倚阁也可以按照比例进行，同样遵循照顾贫民的理念，下等户倚阁的比例通常更大。绍熙三年（1192年），宋光宗下诏规定纳税十石以上的富户倚阁额度由州县决定，其余纳税户分为三等，纳税五石至十石的，倚阁三分之一；纳税二石以上二五石以下的，倚阁二分之一；纳税二石以下全部倚阁。

第四节　元明时期的救灾赈灾

元代赈济形式主要包括以下几种：无偿赈济、赈粜、赈贷和赈借。

至元二十六年（1289年），京兆地区发生旱灾，朝廷发放赈济粮食三万石。还有直接给灾民送煮熟的饭食的，如后至元三年（1337年）六月：

卫辉淫雨至七月，丹、沁二河泛涨，与城西御河通流，平地深二丈余，漂没民房舍田禾甚重，民皆栖于树木，郡守僧家奴以舟载饭食之，移老弱居城头，日给粮饷，月余水方退。[1]

除了给粮食外，政府有时还给灾民钱币。

（至元十五年）西京奉圣州及彰德等处水旱民饥，赈米八万八百九十石、粟三万六千四十石、钞二万四千八百八十锭有奇。[2]

元顺帝时也有类似的记载。

濮州鄄城、范县饥，赈钞二千一百八十锭。冀宁路夺城等县饥，赈米七千石。桓州饥，赈钞二千锭。云需府饥，赈钞五千锭。开平县饥，赈米两月。兴和宝昌等处饥，赈钞万五千锭。[3]

赈济中还包括给予灾害中死难的家属棺木费，用以收殓死者。

（至顺二年七月）湖州安吉县大水暴涨，漂死百九十人，人给钞二十贯瘗之，存者赈粮两月。[4]

赈粜是朝廷低价卖粮给灾民。例如至治元年（1264年），广德路发生旱灾，朝廷发米九千石进行赈粜。赈贷是给灾民钱粮物但收取利息。至元十一年（1274年），辽阳、益都发在灾荒，朝廷进行了赈贷。灾时借给灾民粮食，等丰收时需要归还，称为赈借。赈济所需的粮食首先来自官仓和常平仓，如果地方官仓不足，可向邻近州县借粮，或是救助于民间。

元代政府也曾重视灾区的物资价格控制，会开仓放粮平抑物价。至元十九年（1282年），大旱，有司商定平抑谷价，以免灾区情况恶化。至元二十一年（1284年），浙西宣慰使史弼面对灾情坚持以平价粜粮救济灾民。

春复霖雨，米价踊贵，弼即发米十万石，平价粜之，而后闻于省。省臣欲增其价，弼曰："吾不可失信，宁辍吾俸以足之。"省不能夺，益出十万石，民得不饥。[5]

元代区域经济不平衡，江浙地区的粮食供应对于全国赈济十分重要。为保证商路畅通，元代朝廷打击阻滞物资运输的地方势力，保障江南地区的粮食可以尽快赈济灾区。

先是，中原乱，江南海漕不复通，京师屡苦饥。至是，河南既定，檄书达

① 《元史》卷五十一《五行二》，中华书局，1976。

② 《元史》卷七《世祖七》，中华书局，1976。

③ 《元史》卷四十《顺帝三》，中华书局，1976。

④ 《元史》卷三十五《文宗四》，中华书局，1976。

⑤ 《元史》卷一百六十二《史弼传》，中华书局，1976。

政府开放山泽、湖泊给灾民，至元十三年（1276 年），规定灾年时候百姓可以打鱼、砍柴、采集野生植物自用或贩卖。所在州郡的山林、河泊出产的（除巨木、花果以外）鰕鱼、菱芡、柴薪等，贫民可以从便采取，都免除征税。

至治三年（1323 年），朝廷允许灾民进行矿石采集和金属冶炼。

罢上都、云州、兴和、宣德、蔚州、奉圣州及鸡鸣山、房山、黄芦、三叉诸金银冶，听民采炼，以十分之三输官。②

灾害发生后，百姓难以生存，灾区常会有卖妻儿的情况，官方出资为饥民赎子。元代至治二年（1322 年）十一月，元英宗下令：

站户贫乏鬻卖妻子者，官赎还之。③

元代赎子行为需要保障政策的配合，只是将那些卖掉的子女赎回，但后续造成孩子死亡的情况也频繁出现。这作为朝廷的一种政策导向，在实际救灾中效果有限。

禁酿酒也是应对灾害的政策之一。元朝认为酿酒最浪费粮食，为了使灾区的粮食都能用于救灾，往往在出现大的旱灾饥荒时，会下令禁酿酒。如大德六年（1302 年），陕西旱灾，官府下令禁止百姓酿酒。延祐六年（1319 年）六月，济宁路发生水灾，朝廷遣使视察，慰问赈济灾民，也规定了禁酒。

赐度牒在元代也是一种救灾手段，至顺二年（1331 年）浙西路水旱，除了给予钱粮赈灾，还颁发了僧道度牒一万道。元代之前，入空门是受限制的，元朝对佛教，道教较为尊崇，入空门在元朝成为一种特权。

元代朝廷粮食储备不足时，会采取纳富民之粟补官的方式来筹措救灾粮食。入粟拜官机制就是富人捐献钱粮物资帮助国家赈济，国家授予富人官位。商人、富民按照纳粟的多少给予不同级别的官品。泰定二年（1325 年）九月规定：

募富民入粟拜官，二千石从七品，千石正八品，五百石从八品，三百石正九品，不愿仕者旌其门。④

这不是孤例，而是形成了一种习惯性制度。

（文宗至顺元年二月）命江南、陕西、河南等处富民输粟补官，江南万石者官正七品，陕西千五百石、河南二千石、江南五千石者从七品，自余品级有

①《元史》卷一百四十一《察罕帖木儿传》，中华书局，1976。

②《元史》卷二十八《英宗二》，中华书局，1976。

③同上。

④《元史》卷二十九《泰定帝纪一》，中华书局，1976。

差。四川富民有能输粟赴江陵者，依河南例。其不愿仕乞封父母者听。①

儒家认为的卖官鬻爵行为，在元代成为救灾的一种选择政策。无论是在朝堂和民间都有反对的声音，纳粟拜官的弊病在于多数官员入仕后，会加重盘剥，以几倍甚至几十倍于捐粟的利益搜刮百姓。朝廷只有在别无选择的情况下才允许纳粟拜官，如至顺元年（1330 年）刚刚规定纳粟补官的品级，九月就取消了入粟补官的规定。

元代各种宗教势力发展很快，僧人道士占有一定的田产。元代政府鼓励宗教人士捐粮，奖励官方认可的师号。

僧道能以自己衣钵济饥民者，三百石之上，六字师号，都省出给。二百石之上，四字师号；一百石之上，二字师号；俱礼部出给。②

相较于其他朝代，元代政府尤其重视蝗灾，针对蝗灾，朝廷建立了较为完善的制度。元代法律规定，地方政府负有治理蝗灾的责任，如果地方发生蝗灾，官府不组织捕捉，或者申报灾情与事实不符都会进行惩罚。地区的官员在蝗灾预防方面的责任规定更为具体，若地方出现蝗蛹迹象，将委派各州县正官一人，专门巡视本管辖地。如果发生在农田，要大力翻耕。如果发生在荒野，要先耕围，然后记录地段，禁止附近居民烧燃荒草，留下草木以备第二年春天虫蛹生发的时候进行焚烧，不分昼夜。

元代要求地方出现蝗灾要及时上报，上报之后由上级委派官员作为监督，地方政府组织衙役和民丁尽快对蝗虫进行捕杀。《紫山大全》中记载了至元六年（1269 年）官民应对蝗灾的场面：

老农蹙额相告语，不惮捕蝗受辛苦。但恐妖虫入田中，绿云秋禾一扫空。敢言数口悬饥肠，无秋何以实官仓。奚待里胥来督迫，长壕百里半夜撅。村村沟堑互相接，重围曲陷仍横截。女看席障男荷锸，如敌强贼须尽杀。③

具体操作为地方官吏监督组织，男女老幼参与，民丁分工用大席阻挡蝗虫的飞行，使其撞席后掉落，然后进行打杀。由于朝廷的制度规定严格，地方官员为了政绩，会有不分严重程度就组织大规模民丁捕杀蝗虫的行为，不考虑蝗灾规模，频繁动用人力势必会造成劳民伤财的情况。

张养浩在《为政忠告》中强调应对蝗灾的严重程度作出预估，如果并不严重，而动用过多地方财力人力，这种危害比蝗灾更为严重。

---

① 《元史》卷三十五《文宗三》，中华书局，1976。

② 《元史》卷八十六《选举二》，中华书局，1976。

③ 《文渊阁四库全书》辑《紫山大全文集》，台湾商务印书馆，1986年影印版。

然长民者亦须相其小大多寡，为害轻重。若遽然以闻，荏其上者群集族赴，供张征索，一境骚然，其害反甚于蝗者。其或势微种稚，则当亟率众力以图之，不必因细虞以来大难于民。故凡居官者，必先敢于负荷，而后可以有为。①

捕蝗的最终目的还是为了保障粮食生产，在秋收的时候发生蝗灾，需要地方官员权宜处理。陈祐任南京路治中时，适逢河南东部发生蝗灾，徐州、邳州尤为严重，官府责令百姓捕捉蝗虫。陈祐率领几万百姓到灾区，对身边的人说："捕捉蝗虫是怕它们损害庄稼，如今蝗虫虽多，但谷物已经成熟，不如让百姓早点收割庄稼，或许省力的同时还有收成。"有人认为事情涉嫌独断专行，不可行。陈祐说："为救民而获罪，我也甘心。"立即告诉百姓让他们回去收割，两州的百姓最终没有因为捕蝗而耽误秋收。再如中统元年（1260年），真定发生蝗灾，朝廷遣钦差督促捕捉，动用民夫四万人，钦差还认为不够，想要通知邻道来帮忙。真定、顺德等路宣慰使王磐认为四万已经够多了，不必烦扰他郡。钦差责令王磐，限三日内捕尽蝗虫。王磐亲率役夫到田间去观察，设法捕捉，三天内将蝗虫灭尽。

除了蝗虫，元朝通过农书普及农业手段进行其他虫灾防治。针对不同的害虫有不同的手段。应对蟵蛛、步屈、麻虫、桑狗等危害桑树的虫灾，需要在桑树根周围封土作堆，或用苏子油于桑根周围涂抹，振打下害虫，令害虫无法再爬上桑树，然后扑杀。治野蚕的方法是在野蚕大眠前五六日，将桑叶连枝砍下收藏，振落野蚕后将桑枝堆放一定时间，野蚕就会被闷死、蒸死。治蜗螂虫，则是用大棒振落，收集后焚烧，其他的蜗螂嗅到气味就飞走了。书中还记载了捕捉水天牛的方法，即在盛夏时，于树有汁液流出的地方，剥去树皮，打死水天牛的幼虫。

应对地质灾害方面，历代所做的主要是灾后救助，包括发放粮食钱钞，修缮房屋，安抚灾民，帮助灾区恢复经济和社会秩序等。由于元朝对灾伤的救济是依据水旱饥疫为准，多根据对庄稼损害的程度来报灾，然后给予蠲免或给予钱粮物资。而一般的地质灾害对庄稼的直接损害不大，所以见于史籍的灾后救治多为大的地质灾害，地方官员也记录上报小地质灾害，然而救治的少。每当大的地质灾害发生，地方官员要依例上报，灾情重大的，朝廷则遣使救治。

至元九年（1272年），元代政府下令实行申检体覆制：

今后各路遇有灾伤，随即申部，许准检踏是实，验原申灾地，体覆相同，

---

① 《为政忠告》载《捕蝗》，辽宁教育出版社，1998。

比及造册完备，拟合办实损田禾顷亩分数，将实该税石，权且住催。①

申检体覆制分为四个环节：申灾、检踏、体覆、监察。这四步程序是在灾害检验实践中逐渐完善而成的，并非一起建立。

申灾又叫告灾，地方政府上报灾情，这与宋代类似。灾害发生时，各州县需上报路总管府，路总管府进行调度，无权调度者再上报行省，行省不能决断再上报中央。上报灾害有时间限制，还规定了灾伤申报的时间：

至元四年六月，中书省左三部呈：今后田禾如被旱涝灾伤，河南至洺卫等路，夏田四月，秋田八月，其余路分，夏田伍月，秋田水田，并以八月为限，人户经本处陈诉。若次月遇闰者，展限半月。非时灾伤，自被灾日为始，限一月陈诉。限外告者，皆不为理。都省准呈。②

申检规定作物收成和减产划分为十分：损失一至四分，收成九分及以上的田亩，税粮全征，故不需申检；损失五至七分，收成三至五分的田亩，免所损失的分数，需申检体覆；损失八至九分以上收成一至二分的田亩，全免税粮。

检踏是在地方申灾后，由按察司负责勘定灾害情况是否与上报的情况相符，至元十九年（1282年）规定，各道按察司去各路官司进行勘察灾害时，正官负责检踏地方实际遭受的灾害损失比例，进行汇报。如果检踏与申灾相符，将受损的田地进行登记入册，并根据灾情进行赈济。全程需要将申灾、检灾、救灾中的具体内容记录到文册中进行保存，大致包括申灾文册、检踏灾伤文册、灾伤文册、赈济文册等，文册大致包括路府州县村庄名、灾伤种类、受灾户主姓名、人口数量、实损田禾顷亩分数、实核税石、拟征催税粮、赈济粮钞数量等。

体覆是在检踏后，按察司或廉访司对灾害勘定情况进行审查。延祐四年（1317年），元仁宗下诏：每年申报水旱灾伤情况，有司检踏之后，交廉访司进行体覆。御史台负责监察部内是否有灾伤检视不实的情况。

御史台针对地方发生灾害后申灾、检踏、体覆三个过程中的行政问题进行监察，如地方官员发生灾害逾期不报，按察司收到申报不及时检踏，或弄虚作假骗取中央补助，廉访司体覆中的腐败等。御史台可以依据以往判例进行定罪，新的情况可以自行斟酌定罪。根据《元史·刑法志二》记载：

诸有司桥梁不修，道途不治，虽修治而不牢强者，按治及监临官究治之。诸有司不以时修筑堤防，霖雨既降，水潦并至，漂民庐舍，溺民妻子，为民害

① 《元典章》卷二十三《户部九》，天津古籍出版社，2011。
② 方龄贵校注：《通制条格校注》卷十七，中华书局，2001。

者，本郡官吏各罚俸一月，县官各笞二十七，典史各一十七，并记过名。[1]

　　明代在吸取之前历代报灾经验后，对报灾制度加以完善，对报灾时限和申报程序的规定都更为明确。宣德十年（1435 年）下诏规定水旱灾伤之处，由府州县及巡抚官从实上报。发生灾害后，有司应立即申灾于抚按，抚按再奏灾于朝廷，逐级上报。如果情况特殊，也有州县长官直接上报户部的情况。嘉靖年间都察院副都御史王应鹏上奏，有的地方官员不向抚按申灾，有的巡抚不等巡按核勘，都直接上报给户部。

　　除地方官、抚按官外，他人无报灾的责任，亦无报灾的权限。万历七年（1579 年）八月，苏松水利御史林应训上奏称所属地方遭受水灾，申请蠲赈。但受到朝廷的责罚，认为他疏泄水灾无功，又代请上报有掩盖罪证的嫌疑，命工部同该科联合调查。洪武十八年（1385 年），曾规定地方发生灾害而有司不上报，允许地方有威望的人士连名申诉，一旦查实，有司将被处以极刑。洪武二十一年（1388 年），青州发生灾荒，地方就出现了瞒报，洪武二十二年（1389 年），派遣御史调查山东匿灾不报的官员。永乐年间，重申严惩匿灾官员之法。永乐五年（1407 年），河南官员匿灾不报，且说雨水适当，庄稼生产得很茂盛。成祖了解实情后，发粟赈灾，逮捕了地方官并依法惩治。同时榜谕天下有司，再次强调民间水旱灾伤不如实上报的，必将进行严惩。永乐十一年（1413 年）正月，明成祖又对通政司官员强调，地方境内有灾伤而不自己上报，通过其他人举报得到消息的，地方官必须得到惩罚。

　　报灾的时限规定几经变化，明代初期，洪武元年（1368 年）八月，明太祖下诏规定："凡水旱之处，不拘时限，可随时申报。"[2] 这表现了皇帝对灾害的重视，但是在实际中给行政带来了很多问题，影响了灾害管理效率。孝宗弘治年间，始定时限为夏天发生的灾害，申报截至五月结束以前，秋天发生的灾害，申报截至九月结束以前。

　　后在报灾实践中发现不同地区的灾害发生时间有所差异，不能以全国的统一标准进行限定。神宗万历九年（1581 年）时，对报灾时限进行了更为细致的修订：

　　地方凡遇灾伤重大，州县官亲诣勘明，巡抚不待勘报速行奏闻，巡按不待部覆即将勘实分数作速具奏，以凭覆请赈恤，至于报灾之期，在腹里仍照旧例，夏灾限五月，秋灾限七月；沿边如延、宁、甘、固、宣、大、蓟、辽各

①《元史》卷一百零三《刑法志二》，中华书局，1976。
②《农政全书》卷四十四《荒政》，上海古籍出版社，2011。

处，夏灾改限七月内，秋灾改限十月内，俱须依期从实奏报。或报时有灾报后无灾；及报时灾重报后灾轻；报时灾轻报后灾重，巡按疏内明白实奏，不得执泥巡抚原疏，致灾民不沾实惠。①

这一改变进一步明确了报灾过程中各级官员应负的责任，强调时效性，以便使中央政府了解具体的灾情，使灾民能够得到适当的救助。林希元曾强调，凡是申报灾伤，关键在于时效。赈济钱粮，关键也是要及时。申报灾情，应当与报军情的要求一样。失误饥民，与失误军机同样严重。只有这样，灾民才能得到及时救助。

勘灾又称踏勘，就是核查报灾情况的过程。具体做法如洪武二十六年（1393 年）规定，将受灾的人户姓名、田地、顷亩、该征税粮数的数目，造册缴报立案，写清灾伤的缘由，然后上报。洪武二十六年还规定，各处田地禾苗遇有水旱灾伤，所在官司踏勘清楚后，具实上奏然后转户部立案，户部再差官使前往灾所覆勘是否属实。永乐二十二年（1424 年）下令，各地发生灾害，由按察司处、按察司委官、直隶处、巡按御史委官等共同进行踏勘。这是为避免出现户部官员在复核过程中与地方官员勾结，谎报灾情，因此加入按察司予以监督。成化十二年（1477 年），又令各处巡按御史、按察司官员，负责踏勘灾伤。如果是民田，要会同布政司官进行，如果遭灾的是军田，要会同都司官进行踏勘灾伤。对不同的田地勘灾进行细分，让布政司和都司等利益相关主体参与其中，以免勘灾后各部门出现纠纷和争议。正德十一年（1516 年）夏四月戊辰，从户科给事中刘沫之建议，让各处巡抚都御史参与地方的勘灾，方便赈济贫民。这让地方报灾的主体——巡抚也加入了勘灾中，利于更好地进行协调工作。此后，巡抚在勘灾过程中的重要性越来越大，为了提升勘灾效率，中央政府给予巡抚更大的信任和权力。万历间题准：

地方凡遇重大灾伤，州县官亲诣勘明，申呈抚按。巡抚不待勘报，速行奏闻。巡按不必等候部覆，即将勘实分数，作速具奏，以凭覆请赈恤。②

明代将灾伤分为两个等级：极灾和次灾，也被称作轻灾和重灾。不同的灾害级别对应着两种不同的救助措施，次灾则赈粜，其费小；极灾则赈济，其费大。赈粜是低价卖粮给灾民，而赈济是无偿给予灾民粮食和财物。重灾为十至八分，轻灾为七至五分。受灾分数是受灾田地所占民户所有田地的比例，大致分为七个级别，即成灾四、五、六、七、八、九、十分。明代后期对于受灾分

---

① 《续文献通考》卷三十二《赈恤》，浙江古籍出版社，2000。
② 《大明会典》卷十七《灾伤》，国家图书馆出版社，2009。

数进行细化，精确到"厘"，如万历三十一年（1603年）九月，户部覆江西抚按云：

> 议准，将被灾八分五厘高安县本年滴粮改五分二厘，每石折银五钱。被灾七分新建、登城、奉新、靖安、上高、新吕、清江、新喻、新淦、庐陵、永新、安福十二县俱准改折四分。被灾六分宁州、南吕、武宁、峡江、泰和、龙泉、安义七州县改折三分，仍照议单，正兑每石折银七钱，改兑折银七钱。……至于各被灾应免存留钱粮，查照轻重分数，分别蠲免。上俱允行之。①

审户就是核实灾民户口，给灾民划分等级。受灾民众按照贫困程度被划分为三等：极贫、次贫和稍贫。嘉靖八年（1529年），林希元上奏说：救荒有二难，一是得人难，二是审户难。也有三便，一是极贫之民便赈米，二是次贫之民便赈钱，三是稍贫之民便赈贷。万历年间，陈雾岩做开州的知州，当时发生大水，应当进行赈灾，陈雾岩倡议，极贫民赈谷一石，次贫民赈五斗，务必令民共沾实惠。

审户在实际操作中最为困难，明人林希元在总结荒政经验时强调"审户难"。如果不进行监督，那完全清廉的官员不多，即使自上而下层层监督，仍然有难以监督到的地方。还难在难以分辨哪些是真正受灾害影响严重的饥民，有的灾民谎报受灾程度，更有富户和官府人员勾结，雇人假冒饥民领取救济。为了应对冒领问题，一些地方在审户和散赈方法上也有机制上的创新。

王士性《赈粥十事》记载：

> 州县官先画分界，小县分为十四五方，大县二三十方。大约每方二十里，每方内一义官一殷实户领之。如此方内若干村，某村若干保，某保灾民若干名。先令保正副造册，义官殷实户核完送县。仍依册用一小票，粘各人自己门首。县官亲到，逐保令饥民跪伏门首，按册核查。排门沿户，举目了然，贫者既无遗漏，富者又难诡名。且不致聚集概县之民，赴县淹待。他日散粟散粥，亦俱照方举号，挈领提纲，官民两便。②

这种方法将灾民分为更小的单位，一个好处是使审户过程更为准确，另一个好处是避免了灾民的大规模聚集，减少了造成民变的风险。现场的控制方面，先令各村饥民按照村庄距离此地远近，分别聚集站立，而不是按来的先后排队，以免争抢。每个村保拿一杆蓝旗在前，然后根据造册书的姓名依次进行，现场有军队巡行保证治安。各保正拿着门首原票，依次从左而入，把票交

---

① 《明实录》辑《大明神宗显皇帝实录》卷三百八十八，广陵书社，2017。

② 《农政全书》卷四十四《备荒考中》，上海古籍出版社，2011。

给审查官，核查无误，进行领谷。一村进行完毕，堂上敲响鸣锣，领完粮食的村民从右出。听到锣声，左侧下一个村再进入。这样基本没有出现过混乱。

各地做法不同，总体思路类似，陈继儒《赈荒条议》也谈到发赈之法：

> 每图分作十甲，第一甲以至十甲，每甲将水牌开写饥民姓名，挨甲编定。有一城垛靠立饥民一名，县公乘轿门子执票，有一名即将一票付之，得票者从轿后陆续过去，未领票者从轿前挨次前来。散过一图又是一图，散过十甲又是十甲。饥民执票就仓，仓吏认票发米，先后亦以此为次第。兵法云用众如用寡，分数明也。此即散赈之法也。①

明代遣使赈灾除了和历代一样，有对灾民表现皇帝恩泽的目的之外，其行政方面具有一定的必要性。明代地方三司分权，救灾事务需要多个部门协同合作，如果没有一个总的领导，赈灾的效率会非常低。尤其对于广布型灾害，涉及多个省的协调工作，更需要来自中央的官员作为权威领导。这些救灾的钦差同时肩负着考察地方灾害是否存在人祸的原因，以及对赈灾过程中官员的行为进行监督。巡抚制度确定之前，明代派出救灾的特使并没有固定的官职人选，通常会派遣多名官员。如洪武四年（1371年）己酉，关中地区发生饥荒。皇帝命陕西参政班用吉、监察御史赵术、奉御徐德等前往赈济，共救助二万五千余户。参政作为行政领导，监察御史负责考察官员，奉御是内官，更多的是负责将一行行动直接报给皇帝，起到另一层监督作用。洪武六年（1373年），晋州、冀州、赵州、饶阳、新河、武邑诸县发生灾害，诏兵部尚书刘仁、户部主事尚质前往赈济。洪武十五年（1382年），河南发生水灾，命驸马都尉李棋前往赈济。洪武十七年（1384年），河南、北平发生水灾，命驸马都尉李祺、欧阳伦、王宁、李坚、梅殷、陆贤共同前往赈灾。其中李祺、欧阳伦、王宁到河南，李坚、梅殷、陆贤到北平。洪武二十年（1387年），派遣刑部尚书唐铎运钞百余万锭到山东，赈济登州府、莱州府的灾民。洪武二十一年（1388年）三月，派遣安庆侯仇成前往山东赈济灾民。洪武二十三年（1390年），苏州府崇明县海潮泛溢，海岸受损，淹没庄稼，皇帝下诏以在京仓粮食进行赈灾。通州海门县遭遇风潮灾害，官府和民房受到破坏，死亡人数众多，朝廷派遣监察御史周志清进行赈灾。

巡抚制度确定后，尽管赈济之事专责于巡抚，但在灾害特别严重时，仍会出现朝廷遣使赈灾的情况。万历二十二年（1592年），明朝政府派遣光禄寺垂兼河南道御史前往河南赈济灾荒。遣使赈灾在实践中也有问题，主要体现为地

---

① 《古今图书集成》经济汇编《食货典·荒政部》辑《赈荒条议》，广陵书社，2012。

方官员耗资巨大来接待上使，以免因招待不周得罪使臣，另有官员借此机会勾结使臣，以便使臣能够为自己美言。地方官员把主要精力从救灾转移到接待上差了，也加大了地方负担。林希元认为可以派遣抚按监司进行救灾。

徐光启认为遣使的利弊主要在于使臣的水平。应当慎重派遣赈灾使臣，使者如果像"中州之钟"一样，那当然要派遣；如果像"江南之杨"一样，就不该派遣。"中州之钟"是指到中州救灾的钟化民，是优秀使臣的代表，万历二十二年钟化民受命到河南赈灾，成绩斐然，使大量难民顺利渡过难关，得到百姓的赞誉和朝廷的嘉奖。"江南之杨"是指派到浙江赈济水旱灾害的杨文举，是反面典型。万历十七年（1589 年），杨文举奉旨赈灾，过程中收受贿赂，赈灾效果不佳，百姓怨声载道，后被贬官到边陲担任杂职。

明代中期，由于预备仓储粮不足和国家财政紧张，备灾救灾方面出现粮食缺口。明代政府开始发动民间力量参与，鼓励富裕人家向国家捐赠粮食、货币以获得一定的社会地位提升。纳粟入监开始于景泰四年（1453 年），右少监武良、礼部右侍郎兼左春坊左庶子邹干奏称，临清县学生员伍铭等愿意纳米八百石，希望能入监读书，鉴于山东等处灾民缺粮，希望皇帝能够批准，作为一种权宜之计。这就是说富户向官府捐纳一定数目的粮食（或折合成钱），就可以买到监生的资格。提议者也知道这并不符合原来的制度，所以也称此举是为了解决灾荒的一种权宜之计，景泰帝接受了邹干的请求，从此，纳粟入监更多地在灾荒年间实行。即使作为权宜之计，纳粟入监机制还是遭到儒家学者的批评。河南开封府儒学教授黄銮针对此评论到：

今以浮浪不教之子纳粟进身，数年之后寄以民社，是犹驱狼虎以牧群羊，欲其不恣贪噬得乎？朝廷资其利于旦夕，而遗其患于悠久，诚非计之得也。乞速罢之。其已纳粟者，止复其家，或旌异其父兄，庶儿浮薄竞进之俗少抑。[①]

随着后几朝纳粟入监的进行，其负面效果开始显现。首先是腐败问题，纳粟监生将纳粟作为一种投资，大多在取得官位后以捞取收益作为投资回报。为了能够尽早选官，多采取贿赂的手段获得优先权。上任之后，开始用贪腐的方式回收利益，这就加剧了明代的官员腐败。

京师有无赖子数十辈，常在吏部前规听选官吏、监生，或谋略内外官求美除。而贫欲借贷者，辄引至富家借金，遂为之往略，其实或往或否，偶得美除，则掩为己功，分有其金，俗呼为撞太岁。既又执凭与所除官偕往任所，取

偿数倍。[1]

大量纳粟监生挤占了正常的监生的晋升途径，甚至纳粟监生的选官优先级还高于普通监生。成化年间，纳粟入监更为频繁，而且都不需要入国子监读书，可以直接获得后备官员的资格。成化元年（1465 年）冬十月，保定等地发生水灾，工部右侍郎沈义奏请，鼓励监生纳粮，可以安排监生到地方任官员。坐监三年及以上的，缴纳三百石，不到三年的，缴纳四百石，就可以送到各部听选。

成化二年（1466 年）闰二月，总督南京粮储右都御史周瑄以饥荒为由提议江西、浙江以及南直隶地区，儒学生如果能备米一百五十石运往缺粮地方，就允许成为南京国子监生。成化二年三月，因长期粮仓缺粮，从巡抚左佥都御史王俭之请定《湖广纳米事例》。该例规定：监生坐监三年以上者，纳米二百石；未满三年者，纳米三百石，就可以送吏部按需要依次选用。成化二十一年（1485 年），河南发生灾荒，应河南布政司左布政使吴节奏请求朝廷允许本处，并浙江、南北直隶府州县生员二千名，能够按规定纳米入监。同年，陕西荒歉，允许各处生员纳米入监，陕西当地名额为一千名，到第二年三月为止，当年的十二月初就已经有八百余人纳米。浙江、江西、福建、湖广、四川、山东等地，也有二千余人纳米入监。

明代后期还出现了纳粮直接授予官职的情况。最开始并没有很多反对的声音，这是因为以纳粮的方式能够获得的官职有限，只有僧道官和阴阳医官。成化八年（1472 年）春正月所定的《两浙纳米充预备仓粮事例》规定，举保僧道及阴阳医官，纳米二百石，送部时可以免其考试。弘治二年（1489 年），四川成都等府发生灾荒，阴阳医官和僧道官有缺，可以进行补入，纳米二十石，即可免考选用。也有纳粮充任武官的情况，如成化十七年（1481 年）春正月，户部定拟巡抚云南都御史吴诚所言：

军职并总小旗纳米免赴京比试并枪。指挥，米四十石或银五十两；卫镇抚千户，米二十四石或银三十两；所镇抚百户，米一十六石或银二十两；总小旗，米八石或银一十两。[2]

后有规定，纳粟获得武职的子孙可以袭职。成化二十一年六月，朝廷下令百户加纳二百石，副千户至指挥使每一级递增五十石，允许其儿子袭职。百户需要加纳四百石，副千户至指挥使，每一级递增加米五十石，允许儿子和孙子

---

[1]《明实录》辑《大明英宗睿皇帝实录》卷三百四十二，广陵书社，2017。

[2]《明实录》辑《大明宪宗纯皇帝实录》卷二百十一，广陵书社，2017。

世袭。此后，纳粟任官的权力扩大，成化二十二年（1486 年），允许指挥纳粟升都指挥，这一制度也一直遭到武官的强烈反对。弘治五年（1492 年）十一月，朝廷下令修改纳粟赈济而授武职的规定，停止授予千户以下职名。这是因为兵部上报这类官员过多。

纳米（银）充吏出现于成化年间，富户纳粮可以免于考试成为吏。成化二年三月所定的《湖广纳米事例》规定：

> 两考役满吏典，一百二十石，送部免办事拔京考。三百石，免京考冠带办事。二百石，就于布政司拔补。三考满日，赴部免考冠带办事。俱俟次选用。[①]

这直接造成了吏的编制扩大，同时加剧了吏的腐败程度，还有一些人借贷纳粮，成为吏之后，借助职务之便进行敛财，偿还欠款。除了免除吏考，后来还允许纳粮（银）的官员可以免于赴京接受考核。明代官员俸禄微薄，能够纳粮的官员往往是贪墨之徒，这也让更多的官员倾向于贪污，然后拿出一部分贪污所得给国家纳粮，以换取免检。

---

① 《明实录》辑《大明宪宗纯皇帝实录》卷二十七，广陵书社，2017。

第九章
当代中国灾害理念与体制机制转变

第一节　应急管理理念下的自然灾害应对

一、新中国成立以来的应急理念发展

新中国成立以后，我国始终坚持以人民为中心的基本理念。灾害治理理念发展可以分为四个阶段。1949 年到 1978 年的理念是以农业保障为主的生产救灾，这期间发生了几次比较大的地震。1966 年 3 月 8 日，邢台发生地震，周恩来总理亲赴现场慰问灾民。1975 年辽宁海城发生地震，这是世界灾害应对史上的一个经典案例，当时政府接到群众反映说发现一些奇怪状况，在冬天本该冬眠的蛇都跑了出来，这和邢台地震发生前的一些迹象很相似，经过专家研判，认为极可能会发生地震，海城地方政府果断采取行动，疏散转移。过年期间，东北天寒地冻，这次行为非常不易，后来据测算，如果没有转移，死亡人数将达到 10 万人。这次成功应对之后，国内外的专家都对其进行考察，觉得找到了应对地震的方法。一年后，唐山发生地震，事实证明地震仍然难以准确预测。1979 年到 2003 年，强调经济为先的灾害管理。2004 年到 2008 年，我国政府在"非典"之后加强了应急管理体系建设，强调提升政府能力的应急管理。2009年汶川地震后至今，我国的灾害治理理念调整为多元参与的灾害治理。

我国自 2003 年成功应对"非典"疫情之后，应急管理体系建设逐渐成为实际工作的重点和理论研究的热点。自然灾害作为一类突发事件也开始以应急管理的理念和体制进行综合管理。应急管理最早作为学术术语出现在公共管理学和社会学的研究中，由英文"emergency management"翻译而来。其作为研究术语在国际语境中被理解为对紧急事务的资源和责任的组织与管理，针对突发事件的各个方面，尤其是备灾、响应及恢复阶段。从 2006 年 1 月 8 日国务院发布的《国家突发公共事件总体应急预案》开始，应急管理概念与突发公共事件联系紧密。从研究角度来看，应急管理是一门专门以突发事件为对象，探寻事件

发生发展规律并系统防范和应对的科学。从管理过程来看，应急管理强调管理的动态性和持续性，贯穿于在突发事件应对过程中，包括预防与应急准备、监测与预警、应急处置与救援、事后恢复与重建四个阶段。因此，应急管理可以看作是政府及其他公共机构在突发事件的事前预防、事发应对、事中处置和善后恢复过程中，通过建立必要的应对机制，采取一系列必要措施，应用科学、技术、规划与管理等手段，保障公众生命、健康和财产安全；促进社会和谐健康发展的有关活动。应急管理与风险管理和危机管理密切相关。从应急管理包含的内容来看，预防与应急准备阶段与风险管理所涉及的内容一致。对那些造成严重社会危害的突发事件的应急管理行为趋近于危机管理。自然灾害作为一种突发事件，遵循应急管理的普遍规律，从预防与应急准备到灾后恢复与重建的全部过程都强调部门协作与资源整合。

二、自然灾害应急管理的体系研究

应急管理体系的复杂性科学问题被作为我国应急管理的五大核心科学问题之一提出[①]。我国政府在加强自然灾害管理中，突出重点，抓住核心，建立制度，打牢基础，围绕应急预案、应急管理体制、机制、法制建设，构建起了应急管理体系"一案三制"的核心框架。

一些学者对推进应急管理体系建设过程中面临的挑战进行了研究，薛澜、刘冰认为我国应急管理体系暴露出应急主体错位、关系不顺、机制不畅等结构性缺陷[②]。张海波、童星认为我国应急管理体系建设以"一案三制"的方式推进，在短期内取得了成效，但因回避了我国政治社会改革的系统性、脱离应急管理的总体结构，"单兵突进"而陷入困境[③]。党的十八届三中全会之后，应急管理被明确为国家治理体系和治理能力的重要组成部分，"推进应急管理体系和能力现代化"成为我国应急管理工作的总目标。习近平总书记在主持中央政治局第十九次集体学习时强调，要发挥我国应急管理体系的特色和优势，积极推进我国应急管理体系和能力现代化。钟开斌认为在"体系"和"能力"这两个互相联系、互相制约的基本要素中，体系主要面向结构，能力主要面向功能，两者共同发挥作用。应急管理体系是一个发挥功能型作用的"梁"与发挥赋能型作用的"柱"相互搭配的梁柱结构[④]。地方自然灾害应急管理体系的相关研究主

①范维澄：《国家突发公共事件应急管理中科学问题的思考和建议》，《中国科学基金》，2007年2月。
②薛澜、刘冰：《应急管理体系新挑战及其顶层设计》，《国家行政学院学报》，2013年第1期。
③张海波、童星：《中国应急管理结构变化及其理论概化》，《中国社会科学》，2015年第3期。
④钟开斌：《国家应急管理体系：框架构建、演进历程与完善策略》，《改革》，2020年第6期。

要包括三个方向：一是探讨中央与地方在应急管理政策上对比研究；二是探讨地方自然灾害应急管理体系中的具体问题，如跨域灾害管理的府际联动问题研究；三是研究多元主体协同治理研究，如优化多主体联动结构等。

三、自然灾害应急管理的协作研究

我国在自然灾害应对的理念转变中强调"从应对单一灾种向综合减灾转变"。国内对自然灾害的应急管理协作研究主要是围绕优化机制和技术支持的层面展开的。前者主要着重从行政管理的角度，结合政治学和社会学的研究成果，根据我国政府的管理体制研究和管理过程研究两条主线开展。后者则主要基于科技进步带来的管理能力提升进行研究。机制优化的协作研究是通过信息整合、结构优化和制度创新等途径构建自然灾害突发事件政府协调治理机制的路径。在此基础上，我国应依托现有区域合作资源，构建"沟通、协调、支援"的多层次、网络状区域应急联动模式和"信息互通、资源共享、相互救援"的自然灾害应对运行机制。

石亚军、施正文研究了我国行政管理体制改革中的"部门利益"问题，探讨了应急职能部门在处理突发应急事件过程中利益选择倾向和机会主义行为，这正是跨部门协作的内在问题之一[1]。如果需要合作的应急管理部门在领域上跨度较大，那么协作难度也会较大，基于此形成了跨域危机整体性治理中组织协调问题的研究。盛明科关注的是公共突发事件联动应急的部门利益存在梗阻问题，并以整体性为取向创新治理机制，推进公共安全的应急联动机制建设，着重推进应急联动法制建设、深化应急联动体制改革、保障应急联动资源建设、完善社会参与联动途径[2]。王薇提出构建跨域突发事件府际合作应急联动机制，需要建立区域间利益补偿与利益分享机制，搭建应急联动信息共享和行动整合平台[3]。随着应急管理体制改革的深入，"一案三制"成为中国应急管理体系建设的基本框架。以"一案三制"为基础，对应急管理部门协作的研究主要侧重于有利于部门协作的体制机制建设。研究参与主体、信息、资源等方面构建面向非常规突发事件的应急联动机制最初在地震领域较为丰富，尤其是汶川地震发生后，出现更多从信息技术进步的角度提升自然灾害协作能力的研究。杨仕

---

①石亚军、施正文：《我国行政管理体制改革中的"部门利益"问题》，《中国行政管理》，2011年第5期。

②盛明科、郭群英：《公共突发事件联动应急的部门利益梗阻及治理研究》，《中国行政管理》，2014年第3期。

③王薇：《跨域突发事件府际合作应急联动机制研究》，《中国行政管理》，2016年第12期。

升等研究的是视频会议系统在地震应急联动指挥中的应用，此外，还有研究地震应急联动信息服务技术平台设计研究以及通过建模与分析，构建了基于 Petri 网的跨组织应急联动处置系统等研究。袁莉、杨巧云等人提出构建基于决策体系、保障体系、指挥体系和控制体系的自然灾害协同联动机制，以优化协同联动的运行环境和全流程[①]。唐晨飞等结合定位技术、地理信息技术和多传感器信息融合技术，建立基于位置服务的危化品车辆监控与应急联动系统[②]。此外，以地方协调联动机制的研究也更为丰富，气象、水文、交通、交警等和自然灾害应对相关的部门都存在完善信息共享应急联动机制的研究。

　　由于世界各国的应急体制差异，一些国外学者强调的协作模型与方法与我国的国情实际并不匹配，但国际学界对应急理念和科技发展的认识仍然值得引起我国自然灾害应急管理研究的重视和借鉴。国内对自然灾害的应急管理协作研究主要依据政府协调和技术提升两条脉络展开。政府协调这一研究脉络与我国应急管理体系的变化密切相关，目前更多侧重于综合协调和有效沟通方面。技术提升的研究思路，主要基于科技进步和应急的实际需求，在具有特定功能的部门间协作方面提出了很多新的协作组合方式。

第二节　当代自然灾害管理的体制机制

一、应急管理参与部门

　　自然灾害是突发事件的一种类型，依据《中华人民共和国突发事件应对法》和《国家突发公共事件总体应急预案》的内容规定，县级人民政府对本行政区域内突发事件的应对工作负责；涉及两个以上行政区域的，由有关行政区域共同的上一级人民政府负责，或者由各有关行政区域的上一级人民政府共同负责。地方各级人民政府是本行政区域突发公共事件应急管理工作的行政领导机构，负责本行政区域各类突发公共事件的应对工作。

　　2018 年 3 月，根据党的第十三届全国人民代表大会第一次会议批准的国务院机构改革方案，中华人民共和国应急管理部设立。各省市建立应急管理厅、局，作为自然灾害应急管理的牵头部门。针对不同的自然灾害，各地区设有相

①袁莉、杨巧云：《重特大灾害应急决策的快速响应情报体系协同联动机制研究》，《四川大学学报（哲学社会科学版）》2014年第3期。

②唐晨飞、袁纪武、赵永华、李磊：《基于位置服务的危化品车辆监控与应急联动技术研究》，《中国安全生产科学技术》2015年第2期。

对应的自然灾害应急管理指挥部。以市级自然灾害应急管理参与部门为例，协作部门包括市政府办公室、市委宣传部、市发展改革委、教育局、公安局、民政局、财政局、自然资源局、城乡建设局、交通运输局、农业农村局、文化旅游广电局、卫生健康委、应急局、城市管理行政执法局、大数据管理局、气象局、消防救援支队、市法院、检察院、武警支队、陆军预备役、国家电网市供电公司、中国移动市分公司、中国联通市分公司、中国电信市分公司、市属各区县政府。针对不同类型的自然灾害，还会涉及市水利局、市地震局、市林业和草原局等；重大或特别重大自然灾害通常需要不同行政区的自然灾害和应急管理相关部门进行协作应对。

在应对多重致灾因子导致的自然灾害以及从灾害中恢复的过程中，多元主体合作的需求十分迫切，我国统一领导下的多部门协同应急管理的侧重点于发生或可能发生自然灾害及次生突发事件时的网络协调、协作和资源共享，强调高效应急组织结构以及调整相关的管理和服务。

二、潜在的跨部门合作能力

灾害应对体制的效率需要以结果产出这一客观现实为基础。因此，担当统筹角色的应急管理部门的跨部门合作能力就成为这一系统中的因变量。在现实的跨部门合作活动中，不同方式和类型的合作活动所产生的社会价值有所差异，因此必须对这些活动的相对重要性进行权衡。在一些情况下，准备性工作比合作活动本身更具有社会价值，反映在应急管理中表现为预防与应急准备不如应急救援更受社会关注，但前者产生的社会价值并不比后者小。以森林火灾为例，有效的预防和应急准备使没有发生火灾的每一天都具有价值，而应急救援行为只有在火情发生时才直接体现出其价值。将这一观点扩大到跨部门协作上来看，与发现和惩罚引发森林火灾的违法人员相比，跨部门有效协作进而震慑潜在违规者不敢以身试法更有价值。

跨部门合作的关注点是跨部门合作活动的潜力，而非活动本身。这种潜在的跨部门合作能力具有客观和主观两类构成要素。客观要素主要表现为部门间的运作体系和跨部门合作中的资源分配。在不同的国体、政体和行政模式下，完成同样目标所需的部门以及部门间的合作规则差异明显，这个需要结合具体国家和地方的行政模式与管理方式进行分析。跨部门合作能力的主观要素主要表现为政治影响因素和文化影响因素，政治影响主要源于合作参与者的价值观、意识形态、政治倾向、权利以及个人因素等。文化影响因素同样具有增强或削弱组织能力的作用，这涉及行政文化的务实性，协商过程中的结构和动力以及部门间的信任程度。

跨部门合作能力和传统组织能力的区别在于其构成要素之间存在更清晰更难以逾越的边界，外界环境因素对运作的影响更大。将潜在的合作能力作为灾害协作理论的核心概念具有诸多优势。第一，能力的发展是一个动态的过程，提升能力的过程同时也是改善合作活动的过程。第二，能力具有普遍适用性，可以适用于多样化案例。第三，能力概念具有灵活性，潜在的合作者可以从调整相互之间的分工合作开始增强合作程度。第四，能力概念有利于理论分析，借助能力可以更好地理解组织系统中的权力分配结构。第五，能力包括"质"与"量"两方面的概念，既可以描述合作的存在与规模，又可以更好地描述合作的效率。以合作能力作为核心概念进行分析的缺点在于，跨部门合作能力的经验估算非常困难，由于能力构成中主观要素的重要性，人们完全可以说能力主要是一种心态或思想状态，而对外部观察者来说认知思想状态是相当困难的。

三、人力与机会

任何管理活动都涉及对管理材料的使用和分配，自然灾害应对中将人力和机会作为重要的原材料。人力资源是能力的载体，灾害应对活动需要通过人力资源的合理分配和合作来实现能力最大化。

在认同应急管理理论的组织内，任何部门都可以被视为可以利用的原材料的一部分，任何在组织结构中的群体或个体都可视为具有成为原材料的潜力，同时具有将组织内其他部门或个人作为原材料进行合作的能力。以火灾为例，尽管森林消防队与城市消防队的业务专长及装备差距较大，但二者可以将对方作为自己管理活动的原材料，使对方在能力范围内为自己提供相应的支援。基于这种可能性，二者在发生火灾时就可以进行合作救援。

在管理系统中的组织或个人都倾向于一种双赢的增益状态。对于灾害防治部门而言，增大对可能造成损失的控制力也属于一种增益状态。因此人力资源的优化配置与合作，可以为不同部门提供更多的管理原材料，并通过更多的信息沟通更好地发挥人力资源在灾害防治中的作用。

对于跨部门合作的管理过程而言，机会是指在特定社会环境下能够从政策层面推进合作的可能性，具有用低成本创造价值的潜在特质。突发公共事件发生后的 6 个月，被视为推动相关领域改革的最佳时期。这也主要源于在发生突发公共事件之后，原有的系统问题被凸显出来，需要进行改进。在改进的过程中，原有模式的路径依赖往往会从政策层面上进行否定，这对管理改革来说，就是一个难得的原材料。现代社会的剧烈变化使管理活动更强调动态发展中的调整，一个重要但曾被忽略的现象往往会导致管理重心的转移，而机会正蕴藏在其中。

四、利用原材料的方式

管理原材料是一种客观存在，但在实际的管理中，如何最大化发挥原材料的作用就需要一种优化的方式。在不同类型的灾害防治领域，不同的灾害信息监控机构可以利用信息的互补性和多元性扩大风险感知的范围。在实践的过程中，降低成本而并非简单的成本累加，可以被视为一种高效的实践活动。此外，来自不同机构的中层管理者进行水平沟通，探讨其各自的信息与资源如何有效利用，也会显著提升部门合作的效率，并赋予这些管理者更为全面的视野与更为合理的决策可能。如果在沟通过程中，设置一个推促者，在不同机构间理顺沟通渠道，提升沟通频率，同时推促者个人的技能也会不断改进，形成良性的促进作用。这也可以看作高效实践的典范。良好的实践还表现为建立一个跨部门的数据库，从信息和技术上进行互补，这不但有助于提升信任文化建设，而且更便于应对敏感的政治挑战。

五、摸索前行与补偿机制

管理活动的进程中充满了不确定性，这在灾害防治方面更为突出。基于之前灾害设定的应对计划，在充满偶然性的灾害发展中，往往呈现僵化的弱点。因此，灾害应对策略更倾向于建立在实验的基础上，进行机制灵活性的探索。在我国经济改革和灾害应对方面，摸索前行策略已经有很多成功的案例。实践中的变化往往是出人意料的，这就需要继续坚持摸索前行的改革策略，其中补偿机制就是摸索前行的重要手段之一。

补偿机制是指在无法直接完成某种功能的情况下，使用其他的机制作为替代品来实现同样的治理效果，而这正是以摸索前行策略为基础的。自然灾害可能造成的后果和影响具有危害性与不确定性，无法做到彻底切断其发生根源。自然灾害应急管理应对中，也无法预估所有可能的不利条件并予以准备，因此，寻求对于危害和不确定性的补偿机制是自然灾害应急管理发展的必然选择。

第三节　新时代防灾减灾救灾体制机制转变

一、防灾减灾救灾的新形势

外部环境瞬息万变，在灾害防治中表现为总有新的问题出现，为更好应对形势变化，接受挑战，我国就要推进防灾减灾救灾体制机制转变。现实背景下，我国防灾减灾救灾的形势如何？这里使用脆弱性理论的分析框架，从致灾因子、孕灾环境和承灾体三个层面进行分析。

致灾因子可以理解为自然灾害的风险来源，就是因为什么遭灾的，如暴雨、地震，等等。风险是对人和公共利益产生不利影响，事件的不确定性和损失程度的综合反应。所以衡量风险，一是看概率，二是看是可能造成的损失。比如，在森林里探险时被虫子咬的概率比较高，但损失不大，这风险就不算大；而被老虎咬，这个损失很大，但概率不高；遇到毒蛇的概率，可能相对比较高，被咬后损失也比较大，因此在森林里遇到毒蛇的风险就要比虫子和老虎更大。这是从宏观层面看风险，但具体到自然灾害上，很多灾害的概率我们是控制不了的。例如要降低地震发生的概率，目前人类的技术手段还做不到。有些灾害发生概率非常小，有可能该地从未发生过某种灾害，但一旦发生，造成的损失将极其巨大，这种属于"黑天鹅"式的灾害风险；而发生概率大，提前也知道，发生后造成影响也大的，称为"灰犀牛"风险。"黑天鹅"事件不可能完全预防，所以要高度警惕。从目前全球灾害风险的情况来看，自然灾害的风险的频率更高、影响更大。

我国不平衡、不充分的发展的现实让孕灾环境更为复杂。从空间上看，城市和农村在面临自然灾害风险环境有各自的表现，通常被概括为高风险的城市和不设防的农村。农村青壮年数量很少，防灾设施的水平的差异很大。城市高风险表现为人口密集，公共设施的发展跟不上人口的增长，这使城市面临自然灾害的时候更为脆弱。以暴雨为例，城市暴雨可能造成设施损坏、农业灾害、溃坝等问题，进而影响加油站等民生设施，造成灾害叠加。暴雨造成停电、交通瘫痪、通信中断、食品短缺等问题，会加大市民的恐慌程度，暴露出综合应对能力不足的短板。中美贸易战造成外贸压力导致地方企业库存增多，转移困难。类似这些都是需要考量的问题，所以需要从应对单一灾种向综合减灾转变。

从承灾体的角度来看，承灾体要求的提高，暴露出风险治理能力上的短板。山东省寿光市是一个缺水的地区，人均水资源仅为全国平均值的1/7，夏季降雨量少。2018年由于极端气候变化影响，寿光市降雨量大幅上升，7月寿光市下属水库的蓄水量已经达到历史高位。根据天气预报，当地即将迎来一轮强降雨。地方政府决定提前泄洪预防风险。7月31日，两个水库按照85立方米/秒排水。此后几天，降雨持续加大，水库放水量小于排水量，地方政府研判后决定加大水库泄洪水量，新的标准为320立方米/秒。

然而，寿光市下属多个村庄仍然遭遇了洪水灾害。在 8 月 20 日的统计中，河道横截面实际水流量已达到了 1780 立方米 / 秒。后经调查发现，附近村民在河道内安置了 700 余个蔬菜大棚，将河道侵占，致使雨水无法及时排出。河道被侵占的现象在我国部分乡镇广泛存在，单一部门想要处理面临很多困难，由此可见，风险治理能力的短板，需要从减少灾害损失向减轻灾害风险转变。目前国内有些乡镇，仍存在河道侵占情况，单一部门想要处理起来确实比较困难。针对风险治理能力的短板，需要从减少灾害损失向减轻灾害风险转变。

二、 防灾减灾救灾体制机制的发展方向

从上面的分析可以看到，目前自然灾害应对的情况更为复杂，自然灾害发生之后，很容易产生次生、衍生灾害，引发事故灾难和公共卫生事件，同时在灾害中产生的谣言也有可能引发社会安全事件。这就需要政府具备应对复杂情况的应急管理体制和更为高效的应对机制，才能更好地发挥应对能力。过去，我国在面对多重自然灾害风险叠加的情况下，普遍存在"九龙治水"的情况。

2018 年，我国体制改革后成立应急管理部，整合了 14 个部门与应急管理相关的力量，这是基于大部门体制的设计考量。一种职能由一个部门管理，有多少职能就有多少政府机构，政府机构必然庞大，相关职能由一个部门管理的思路能够更好地应对突发情况。综合性强的部门其灵活性也强，便于形成强政府、大社会的社会治理格局。其最直接的目的就是避免职能交叉，提高行政效率；便于内部协调，防止相互隔绝。在主导思想上最突出综合性，也是"在体制上从应对单一灾种向综合减灾转变"的实践。体制上的转变并不是说所有的指导思想都发生转变，原来的优势要保留，要仍然坚定不移地坚持以人民为中心的发展思想，坚持以防为主，防抗救相结合，坚持常态减灾和非常态救灾相统一。在发展方向上，强调向全规则、全方法、全过程的体制机制转变。总体要求就是三个转变：从注重灾后救助向注重灾前预防转变；从应对单一灾种向综合减灾转变；从减少灾害损失向减轻灾害风险转变。重点工作包括健全统筹协调机制，健全属地管理机制，完善社会力量和市场参与机制，全面提升综合减灾能力和切实加强组织领导。

三、第一次全国自然灾害风险普查

要整合各个部门的信息尤其是各地方的自然灾害情况信息是一个复杂的工作，我国各地方在自然灾害相关信息方面仍然存在分散化、碎片化的情况，因此国家进行了第一次全国自然灾害风险普查。这是机制上的创新，主要针对的

问题是自然灾害因子信息相对分散；承灾体信息空间分布及属性数据缺乏；历史自然灾害信息不全面、空间分布模糊；自然灾害风险评估、自然灾害隐患调查欠缺；防灾减灾抗灾能力不足。这次普查提出的目标包括摸清全国灾害风险隐患底数；查明重点区域抗灾减灾能力；客观认识全国和各地区灾害综合风险水平。

从系统化的角度来看，自然灾害综合风险普查就是要对灾害风险的全部系统进行调查。首先是致灾孕灾系统，包括各种致灾因子及其形成的灾害链。另一方面是承灾系统调查，首先是人，人群就是一种承灾系统。人对于灾害的认识、感知和自救互救能力，这些都是会互相影响的，也都影响着灾害的后果。另外，建筑物、基础设施、公共服务系统、生产系统等也同样需要进行调查。除此之外，还有防灾减灾系统，包括工程措施和非工程措施。非工程措施包括预案、管理办法等。具体来说，就是要摸清全国灾害风险隐患底数，即致灾孕灾底数、承灾体底数、历史灾害底数、减灾能力底数、重点隐患底数。要查明重点区域抗灾减灾能力，包括政府能力、社会能力和基层能力三个部分。地方政府的能力主要包括人力资源、财力资源和物资资源，社会能力包括社会应急能力和企业的灾害应对能力；基层能力就更为细化，包括乡村、社区、家庭的能力。客观认识全国和各地区灾害综合风险水平，这项目标要求对风险水平的认识包括四个方面：风险高低、频率和影响力、风险的空间格局和发展趋势。风险的空间格局是指某种风险是集聚的、离散的，还是随机的。暴雨发生在城市和乡村，可能造成的灾害就不同。发展趋势是指如果未来某一地区的生态环境发生了变化，那么该地区的风险水平也会随之变化。

在风险普查的具体技术体系中调查是基础，评估是重点，区划是关键。首先是作为基础综合风险要素调查：致灾因子、孕灾环境、承灾体、历史灾害灾情、灾害隐患、减灾能力。有了这些信息才能进行主要自然灾害与承灾体评估和区域自然灾害综合评估，评估的结果作为综合区化的依据。综合区化包括主要自然灾害防治区划、区域自然灾害综合防治区划和区域自然灾害综合风险区划。这三种区化的尺度是不同的，同样的自然灾害防治区划中，风险区化也可能不同，因为不同地区自身的地理特点不同，同样是暴雨防治区，有的地区主要风险在于内涝，有的地区主要风险是山洪。从灾害风险要素上来看，灾害风险要素调查包括单灾种致灾孕灾要素调查、承灾体调查、减灾资源与减灾能力调查、历史灾害调查。对于调查内容就其特征和隐患进行评估，然后进行重点隐患分类分区分级。如历史灾害调查需要对调查结果进行区域历史灾害特征的分析，发现高发群发链发隐患，并根据总评估结果进行分类分区分级，将评估结果作为风险评估和区化的依据。从单一灾种来看，需要对单灾种风险评估根据区域整合，以突出重点为原则，形成单灾种风险区划，并根据重点区域、重点行业形成单灾种防治区划。这次工作尤其强调了综合区划，将单灾种的风险评估、风险区化和防治区化的结果再进行灾种综合与区域综合，最终形成综合防治区化。

第一次全国自然灾害综合风险普查，其特点就突出了"综合"两个字：这是风险要素的综合、隐患调查的综合、多灾种的综合、技术手段的综合、多尺度的综合，最终达到成果的综合。直接的成果就是数据库、专题地图，技术规范标准、平台系统。为提高各级自然灾害防治能力提供科学依据，为灾害风险监控预警、应急预案制定与管理、组织协调提供决策依据，支撑重大自然灾害应急响应，支撑社会经济可持续发展的区域布局和功能规划，支撑围绕自然灾害风险管理的科技创新。

四、在体制机制转变中的现实问题

下面用一个具体案例来分析现行体制机制下的灾害应对能力问题。

2021 年 7 月 17 日至 23 日，河南省郑州市及周边地区发生特大暴雨，极端暴雨导致严重城市内涝、河流洪水、山洪滑坡等多灾并发。全省死亡失踪 398 人，其中郑州市 380 人。

河南郑州"7·20"特大暴雨灾害暴露出的管理能力问题包括：

（一）应对部署不紧不实

郑州市委、市政府对此轮强降雨过程重视不够，主要负责人仍主观上认为北方的雨不会太大，思想麻痹、警惕性不高、责任心不强，防范部署不坚决、不到位、缺乏针对性。这是对极端气象灾害风险认识严重不足，暴露了风险防控能力不足的问题。

（二）应急响应严重滞后

郑州市未及时对暴雨红色预警组织综合研判，在第五次气象红色预警之后才启动一级应急响应。应急行动与预报信息发布明显脱节，没有按预案要求宣布进入紧急防汛期。

（三）应对措施不精准不得力

郑州市强调"五不"目标（重要水利工程不出事、因地质灾害小流域洪水人员伤亡不发生、重要交通不中断、居民家里不进水、局部地区不出现长时间积水），仍以常态化目标要求应对重大雨情、汛情，没有精准施策，措施空泛。

（四）关键时刻统一指挥缺失

常庄水库出现重大险情后，市委、市政府主要负责人和 3 位副市级领导都赶赴现场。市委、市政府主要负责人因灾导致通信不畅、信息不灵，不了解全市整体受灾情况，对地铁 5 号线、京广快速路隧道、山丘区山洪灾害等重大险情灾情均未及时掌握，失去了领导应对这场全域性灾害的主动权。指挥没有具体的统一安排，关键时刻无市领导在指挥中心坐镇指挥、掌控全局。

（五）缺少有效的组织动员

灾害发生后，郑州市未实际开展全社会组织动员，没有提前有效组织广播、电视、报纸、新媒体等广泛宣传防汛安全避险知识。城管、水利部门预警信息只发送给区县（市）防指或相关部门单位，未按预案规定向社会发布。

（六）迟报瞒报因灾死亡失踪人数

郑州市因灾死亡失踪 380 人，其中在不同阶段瞒报 139 人：郑州市本级瞒报 75 人、县级瞒报 49 人、乡镇（街道）瞒报 15 人。郑州市对因灾死亡失踪人数统计上报态度消极，不仅没有主动部署排查、要求及时上报，反而违规要求先核实人员身份等情况再上报，以多种借口阻碍信息报送工作，违反了《中华人民共和国突发事件应对法》第三十九条的规定："地方各级人民政府应当按照国家有关规定向上级人民政府报送突发事件信息。"

（七）次生衍生灾害应对不力

暴雨发生后引发的次生、衍生灾害包括强降雨造成的城市内涝，直接的结果是地面积水，实际影响包括医院被困、车辆被淹和市民触电身亡。城市内涝可能还造成地下空间建筑物、坍塌、电力通信、供水交通等一系列问题。其中交通方面造成的人员溺亡，如地铁五号线和京广路隧道造成的人员死亡。同时极端的强降雨造成了水库出现险情。如五星水库坝顶裂缝、常庄水库疑似管涌、郭家咀水库漫坝等问题。山区的灾害包括山洪和地质灾害，王宗店、海沟寨、崔庙村等地区都遭受了山洪袭击，颍河漫溢导致登封铝合金厂爆炸发生爆炸。

通过对河南郑州"7·20"特大暴雨灾害暴露出的应急管理能力问题进行分析，可以看到灾害应对机制的进步空间。从管理者的角度看，灾害应对需要具备以下能力：对上级要有及时准确上报的能力，对下级要有高效指挥的能力，对同级部门要有协作能力，对于群众要有动员能力。在灾害发生前对风险要有防控能力，突发事件发生后要有处置能力。"7·20"特大暴雨灾害暴露出的问题并不能完全涵盖自然灾害全流程中的能力问题。下面从自然灾害应对的全过程来探讨如何提升防灾减灾救灾能力。

五、提升全流程的防灾减灾救灾能力

（一）提升风险防范能力

风险防范能力是体制机制转变中提到最多的能力，是由减少灾害损失向减轻灾害风险转变的重要体现，同时也是从注重灾后救助向灾前预防转变的重要工作。风险感知也称风险认知，强调的是不同个体对风险的感受，是风险治理中的一个重要概念。它有主观性的一面，每个人对风险的感知范围是不一样的。不同的个体受到教育、生活环境等因素影响，风险感知范围小于政府的感知范围。还有一些特殊的人群，可能是特殊工作人员，或者是有特殊经历，他们对于一些特定的风险更为敏感，可以感知到政府部门没有察觉的风险，这就需要政府部门扩大风险感知。而另一方面，风险的客观性决定了风险的危害程度，个体主观风险感知的程度不同对风险的感知力差异很大，有的个体存在侥幸心理，觉得某些风险不构成威胁。这在自然灾害中表现为风险感知不足，缺乏风险意识。也有个体感知风险比实际危害要大很多，表现为自然灾害的衍生社会安全事件和网络舆情。

传统的风险管理流程是从风险感知开始，到风险分析与评估，然后进行风险处理，过程中进行风险监控。而要推进治理体系和治理能力现代化就要从风险治理的角度来完善风险管理的流程。治理与管理的区别主要表现为鼓励多元参与，过程是持续互动的，并且重视协调工作。因此以风险治理的理念来更好地防控风险，就需要强化多元参与的风险沟通，这与我党强调的群众路线是一致的。因此坚持群众路线，做好风险沟通还可以有效地扩大灾害应对部门的风险感知。以森林林火灾为例，2019 年沈阳棋盘山火灾是村民烧秸秆造成的，2021 年 3 月木里火灾是因为小孩熏松鼠玩。这些火灾的引发，正是由于人对火灾风险感知的不足。根据《2004—2016 各地森林火灾情况》统计，82.5% 的森林火灾系人为原因造成。

（二）提升监测预警能力

预警的关键在也是防风险。从注重灾后救助向注重灾前预防转变，从减少灾害损失向减轻灾害风险转变。习近平总书记多次强调提升监测预警能力。2018 年 10 月 10 日，中央财经委第三次会议强调：实施自然灾害监测预警信息化工程，提高多灾种和灾害链综合监测，风险早期识别和预报预警能力。2019 年 11 月 29 日，中央政治局第十九次集体学习强调，加强自然灾害风险评估和监测预警，提高多灾种和灾害链综合监测，风险早期识别和预报预警能力。2021 年 10 月 22 日，黄河流域生态保护座谈会强调，补好灾害预警监测短板。

专群结合机制在灾害预防中作用突出，地质灾害气象风险预警的精细化、实时化为预警提供了基础。2020 年 8 月，甘肃陇东南地区遭遇了百年一遇降雨，进入 8 月至群发灾害发生前，累计降雨量达到 569.1mm，超过多年平均的二到三倍。新增隐患 1762 处。当地政府发挥群策群防机制的作用，及时发现隐患，及时避险转移，避免了大量的人员伤亡和财产损失。

（三）提升部门协作能力

提升部门协作能力，向综合减灾转变。首先要加强部门交流，发挥协作潜能。地震"黑箱期"灾情的统计的准确率变化就是例证。地震"黑箱期"就是地震发生之后，各地的伤亡数据还没有上报，地震局根据有限的资料，对地震造成的伤亡区域和死亡人数做一个初步的预估，为之后的灾情应对提供重要参考。汶川地震时预估死亡 800 人，实际死亡 69227 人，预估与实际差距较大。此后的玉树地震、芦山地震、鲁甸地震和九寨沟地震的"黑箱期"预测都不是很准确。这是因为地震长轴偏差一度，它覆盖的面积就会造成很大的差异。合作机制的创新使地震局与三大电信运营商进行合作，有效提升了灾害"黑箱期"预测的准确性。电信运营商在发生地震之后第一时间可以获取手机用户数据网络图。地震局通过地震发生前后手机用户分布变化可以对地震区域作出较为准确的预估。

（四）提升舆情引导能力

在防灾减灾救灾工作中，除了"怎么做"，还要关注"怎么说"的问题，做到在舆论引导中防范和化解自然灾害带来的衍生问题，防范化解社会风险。扩散过程（Milling）是一个心理学的概念，指灾难发生后受影响的人群会广泛地寻找意义。人们需要在自己头脑中形成一个逻辑闭环。各个民族的史诗中，神话中都有灾害相关的故事。有的神话是需要给灾害寻找一个意义而构建出来的。灾害发生之后，如果不能给出一个理由，灾民就会自发地去寻找。因此需要政府部门及时有效的发布关键信息，应对舆情变化。从时间角度来看，灾害舆情特征表现为历时态的风险类型共时态存在，也就是政府需要同时应对传统社会、现代社会和后现代社会带来的舆情风险。

传统社会中，舆情风险在自然灾害中体现为民众意识问题，当今我国部分地区仍然存在"舍命不舍财"的民众意识。现代社会的舆情风险表现为自然灾害发生后的新闻媒体报道造成的社会影响。后现代社会的"后"，有"反""非"的意思，在意识上主要表现为反权威。在自然灾害中，政府的信息更容易遭到质疑，表现为网络舆情。为了应对可能发生的灾害舆情，需要加强应急相关部门的信息发布能力。关键信息的发布需要重视四个气：出了舆情要调查真伪这样才有底气；表明态度时少官气，坚持一查到底，绝不姑息；官方回应需要扬正气；做好传播需要接地气。两微一端，短视频的宣传方面也都需要与时俱进。

（五）提升灾后重建能力

芦山地震之后，我国的灾后恢复重建中在各级规划中都强调要全面恢复并超过灾前水平。从国际上看，《2015—2030年仙台减少灾害风险框架》强调其中的BBB（Build Back Better）模式，即"重建，要建得更好"，尤其是要在防风险方面得到明显提升，使灾区基本生产生活条件和经济社会发展水平全面恢复并超过灾前水平。人民群众生活质量、基本公共服务水平、基础设施保障能力、生态功能和环境质量明显提升。2017年11月，《"8·8"九寨沟地震灾后恢复重建总体规划》强调，灾区生产生活条件和经济社会发展全面恢复并超过震前水平。2020年11月，《陇南等地暴雨洪涝灾害灾后恢复重建总体规划》强调，切实做到抢险救灾与灾后重建、灾后重建与脱贫攻坚、乡村振兴与新型城镇化、环境治理与产业发展相衔接，结合"十四五"谋划长远发展，高质高效完成重建，使灾区生产生活条件和经济社会发展得到全面恢复，达到或超过灾前水平。

《2015—2030年仙台减少灾害风险框架》概述了四个优先领域：（1）理解灾害风险；（2）加强灾害风险治理，管理灾害风险；（3）投资于减少灾害风险，提高抗灾能力；（4）加强备灾以作出有效响应，并在复原、恢复和重建中让灾区"重建得更好（BBB）"。联合国减灾办公室与合作伙伴共同创建的十年期"2030年建设韧性城市"（MCR2030）中提到，我国九大工程建设中有五项也是为了降低自然灾害风险：重点生态功能区生态修复工程、地震易发区房屋设施加固工程、海岸带保护修复工程、防汛抗旱水利提升工程、地质灾害综合治理和避险移民搬迁工程。2020年11月3日，《中共中央关于制定国民经济和社会发展第十四个五年规划和二〇三五年远景目标的建议》首次提出建设"韧性城市""加强城镇老旧小区改造和社区建设，增强城市防洪排涝能力，建设海绵城市和韧性城市。提高城市治理水平，加强特大城市治理中的风险防控。"

通过以上讨论可以看出虽然我国在大力推进体制机制转变的过程中能力提升不断，但目前防灾减灾救灾的形势依然严峻，正所谓"备豫不虞，为国常道"。既要高度警惕"黑天鹅"事件，也要防范"灰犀牛"事件；既要有防范风险的先手，也要有应对和化解风险挑战的高招。

参考文献

· 古籍

［1］左丘明.左传［M］.上海：上海古籍出版社，2016.

［2］商鞅.商君书［M］.北京：中华书局，2011.

［3］韩非.韩非子［M］.北京：中华书局，2010.

［4］董仲舒.春秋繁露［M］.北京：中华书局，2012.

［5］司马迁.史记［M］.北京：中华书局，2006.

［6］班固.汉书［M］.北京：中华书局，2007.

［7］刘向.说苑［M］.北京：中华书局，2009.

［8］桓宽.盐铁论［M］.北京：中华书局，2015.

［9］刘安.淮南子［M］.北京：中华书局，2011.

［10］范晔.后汉书［M］.北京：中华书局，2000.

［11］王充.论衡［M］.上海：上海人民出版社，1974.

［12］郑玄注.礼记正义［M］.上海：上海古籍出版社，2008.

［13］袁康，吴平.越绝书［M］.上海：上海古籍出版社，1985.

［14］葛洪.抱朴子［M］.北京：中华书局，2011.

［15］陈寿.三国志［M］.北京：中华书局，1982.

［16］常璩.华阳国志［M］.济南：齐鲁书社，2010.

［17］萧子显.南齐书［M］.北京：中华书局，1972.

［18］刘义庆.世说新语［M］.上海：上海古籍出版社，2013.

［19］沈约.宋书［M］.北京：中华书局，1974.

［20］魏收.魏书［M］.北京：中华书局，1974.

［21］韩愈.韩愈全集［M］.上海：上海古籍出版社，1997.

［22］魏征.隋书［M］.北京：中华书局，1982.

［23］房玄龄.晋书［M］.北京：中华书局，1974.

［24］韩愈.韩昌黎文集校注［M］.上海：上海古籍出版社，2014.

［25］柳宗元.柳宗元集［M］.北京：中华书局，1979.

［26］李筌.太白阴经［M］.北京：军事科学出版社，2007.

［27］吴兢.贞观政要［M］.上海：上海古籍出版社，1978.

［28］杜佑.通典［M］.北京：中华书局，1984.

［29］李林甫，等.唐六典［M］.北京：中华书局，1992.

［30］长孙无忌，等.唐律疏议［M］.北京：中华书局，1983.

［31］白居易.白居易集［M］.北京：中华书局，1979.

［32］刘昫.旧唐书［M］.北京：中华书局，1975.

［33］欧阳修，等.新唐书［M］.北京：中华书局，1975.

［34］王钦若，等.册府元龟［M］.北京：中华书局，2003.

［35］王安石.临川文集［M］.北京：中华书局，1959.

［36］司马光.资治通鉴［M］.北京：中华书局，2013.

［37］李焘.资治通鉴续篇［M］.北京：中华书局，1995.

［38］张载.张载集［M］.北京：中华书局，2012.

［39］沈括.梦溪笔谈［M］.上海：上海书店出版社，2003.

［40］谢深甫.庆元条法事类［M］.北京：国家图书馆出版社，2014.

［41］脱脱，等.宋书［M］.北京：中华书局，1985.

［42］司农司.农桑辑要［M］.北京：中国书店出版社，2007.

［43］王祯.农书译注［M］.济南：齐鲁书社，2009.

［44］刘基.刘基集［M］.杭州：浙江古籍出版社，1999.

［45］宋濂，等.元史［M］.北京：中华书局，1976.

［46］徐溥，等.大明会典［M］.北京：国家图书馆出版社，2009.

［47］徐光君.农政全书［M］.上海：上海古籍出版社，2011.

［48］胡广，等.明实录［M］.扬州：广陵书社，2017.

［49］张廷玉，等.明史［M］.北京：中华书局，1974.

［50］王先谦.荀子集解［M］.北京：中华书局，2012.

［51］陈梦雷.古今图书集成［M］.北京：中华书局，1985.

［52］赵尔巽，等.清史稿［M］.北京：中华书局，1998.

［53］徐松.宋会要辑稿［M］.上海：上海古籍出版社，2014.

［54］黎翔凤.管子校注［M］.北京：中华书局，2009.

［55］胡平生，张萌.礼记［M］.北京：中华书局，2017.

［56］杨伯峻.孟子译注［M］.北京：中华书局，2018.

［57］张纯一.晏子春秋校注［M］.北京：中华书局，2014.

［58］吴毓江.墨子校注［M］.北京：中华书局，1993.

［59］黄寿祺，张善文.周易译注［M］.上海：上海古籍出版社，2018.

［60］张双棣，等.吕氏春秋译注［M］.北京：北京大学出版社，2011.

［61］万丽华，蓝旭.孟子［M］.北京：中华书局，2006.

［62］方龄贵.通制条格校注［M］.北京：中华书局，2001.

［63］睡虎地秦墓竹简整理小组.睡虎地秦墓竹简［M］.北京：文物出版社，1978.

· 专著

［1］钱穆.中国历代政治得失［M］.北京：生活·读书·新知三联书店，2001.

［2］李文海，夏明方.中国荒政全书（第一辑）［M］.北京：北京出版社，2003.

［3］高文学.中国自然灾害史（总论）［M］.北京：地震出版社，1997.

［4］张建民，宋俭.灾害历史学［M］.长沙：湖南人民出版社，1998.

［5］高建国.中国减灾史话［M］.郑州：大象出版社，1999.

［6］袁林.西北灾荒史［M］.兰州：甘肃人民出版社，1994.

［7］龚高法，张玉远.历史时期气候变化研究方法［M］.北京：科学出版社，1983.

［8］宋正海，孙关龙，艾素珍.历史自然学的理论与实践［M］.北京：学苑出版社，1994.

［9］邓云特.中国救荒史［M］.北京：生活·读书·新知三联书店，1958.

［10］文焕然.秦汉时代黄河中下游气候研究［M］.北京：商务印书馆，1959.

［11］张波.中国农业自然灾害史料集［M］.西安：陕西科学技术出版社，1994.

［12］中国社科院历史所.中国历代自然灾害及历代盛世农业政策资料［M］.北京：农业出版社，1988.

［13］宋正海.中国古代重大自然灾害和异常年表总集［M］.广州：广东教育出版社，1992.

［14］何金海，等.大气科学概论［M］.北京：气象出版社，2012.

［15］史念海.黄土高原森林与草原的变迁［M］.西安：陕西人民出版社，1985.

［16］张养才，何维勋，等.中国农业气象灾害概论［M］.北京：气象出版社，1991.

［17］张波，等.农业灾害学［M］.西安：陕西科学技术出版社，1999.

［18］马宗晋.中国减灾重大问题研究［M］.北京：地震出版社，1992.

［19］谭其骧.中国历史地图集［M］.上海：中华地图学社，1975.

［20］长江流域规划办公室.长江水利史略［M］.北京：水利电力出版社，1979.

［21］梁家勉.中国农业科学技术史稿［M］.北京：农业出版社，1989.

［22］水利部治淮委员会.淮河水利简史［M］.北京：水利电力出版社，1990.

［23］樊志民.秦农业历史研究［M］.西安：三秦出版社，1997.

［24］孙家洲.秦汉法律文化研究［M］.北京：中国人民大学出版社，2007.

［25］马大英.汉代财政史［M］.北京：中国财政经济出版社，1983.

［26］曾延伟.两汉社会经济发展史初探［M］.北京：中国社会科学出版社，
　　　1989.

［27］卜风贤.周秦汉晋时期农业灾害和农业减灾方略研究［M］.北京：中国社
　　　会科学出版社，2006.

［28］顾浩.中国治水史鉴［M］.北京：中国水利水电出版社，1997.

［29］陕西省考古研究所.西汉京师仓［M］.北京：文物出版社，1990.

［30］赵靖.中国经济思想通史（第1卷）［M］.北京：北京大学出版社，1991.

［31］任继愈.中国哲学发展史［M］.北京：人民出版社，1988.

［32］薛仲三，欧阳颐.两千年中西历对照表［M］.北京：生活·读书·新知
　　　三联书店，1957.

［33］竺可桢.竺可桢文集［M］.北京：科学出版社，1979.

［34］［日］金子修一.古代中国与皇帝祭祀［M］.上海：复旦大学出版社，
　　　2017.

· 期刊

［1］郭豫庆.黄河流域地理变迁的历史考察［J］.中国社会科学，1989.

［2］夏勇.民本与民权：中国权利话语的历史基础［J］.中国社会科学，2004.

［3］王利华.月令中的自然节律与社会节奏［J］.中国社会科学，2014.

［4］周利群.佛经中的古代印度地震占卜体系：以虎耳譬喻为例［J］.自然科
　　　学史研究，2015.

［5］薛梦潇.先秦、秦汉月令研究综述［J］.中国史研究动态，2016.

［6］石涛.北宋的天象灾害预测理论与机构设置［J］.山西大学学报（哲学社
　　　会科学版），2006.

［7］李亚光.吕氏春秋与商君书重农思想比较研究［J］.长春师范学院学报
　　　（人文社会科学版），2007.

［8］孔祥军.“农为政本，食乃民天”：试析宋代“重农”思想在国家层面的
　　　反映［J］.南京农业大学学报（社会科学版），2011.

［9］肖鲜威，等.历史时期黄土高原地区的经济开发与环境演变［J］.西北史
　　　地，1986.

［10］王颋.元代粮仓考略［J］.安徽师大学报，1981.

［11］赵容俊.甲骨卜辞所见之巫者的救灾活动［J］.殷都学刊，2003.

［12］万晋，王怡然.唐代"官仓"研究综述［J］.中国史研究动态，2012.

［13］张煜珧.虔敬朕祀：秦祭祀文化遗存的初步认识［J］.考古与文物，2019.

［14］王子今.试论秦汉气候变迁对江南经济文化发展的意义［J］.学术研究，1994.

［15］陈玉琼.自然灾害与人类社会的相互作用和影响［J］.大自然探索，1990.

［16］蓝勇.历史时期三峡地区经济开发与生态变迁［J］.中国历史地理论丛，1992.

［17］张丕远，王铮.中国近 2000 年来气候演变的阶段性［J］.中国科学，B 辑 1994.

［18］郗文倩.汉代的罪己诏：文体与文化［J］.福建师范大学学报，2012.

［19］马波.历史时期河套平原的农业开发与生态环境变迁［J］.中国历史地理论丛，1992.

［20］张之恒.历史时期不合理的生产活动对生态和农业的影响［J］.农业考古，1989.

［21］曹文柱.六朝时期江南社会风气的变迁［J］.历史研究，1988.

［22］杨振红.汉代自然灾害初探［J］.中国史研究，1999.

［23］张振兴.我国自然灾害重点探讨［J］.灾害学，1989.

［24］王国士，崔国柱.试论自然灾害与社会经济发展的关系［J］.内蒙古社会科学，1983.

［25］樊志民，冯风.关中历史上的旱灾与农业问题［J］.中国农史，1988.

［26］王家德.从考古材料看长江上游历史上发生的特大洪水［J］.农业考古，1988.

［27］袁林.甘宁青历史饥荒统计规律研究［J］.兰州大学学报，1996.

［28］李炳元，李钜章，王建军.中国自然灾害的区域组合规律［J］.地理学报，1996.

［29］胡人朝.长江上游历史洪水发生规律的探索［J］.农业考古，1989.

［30］郑云飞.中国历史上的蝗灾分析［J］.中国农史，1990.

［31］池子华.中国古代流民综观［J］.历史教学，1999.

［32］丁鼎，王明华.中国古代移民述论［J］.安徽师范大学学报，1997.

［33］万绳南.江东侨郡县的建立与经济的开发［J］.中国史研究，1992.

［34］朱大渭.魏晋南北朝南北户口的消长及其原因［J］.中国史研究，1990.

［35］任新民.试论中国古代的流民问题［J］.南京社会科学，1991.

［36］张国雄.中国历史上移民的主要流向与分期［J］.北京大学学报，1996.

［37］曹文柱.两晋之际流民问题的综合考察［J］.历史研究，1991.

［38］童超.东晋时期的移民浪潮与土地开发［J］.历史研究，1987.

［39］叶骁军.试论我国古都移民的原因与影响［J］.兰州大学学报，1997.

［40］任新民.试论中国古代的流民问题［J］.南京社会科学，1991.

［41］王寿南.唐代灾荒的救济政策［J］.庆祝朱建民先生七十华诞论文集，1978.

［42］刘俊文.唐代水害史论［J］.北京大学学报，哲学社会科学版期，1988.

［43］张学锋.唐代水旱贩恤、镯免的实效与实质［J］.中国农史，1993.

［44］陈关龙.明代荒政简论［J］.中州学刊，1990.

［45］钟永宁.明代预备仓述论［J］.学术研究，1993.

［46］顾颖.明代预备仓积粮问题初探［J］.史学集刊，1993.

［47］吴滔.明代苏松地区仓储制度初探［J］.中国农史，1993.

［48］叶依能.明代荒政述论［J］.中国农史，1996.

［49］刘仰东.灾荒：考察近代中国社会的另一个视角［J］.清史研究，1995.

［50］胡克刚.试论晚清时期灾荒及其政治后果［J］.湘潭师范学院学报，1992.

［51］林敦奎.社会灾荒与义和团运动［J］.中国人民大学学报，1991.

［52］夏明方.从清末灾害群发期看中国早期现代化的历史条件［J］.清史研究，1998.

［53］李德民，周世春.论陕西近代早荒的影响及成因［J］.西北大学学报，1994.

［54］李文海.清末灾荒与辛亥革命［J］.历史研究，1991.

［55］张九洲.光绪初年的河南大早及影响［J］.史学月刊，1990.

［56］夏明方.铜瓦厢改道后清政府对黄河的治理［J］.清史研究，1995.

［57］范维澄.国家突发公共事件应急管理中科学问题的思考和建议，中国科学基金，2007.

［58］薛澜，刘冰.应急管理体系新挑战及其顶层设计［J］.国家行政学院学报，2013.

［59］张海波，童星.中国应急管理结构变化及其理论概化［J］.中国社会科学，2015.

［60］钟开斌.国家应急管理体系：框架构建、演进历程与完善策略［J］.改革，2020.

［61］石亚军，施正文.我国行政管理体制改革中的"部门利益"问题［J］.中国行政管理，2011.

［62］盛明科，郭群英.公共突发事件联动应急的部门利益梗阻及治理研究［J］.中国行政管理，2014.

［63］王薇.跨域突发事件府际合作应急联动机制研究［J］.中国行政管理，2016.

［64］杨仕升，梁兆东，谭劲先.视频会议系统在地震应急联动指挥中的应用［J］.广西大学学报（自然科学版），2011.

［65］袁莉，杨巧云.重特大灾害应急决策的快速响应情报体系协同联动机制研究［J］.四川大学学报（哲学社会科学版），2014.

［66］唐晨飞，袁纪武，赵永华，等.基于位置服务的危化品车辆监控与应急联动技术研究［J］.中国安全生产科学技术，2015.